과학 용어의 탄생

과학 용어의 탄생

과학은 어떻게 '과학'이 되었을까

김성근 지음

Origins
of
scientific
terms

SCIENCE   CHEMISTRY
NATURE   EVOLUTION
PHILOSOPHY   ELECTRICITY
SUBJECT - OBJECT   DINOSAUR
PHYSICS   PLANET
TECHNOLOGY   HELIOCENTRISM
SCIENCE AND TECHNOLOGY   VELOCITY
ATOM   NERVE
GRAVITY

동아시아

추천의 말

❖

　왜 science는 '과학'이고, philosophy는 '철학'일까? 왜 technology 는 '학'이 아니고 '술'이 들어간 '기술'일까? 만약에 science가 '과학' 대신 '실학'으로 번역되었다면 지금 우리는 science에 대해 다른 관념 체계를 가지고 있을까? 김성근의 『과학 용어의 탄생』은 과학 어휘와 개념이 단 순한 명칭의 문제를 넘어, 사유의 틀을 형성하고 바꾸는 중요한 역할을 한다는 사실을 생생하게 드러낸다. 그는 일본의 번역 작업을 중심으로 동아시아 지식 사회에서 근대적 과학 어휘들이 어떻게 구축되었는지를 치밀하게 분석하며, 이 과정이 동서양 세계관의 충돌과 상호작용 속에 서 전개되었음을 밝혀낸다. 개념은 단순한 소통의 도구를 넘어 생각의 틀을 짜고 생각을 담아내는 그릇으로 작동한다. 과학 개념들이 어떻게 만들어져서 지금 우리에게까지 이어졌는지 한 번이라도 궁금해한 독자 는 이 책을 읽으면서 짜릿한 즐거움을 느낄 수 있을 것이다.

_홍성욱 ● 서울대학교 과학학과 교수

❖

　말은 생각을 담는 그릇이다. 그렇다면 과학이라고 부르는 생각의 총체는 언제, 어떻게, 어떤 말뭉치에 담겨 우리에게 주어진 것일까? 17세기 과학혁명기 서유럽, 19세기 메이지 시기 일본, 20세기 한반도를 가로지르며 과학사와 개념사를 접목한 이 역작에서 그 답을 확인할 수 있다. 라틴어 스키엔티아scientia, 영어 사이언스science, 동아시아의 한자어 과학科學을 잇는 계보를 이해할 때, 엔지니어engineer의 어원이 르네상스 시대의 신흥 장인 집단 인게니아토르ingeniator임을 깨달았을 때, 일본제 과학 용어인 역학과 만유인력을 순우리말 '힘갈'과 '다있글힘'으로 고쳐 쓰자던 한국 과학사의 한 장면을 음미할 때, 전문 과학기술인뿐만 아니라 과학 문화를 향유하고자 하는 교양인 모두에게 새로운 과학의 영靈과 감感이 찾아올 것이다.

_이종식 ● 포스텍 인문사회학부 교수

일러두기

- 본문과 주석에서 문헌·단행본·저널·신문·잡지는 《 》, 논문·보고서 등은 〈 〉로 구분했습니다.

- 영문으로 된 도서명의 원문을 기재하는 경우에는 이탤릭체로 구분했습니다.

- 국내 자료 중 현대와 표기법이 다른 과거의 자료를 인용할 때는 현대어 번역 문과 함께 원문을 [ ]로 기재했습니다.

- 본문에 나오는 그림과 자료는 그 내용을 확인하는 데 용이하도록 원 자료를 가공한 것이지만 가독성 확보를 위한 보정 외의 수정은 별도로 가하지 않았 습니다.

차례

머리말

대학은 한때 진리의 상아탑이라 불렸다. 이 말은 대학이 가진 이상적인 목표를 함축하지만, 오늘날에는 거의 들리지 않는다. 대학의 존재 이유에 대한 의문이 다시금 떠오르는 시대가 되었기 때문일 것이다. 나는 청년 시절, 이 질문을 꽤 진지하게 받아들인 사람 중 하나였다.

대학에서 정말 진리를 찾을 수 있을까? 우리는 과연 배움의 양만큼 진리를 향해 다가서고 있는 것일까? 이런 질문은 대학 생활 내내 늘 머릿속을 맴돌았다. 답을 찾지 못한 채, 하염없이 시간만 흘려보냈다.

그러다 문득 이런 생각이 떠올랐다. 과거의 대학생들도 나와 같은 질문을 던졌던 것일까? 대학이 없었던 시대의 사람들은 어떤 의문을 품었을까? 어쩌면 젊은 시절 나를 옭아맸던 질문들은 특정한 시대가 낳은 특이한 유산이 아닐까? 이 같은 의문은 나를 언어와 어휘의 역사에 대한 관심으로 이끌었고, 이 책은 그런 나의 오랜 의문의 결실이다.

언어는 사유의 창이다. 우리의 생각은 언어를 통해 구체화되고, 인간 사회는 언어로 묶인다. 그러나 언어는 소통과 희열을 가져다줄 뿐만 아니라, 오해와 분열을 낳기도 한다. 특히 어휘는 인간 사유의 마디와도 같다. 우리는 어휘를 통해 진리를 논하고, 과학을 이해하며, 삶을 정의한다. 하지만 정작 이 어휘들을 우리가 선택한 적은 없다. 과거로부터 물려받은 어휘를 우리는 받아들여 사용하며 살아가는 존재들이다.

만약 우리가 '진리', '과학', '철학', '객관'이라는 어휘를 물려받지 않았다면 우리의 질문은 어떻게 달라졌을까? 어휘의 기원을 탐구한다는 것은 우리가 지금까지 당연하게 여겨왔던 사유의 틀을 되돌아보는 일이다. 이 책은 현재 우리가 사용하는 과학 어휘들이 어떻게 만들어지고 전파되었는지, 그리고 그것이 우리의 사고 체계와 세계관의 형성에 어떤 영향을 미쳤는지를 추적한다.

이 책에서 나는 오늘날의 과학을 대표하는 17개의 어휘를 선정했다. 식민지 경험을 거친 한국에서 우리가 사용하는 많은 근대적 과학 어휘는 일본을 통해 전해졌다. 일본 또한 서양 어휘를 번역하며 자신들의 근대적 어휘를 구축했다. 19세기 이후 벌어진 이 같은 언어적 도미노 현상은 동서양의 세계관의 충돌과 맞물려 있었다.

그 충돌의 결과, 전통적 동아시아인들의 문제의식은 배제되거나 잊혔고, 그 자리를 새로운 사상으로 무장한 새로운 언어들이 차지했다. 근대인은 전근대인과 다른 언어와 사유의 틀로 새로운 질문을 던지기 시작했다. 가령 유학자 정약용은 '무엇이 이理인가'를 물었을지언정, '무엇이 과학적 진리인가'를 물을 수는 없었다. '과학'과 '진리'라는 어휘와 개념은 진통 속에 들어선 근대적 사유 체계의 산물이기 때문이다. 따라서 근대를 온전하게 이해하려면 우리는 언어의 역사를 파헤쳐야 한다.

이 책은 근대 동아시아에서 과학과 사상의 언어가 어떻게 번역되고 형성되었는지를 추적하며, 그 과정에서 작동했던 사회적·역사적 배경과 지知의 충돌 과정을 밝히는 것이다. 특히 일본이 주도한 번역 작업을 중심으로, 근대적 과학 어휘들이 동아시아의 지식 사회를 어떻게 새롭게 구축했는지를 살펴보려 한다. 번역을 통해 등장한 어휘들은 새로운 사유의 틀을 만들어냈고, 그 틀 속에서 우리 근대인은 삶의 의미와 가치관과 질문들을 새롭게 구성하기 시작했다. 그것은 근대적 사유의 특별함이자 피할 수 없는 한계였다. 이 책을 읽는 독자 여러분께도 이 같은 나의 고민과 흔적이 부디 잘 전달될 수 있기를 바랄 뿐이다.

2025년 초봄

김 성 근

01

과학

科學 / Science

라틴어 경구인 '스키엔티아 에스트 포텐티아Scientia est potentia'는 '아는 것이 힘이다Knowledge is power'라는 말로 번역된다. 이 유명한 말은 흔히 근대과학에 사상적 주춧돌을 놓았다고 알려진 17세기 영국 철학자 프랜시스 베이컨Francis Bacon(1561~1626)의 저서 《신기관 Novum Organum》(1620)에 나오는 말이다. 베이컨은 이 책에서 당시까지도 강력한 위용을 떨치던 고대 그리스 철학자 아리스토텔레스(기원전 384~322)의 자연 이해 방식을 비판한 뒤, 근대인들은 자연을 확고하게 지배하고 그것을 통해 얻은 지식을 기술적으로 활용하여 인간의 삶을 풍요롭게 만들어야 한다고 주장했다.

위 경구 중에 나오는 라틴어 '스키엔티아scientia'가 오늘날 영어 'science'의 어원이 되었음은 잘 알려져 있다. 그런데 우리는 왜 '스키엔티아'를 '과학'으로 번역하지 않고, 단지 '아는 것' 혹은 '지식

그림 1-1

베이컨이 쓴 《신기관》의 표지 그림 하단에는 《구약성서》 다니엘 12장 4절에서 인용한 "많은 사람이 왕래하며 지식이 더하리라multi pertransibunt et augebitur scientia"라는 말이 쓰여 있다. 여기서 스키엔티아scientia는 '지식'을 의미한다.

knowledge'으로 번역하는 것일까? 그것은 당시 '스키엔티아'라는 개념이 오늘날의 과학과는 거리가 멀었기 때문이다.

《옥스퍼드 영어사전Oxford English Dictionary》에 따르면, 영어 science (프랑스어 science)가 등장한 것은 이미 14세기 중반 무렵부터였다.[1] 그런데 당시 이 어휘도 오늘날의 과학과는 거리가 멀었다. 그것은 라틴어 '스키엔티아'와 마찬가지로 '아는 것' 또는 '지식 일반'을 의미했다.[2] 당시의 문헌들에서 오늘날 우리가 이해하는 과학과 가까운 어휘를 찾자면, 영어 science나 라틴어 scientia가 아니라 오히려 '자연철학philosophiæ naturalis'이라는 어휘였다. 아울러 그러한 탐구자들을 사람들은 natural philosophers(자연철학자들) 또는 virtuosos(거장들), savant(학자) 등으로 불렀다. 예를 들어, 아이작 뉴턴은 1687년 《자연철학의 수학적 원리Philosophiae Naturalis Principia Mathematica》, 일명 《프린키피아》라는 라틴어 저서를 집필했는데, 제목에서 볼 수 있듯이 그는 스스로의 학문을 '과학'이 아니라 '자연철학'이라고 불렀다.

그렇다면, '아는 것' 또는 '지식 일반'의 의미로 사용되던 라틴어 scientia, 또는 영어 science는 언제부터 오늘날과 같은 '과학'으로 탈바꿈했던 것일까? 그 개념의 변동을 이해하기 위해서는 두 가지 중요한 과학사적 사건을 설명할 필요가 있다.

첫째, 17세기 전후의 과학혁명The Scientific Revolution이라는 사건이었다. 이 과학혁명은 고대 이래 강력한 영향력을 뽐내던 아리스토텔레스적 과학관을 근본적으로 뒤흔든 것이었다. 프랜시스 베이컨, 갈릴레오 갈릴레이, 로버트 보일, 아이작 뉴턴 등 17세기 과학자들은, 신이 자연을 수학적으로 설계했으며, 인간은 그것을 실험적으로 탐구함으로써 신이 자연 속에 숨겨놓은 섭리를 발견할 수 있다고 보았다. 다시 말해, 과학혁명의 시기를 거치며 단지 '아는 것'에 지나지 않았던 라틴어 scientia나 영어 science는 관찰, 실험과 같은 증명이 가능한 사실에 기반을 둔 자연계에 대한 특별한 탐구 방법론의 의미로 탈바꿈하기 시작한 것이다.[3]

둘째, 18~19세기를 통해 science는 '지식 일반'이 아니라, '전문 영역별로 세분화된 학문'이라는 의미를 갖게 되었다. 그것은 과학혁명 이후 학문 각 분야가 점점 전문화된 경향과 관련이 깊다.

1833년 케임브리지에서는 제4차 영국과학진흥협회 회의가 열렸는데, 이때 시인 새뮤얼 콜리지Samuel Taylor Coleridge는 당시 다양한 과학 분야에서 급증하는 직업적 전문가 집단에게 어떤 이름을 붙여야 좋을지 참석자들에게 물었다. 이에 영국인 철학자 윌리엄 휴얼William Whewell(1794~1866)은 물리학 연구자a cultivator of physics를 당시 '의사'를 뜻했던 physician이라고 부를 수 없기에 physicist(물리학자)라고 불렀던 것처럼, 과학 연구자a cultivator of science를 'scientist'라고 부르자고 제안했다. 당시 음악가, 화가, 시인 등을 예술가artist로 불렀듯이, 과학자는 수학자·물리학자·박물학자 등을 포괄할 수 있다는 것이다.[4] 그것은 휴얼이 활동하던 19세기 전반의 영국에서는 지질학·생물학 등 자연과학 각 분야가 새롭게 탄생하거나, 전문화·세분화되었고, 그 같은 특정 분야를 연구하는 전문가 집단이 이미 무시할 수 없는 세력으로 등장하고 있었다는 사실을 말해준다.

그런데 라틴어 scientia라는 어휘에 'ist'라는 어미를 붙여 만든 이 scientist는, 매우 좁고 특수한 영역을 연구하는 사람을 지칭했기 때문에 결코 좋은 어감은 아닌 것으로 보였다. 그것은 넓은 영역을 폭넓게 공부하는 교양적 지식인, 즉 '제너럴리스트generalist'와는 달리, 특정 분야만을 깊이 파고드는 '스페셜리스트specialist'에 가까웠기 때문이다. 그러나 이 scientist는 때마침 대량 생산 시스템과 산업의 분업화를 주도한 미국 사회에서 유행했고, 이후 영국 및 유럽으로도 역수입되면서 결국 서양 학계에 확산되었다.

이로써 17세기까지만 해도 '아는 것' 또는 '지식 일반'을 의미했던 라틴어 scientia 혹은 영어 science는, 19세기 중엽에 이르러서는 과학혁명을 거치며 형성된 '관찰, 실험에 기반을 둔 특별한 실증적 지식'이라는 의미와 함께, '분과화된 학문, 즉 전문화, 세분화된 학문'이라는 의미를 동시에 갖추게 된 것이다.

Science를 둘러싼 이 같은 두 가지 개념적 변화는 오늘날 영어 science가 셀 수 있는 명사인 복수형 '사이언시즈sciences'로 사용될 때는 분과화된 학문 영역의 의미로, 셀 수 없는 명사인 단수형 '사이언스science'로 사용될 때는 특별한 학문 방법론을 갖춘 지식의 의미로 사용되는 것에서 여전히 그 흔적을 찾아볼 수 있다.[5]

일본어 '과학科學'은 '분과의 학'을 의미했다

서양에서 science가 등장한 것과 거의 비슷한 시기에 동아시아의 문헌에 '科學'이라는 어휘가 등장했다.[6] 중국 청나라 건륭제가 편찬한 《사고전서四庫全書》는 역대 중국에서 출간된 중요한 서적들을 목록으로 정리한 것인데, 이 책에 따르면 북송의 이방李昉(925~996) 등이 편찬한 시문집 《문원영화文苑英華》에 이미 중국어 '커쉐科學'라는 어휘가 등장한다.[7] 즉, 이 《문원영화》에 수록된 당말 라곤羅袞(900년경)의 글에 '과학'이라는 어휘가 사용된 것이다. 하지만 당시 한자어 '과학'은 오늘날 우리가 science의 번역어로 사용하는 그것과는 전혀 다른 의미로, 중국과 조선 등에서 시행되고 있던 관리 등용 시험, 즉 '과거지학科擧之學'을 줄인 말이었다.

이후로도 중국이나 조선에서는 근대에 이르기까지 '과학'이라는 어휘가 간간이 사용되었지만, 그것은 대부분 과거 시험을 위한 학문을 가리켰다.

한자어 '과학'이 영어 science의 의미로 사용되기 시작한 것은 19세기 후반 일본에서였다. 일본어 '가가쿠科學'라는 어휘가 처음 등장한 것은 에도 시대 후기의 의학자이자 난학자[8]였던 다카노 조에이高野長英(1804~1850)가 1832년에 집필한 의학서 《의원추요내편医原框要內編》에서였다. 이 책에서 다카노는 "인신궁리人身窮理는 의가醫家의 일과학一科學으로서 인체는 이해하기도 어려울 뿐만 아니라 번역하기도 어렵다"[9]라고 썼다. 여기서 '인신궁리'란 오늘날의 생리학에 가까운 것으로, 생리학은 의가의 한 과학이지만, 그것이 대상으로 삼는 인체의 탐구는 몹시 어렵다는 것을 말한다. 이 문맥에서 '과학'은 전문 분야, 혹은 분과의 학문을 의미했음을 알 수 있다.

그 뒤, 거의 사용된 적이 없던 '과학'이라는 어휘는 메이지 유신(1868) 이후 다시 등장했다. 1871년(메이지 4) 1월, 훗날 일본의 문부

대신이 된 이노우에 고와시井上毅(1844~1895)는 신정부에 새로운 교육제도의 설계를 담은 《학제의견学制意見》을 제출했는데, 그 안에는 "어학을 배워서 서양인에게 구두로 가르침을 받고 과학科學으로 나아가도록 한다"[10]라는 표현이 등장한다. 즉 서양 언어를 공부한 뒤 그 어학적 바탕 위에 각각의 개별 학문을 깊이 있게 공부해야 한다는 것으로, 여기서도 '과학'은 각각의 개별 학문, 즉 분과학문을 의미했다.[11]

초기 일본에서 사용된 '과학'이 '분과의 학'을 가리킨 데는 그 나름의 그럴듯한 이유가 있었다. 본래 과학의 '과科' 자는 벼 화禾 자와 말 두斗 자가 합쳐진 것이다. 즉, 되나 말 같은 용기로 곡식의 양을 잰다는 의미이다. 따라서 일본인들은 서양의 science에 내재된 '분과학문'적 특징이 한자어 과科가 가진 의미와 매우 유사하다고 보았던 것이다.

그러나 '과학'이라는 어휘가 science가 가진 분과학문적 특징을 잘 포착하기는 했지만, 사실 학문을 잘게 나누어 깊이 연구한다는 것만으로는 서양의 science가 가진 특징을 모두 이해했다고는 볼 수 없다. 서양의 science가 제대로 이식되기 위해서는 무엇보다도 science만이 가진 '특별한 학문적 방법론'을 이해할 필요가 있었다. 그것은 한마디로 전통적 학문 방법론과 구분되는 새로운 학문 방법론에 대한 이해를 의미했다.

일본 최초의 근대 철학자 니시 아마네는
science를 '학學'으로 번역했다

일본에 science는 먼저 '분과의 학'이라는 의미로 번역되었다. 그러나 서양의 science가 가진 또 다른 특징, 즉 특별한 방법론은 일본의 근대 철학자 니시 아마네西周(1829~1897)가 최초로 소개했다. 니시는 오늘날 우리에게 학술 용어로 익숙한 철학, 주관, 객관, 오성, 감성 등 다수의 번역어를 만든 사람으로 유명하다.

니시는 1870년(메이지 3) 11월경 육영사育英舍라는 사설 학원에서의 강의록《백학연환百學連環》에서 science라는 어휘를 '학學'으로 번역했다.[12]

그런데 니시의 학science은 전통적인 '학'과는 질적으로 다른 것이었다. 니시는 1874년에 쓴〈지설知說〉이라는 논문에서 '학'에 대해 자세히 쓰고 있다.[13] 니시는 인간의 마음이 지智, 의意, 정情이라는 세 가지로 이루어져 있다고 보았는데, 이 중 최고인 지智가 이理를 획득하기 위해 행하는 전쟁을 학學, 또는 강구講究, 연마練磨라고 불렀다. 또 지智의 보루를 학교, 지智가 할거하는 구역을 지식이라고 칭했다. 인간의 마음에 들어 있는 지智가 학의 기초라고 보았던 것이다. 그런데 니시는 학學이라는 것이 지智가 이理를 획득하기 위해 행하는 전쟁과 같다면, 학의 목적은 진리眞理를 아는 것이고, 이러한 학을 추구하는 방법에는 시찰視察, 경험經驗, 시험試驗 등 세 가지가 있다고 보았다. 이 셋은 사실상 종래의 전통적 '학'에서는 볼 수 없었던 근대의 자연과학적 방법에 가까운 것이었다. 이처럼 시찰, 경험,

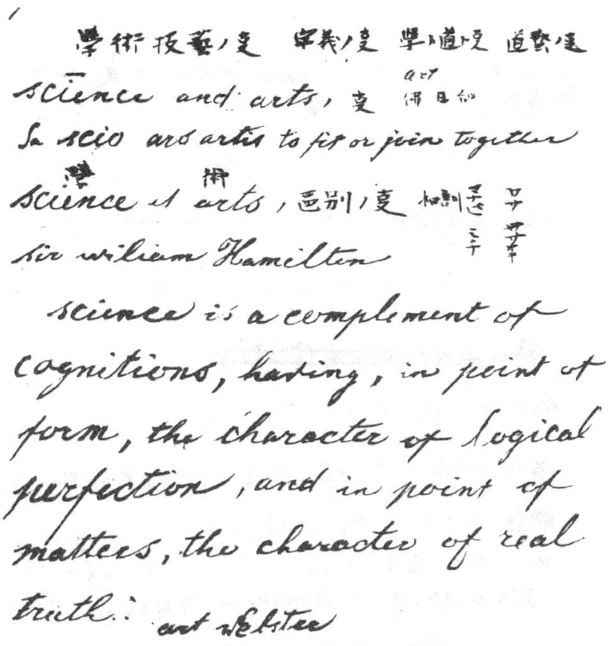

學術技藝,를   宗義,를 學\道\를 道數\를
science and arts, 를 術 目 的
Sa scio ars artis to fis or join together
science 术 arts , 區別,를 ... 무
sir wiliam Hamilton   주
    science is a complement of
cognitions, having, in point of
form, the character of logical
perfection, and in point of
matters, the character of real
truth : art Webster

그림 1-2

《백학연환》에서 니시는 science를 학學으로, art를 술術로 번역했다. [14]

시험 등이 학을 추구하는 구체적 방법이라면, 니시는 연역의 법과
귀납의 법도 그에 못지않게 중요하다고 보았다. 연역의 법은 하나
의 원리를 가지고 그것으로부터 많은 일을 이해하는 방법이며, 귀
납의 법은 다수의 사실을 모아서 하나의 일관된 진리를 얻어내는
방법이다. 그리고 이것들로부터 마침내 학學과 술術의 양상이 나타
난다.

이처럼 해서 사실을 일관의 진리에 귀납하고, 또 이러한 진리를 서
序와 전후 본말을 밝혀서 규범으로 삼는 것을 학學/science이라고 한
다. 이미 학學에 의해서 진리가 명확할 때는 그것을 활용하여 인간 만
반의 사물에 편리하도록 사용하는 것을 술術이라고 한다. 그렇기 때
문에 학의 취지는 한결같이 진리를 강구하는 것에 있으며, 그 진리가
인간에게 이해득실이 있는지를 논할 수는 없는 것이다. 술은 진리가
있는 곳에 따라서 활용하여, 인간을 위해 피해를 막고 이익을 얻으며
손실을 막고 득에 이르도록 하는 것이다.[15]

니시에 따르면, 학science이 진리를 추구하는 이론적 행위라면 술
art은 그 학을 활용하여 인간의 삶을 개선하는 기술적 행위라는 것
이다. 그리고 니시는 이 '학'과 '술'의 관계를 '과학'이라는 어휘를 사
용하여 다음과 같이 설명한다.

학學은 사람의 성性에 있어서 그 지智를 열고, 술術은 사람의 성에
있어서 그 능能을 키우는 것이다. 그러므로 학과 술은 그 취지가 다르
지만, 그렇다고는 해도 소위과학所謂科學에서는 두 가지가 혼합되어
확실히 구분할 수는 없는 것이다.[16]

학과 술이 서로 다른 것이지만 '소위과학'에서는 서로 밀접하게
관련되어 있다는 것이다. 니시는 화학을 예로 들어, '분석적analytical
화학'이 '학'이라면 '종합적synthetical 화학'은 '술'인데, 화학이라는 '과
학' 안에서 이 둘을 확연히 구분할 수는 없다고 보았다. 다시 말해,

분석적 화학은 학에, 종합적 화학은 술에 속하고 그것들은 '소위과학'의 한 분야인 화학에서는 긴밀한 관계에 있다는 것이다. 니시는 science를 '학'이라고 번역하고, '과학'이라는 한자어는 화학과 같이 세분화된 '분과의 학'을 가리키는 어휘로 사용했던 것이다.

이처럼 니시는 전통적 학문에서는 볼 수 없었던 귀납의 법, 연역의 법, 그리고 관찰, 실험, 시험과 같은 근대과학적 방법론을 새로운 학의 중요한 특징으로 이해했다. 전통적 '학學'의 개념은 니시에 의해 새로운 '학science'의 개념으로 재정립되기 시작했던 것이다.

과학, science의 다양한 번역어들 속에서 결국 승리하다

19세기 후반 일본에서 science의 번역어에는 실로 다양한 어휘들이 경쟁하고 있었다. 예를 들어, 메이지 시대의 대표적 계몽사상가였던 후쿠자와 유키지福澤諭吉(1835~1901)는 '문학과학文學科學'이라는 어휘를 통해 문학이라는 일과一科의 학문을 표현하면서도, science의 번역어로는 실학實學이라는 어휘를 사용했다.[17]

나카에 초민中江兆民(1847~1901)은 서구철학의 개론서라고 할 수 있는 《이학구현理學鉤玄》(1886)에서 "인성에 따라 자연스럽게 아는 것과 있는 것을 구하는 것, 이것이 바로 옛날부터 각종 학술學術이 일어난 이유이다"라고 말했는데, 그 안에서 프랑스어 science를 '학술'이라고 번역했다. Science를 '학술'로 번역한 것은 마에카와 가메지로前川龜次郎의 〈학술의 본체學術之本體〉(1886)라는 논설에서도 볼 수 있다. 마에카와는 "학술學術이라는 것은 영어로 science라고 말하는데, 근래 일본에서 이 단어를 번역하여 학술, 이학理學, 과학科學, 학문學問, 학學이라고도 한다"라고 전하면서, 자신은 science의 번역어로서 일단은 '학술'을 채택한다고 쓰고, 그것을 "진리로 이루어진 일종의 유기체"라고 규정했다.

메이지 유신(1868)을 전후하여 간행된 사전류에서도 science의 번역어들은 여러 종류가 존재했음을 확인할 수 있다. 호리 다쓰노스케堀達之助의《영화대역 수진사서英和對譯袖珍辭書》(1862)에서 science는 학문學問, 기예伎藝로 번역되었다. 마찬가지로 메이지 직전에 편찬되어 당시 일반에 많은 영향을 끼친 것으로 알려진 제임스 커티스 헵번James Curtis Hepburn(1815~1911)의《화영어림집성和英語林集成》(1867)에서 science는 'gaku, jutsz(學, 術 — 이하 괄호 안은 필자)'로 번역되었다. 이 사전은 1872년(메이지 5)에 재판을, 1886년(메이지 19)에는 제3판을 출판했는데, 여기에서는 science가 'gaku, jutsu, gakumon(學, 術, 學問)'으로 번역되었다. 또한 1876년(메이지 9), 어네스트 메이슨 사토Ernest Mason Satow, 이시바시 마사카타石橋政方(1839~1916)가 편찬한 *An English- Japaness Dictionary of the Spoken Language*에서 science는 'gakumon(學問)'이라고 번역되었다. 그러다가 메이지 시대 철학자 이노우에 데쓰지로井上哲次郎(1856~1944) 등이 1881년에 편찬한《철학자휘哲學字彙》에 이르러 science는 '이학, 과학'으로 번역되었다. 근대 일본의 사전류에서 science가 '과학'으로 번역된 것은《철학자휘》가 최초이다. 그 후 간행된 사전류에서 science의 번역어로 '과학'은 자주 포함되기 시작했다. 영국인 너털Peter Austin Nuttall이 집필하고 다나하시 이치로棚

橋一郎가 번역한《영화쌍해자전英和雙解字典》(1885)에서는 science가 '지식知識, 예藝, 이학, 학문, 과학, 지혜智慧, 박학博學, 학學' 등으로 번역되었다. 또한 시마다 유타카島田豊가 편역한《부음삽도 화역영자휘附音插圖 和譯英字彙》(1888)에서 science는 '지식知識, 숙련熟練, 박학, 고구考究, 궁리窮理, 이理, 도道, 학, 이학, 과학' 등 다양한 어휘로 번역되었다.

　그런데 1880년대 중엽에 간행된 위 두 사전에서는 유독 science에 많은 번역어가 등장한다. 비단 science의 번역어뿐만 아니라, 다른 번역어들도 사정이 비슷하다. 그것은 1868년 메이지 유신 이후 번역 서적이 폭발적으로 증가한 결과였다. 즉, 메이지 초기부터 번역자에 따라 서로 다른 번역어들이 누적되었을 뿐만 아니라, 번역어 통일의 중요성 또한 아직 제대로 인식되지 못했기 때문이다.

　'과학'이 다른 번역어들을 제치고 science의 주요한 번역어가 되기 시작한 것은 1880년대 이후였다. 이 시기 '과학'이라는 어휘는 대중적인 영향력이 컸던《동양학예잡지》등 학술잡지나 신문류에 활발히 받아들여지면서 메이지 지식사회에 정착해 나갔던 것으로 보인다. 1895년 영문학자 도가와 슈코쓰戶川秋骨는 "최근에 이르러 과학적이라는 것이 유행하고 있다. 철학도 과학적이어야 하는가"라고 당시 '과학적'이라는 어휘가 철학을 비롯한 다른 학문을 압도하면서 메이지 지식사회에 크게 유행하고 있음을 말하고 있다.[18]

　그러나 일본에서 '과학'은 20세기 초까지 여전히 다른 번역어들과 경쟁했다. 특히 '이학'은 대표적이다. 1903년 발간된《이학계理学界》라는 잡지는 제목에 '이학'이라는 어휘를 담고 있으면서도, 그 주요 내용은 과학의 보급을 목적으로 한 것이었다. 결국 '과학'이라는 어휘가 일본 사회에 제대로 뿌리내리기 위해서는 그것이 단순히 개별 '분과학문'이라는 특징을 넘어, 여타의 학문들과 어떻게 다른가를 제대로 인식할 필요가 있었다. 철학자 다나베 하지메田邊元는 1915년《최근의 자연과학最近の自然科學》, 1918년《과학개론科學槪論》등을 집필했는데, 이 책들에서 과학적 인식이 실재를 반영할 수 있는지와 같은 철학적 문제를 중심으로 과학의 한계와 특징을 다루었을 뿐만 아니라, '과학'이 인문학과 같은 학문들과 어떻게 구분되는 지식의 체계인지를 심도 있게 검토했다.[19] 이처럼 과학이 가진 특별한 방법론에 대한 철학적 고찰이 이루어지면서 '과학'이라는 어휘도 분과학문이라는 특징을 넘어, 일본 사회에 제대로 정착할 수 있었던 것이다. 그것은 서양에서 발달한 science가 '과학'이라는 어휘를 통해 비로소 완전히 번역되기 시작했음을 의미한다.

'과학'이 처음 등장한 한국어 문헌은
1895년 유길준의《서유견문》

19세기 후반 일본에 정착한 '과학'이라는 어휘는 곧 중국과 한국으로 전파되었다. 청일전쟁에서 충격적인 패배를 경험한 뒤, 중국의 개화파 지식인들은 일본 사회의 빠른 변화상을 목격하고 중국도 서양 문물의 수용을 통한 사회적 대개혁이 필요하다고 역설하기 시작했다. 스즈키에 따르면, 1896년 그 같은 중국 사회의 대개혁을 주장한 양계초의 논문 〈변법통의變法通議〉가 일본어 '과학'이 등장한 최초의 문헌이라고 한다.[20]

그렇다면 한국의 경우는 어떠했을까?[21] '과학'이 조선에 유입되기 전 조선인들은 서양의 science를 다양한 어휘로 번역했다. 그중에서도 대표적인 것은 '격치格致'라는 어휘였다. 원래 '격물치지格物致知'의 줄임말인 '격치'는 중국의 사서 중 하나인《대학》에서 온 어휘로, "모든 사물의 이치를 끝까지 규명하여 앎에 이른다"라는 뜻이다. 한국 최초의 과학교육 기관으로 손꼽히는 원산학사의 수업 목록에는 '격치'라는 교과목이 있었는데, 이것은 곧 science를 가리켰다.

구한말에 간행된《대조선독립협회회보大朝鮮獨立協會會報》에는 매호 〈격치론格致論〉이라는 제목의 논설이 게재되었다. 그 논설은 공기, 눈, 바람과 같은 다양한 자연현상의 원리를 설명한 것이다. 이 〈격치론〉은 영국인 존 프라이어John Fryer(중국명 傳蘭雅)가 상하이에서 발행한 과학잡지《격치휘편格致彙編》을 참고한 것으로, 모든 자연현상을 과학적 원리에 따라 설명하여 대중을 계몽한다는 목표를 지녔다. 주로 중국의 한역 과학서적들을 통해 과학을 접한 조선인들은 '격치'라는 전통적 개념에서 science와의 유사성을 발견한 것이다.

그러다가 한국어 문헌에 일본제 어휘인 '과학'이 처음 등장한 것은 1895년 유길준兪吉濬(1856~1914)의《서유견문西遊見聞》에서였다. 유길준은 1881년 조선 정부가 새로운 근대문물과 제도를 조사하기 위해 일본에 파견한 조사 시찰단의 일원으로 참가했다가, 국비 유학생 신분으로 후쿠자와 유키치의 학교 게이오의숙慶應義塾에 남아 학업을 계속했던 인물이다. 그는 1895년 도쿄의 교순사交詢社에서《서유견문》을 출판했는데, 이 책에는 '과학'이라는 어휘가 다음과 같이 등장한다.

매월 초 각과학各科學의 전문 박사가 본원本院을 방문하여 여러 가지 공예, 농업의 강의를 하고, 시민의 청강을 허락한다. 그래서 프랑스인은 개명진선開明進善하는 지혜와 기술을 귀로 듣고 눈으로 보아 저마다 머릿속에 스며들게 하며, 그리하여 공업의 정교함이 날마다 진보하니….[22]

《서유견문》은 제목 그대로 서양을 유람하며 보고 느낀 바를 기록한 책으로, 이 내용은 당시 프랑스 파리에 있던 각종 근대적 설비 중에 농공農工 박물원에 대해 설명한 것이다. 여기 보이는 '각 과학의 전문 박사'라는 표현은 "각 영역별로 세분화된 학문의 전문박사"라는 의미이다. 즉, 유길준이 쓴 '과학'은 "전문 영역별로 세분화된 학문"을 의미했던 것이다. 그러나 과학이라는 어휘는 이후 조선의 문헌에 한동안 거의 드물게 나타날 뿐이었다. 개화기에 간행된 사전을 통해서도 이 같은 사정을 확인할 수 있다. 1880년 리델Felix Clair Ridel(1830~1884) 신부를 비롯한 프랑스 선교사들이 조선인의 협력을 얻어 요코하마에서 편찬한 《한불ᄌ뎐韓佛字典》에는 과학科學이라는 어휘가 아직 등장하지 않는다. 하지만 '학문學問'이 'science, talent' 등으로, '격물궁리格物窮理'가 'science naturelle, philosophie' 등으로 번역되었다.

1890년 미국 선교사 언더우드Horace Grant Underwood(1859~1916)가 간행한 《영한ᄌ뎐英韓字典》과 《한영ᄌ뎐韓英字典》에서는 science가 '학, 학문'으로 번역되었고, philosophy는 '학, 학문, 이ᄤ'로 번역되었다. 당시까지만 해도 science와 philosophy 사이의 명확한 구분이 이루어지지 않았음을 알 수 있다. 또 1897년 캐나다인 선교사 게일James Scarth Gale(1863~1937)이 간행한 《한영ᄌᆞ뎐》은 natural science의 번역어로 '격물格物'을 채택했다. '격물'이란 '물物의 도리를 규명한다'라는 주자학의 대표적 어휘이다. 1911년 게일은 1897년의 《한영ᄌᆞ뎐》을 증보 간행했는데, 여기서도 '과학'이라는 어휘는 등장하지 않고, 격물학格物學이 philosophy; natural science의 번역어로 사용되었다. 그러다가 1914년 미국인 선교사 존스George Heber Jones(1867~1919)가 편찬한 《영한ᄌᆞ뎐》에는 '학술, 학문, 지식, 학學'이라는 어휘들과 함께 마침내 science의 번역어로 '과학'이 등장한다.

조선인 일본 유학생 장응진의 '과학' 개념

유길준이 처음 사용한 '과학'이라는 어휘는 이후 조선의 문헌에는 잘 등장하지 않았다. 이 어휘가 다시 본격적으로 조선 학계에 등장한 것은 20세기 초 조선인 일본 유학생들을 통해서였다. 일본의 식민 지배가 현실화되면서 많은 조선의 젊은이들이 일본으로 건너갔다. 1910년 11월 당시 도쿄에 있던 조선인 유학생의 수는 약 500~600명에 달했다고 한다.[23] 그들은 조선은 물론 일본 현지에서도 각종 학회를 설립하고 근대 학문을 본격적으로 소개하기 시작했다. 이때 조선인 유학생들이 만든 학회지들은 일본어 과학 어휘들이 조선에 유입되는 주요한 통로가 되었다.

장응진張膺震(1890~1950)은 도쿄에 있던 유학생들의 친목 도모와 학술 교류를 목적으로 '태극학회太極學會'를 설립했고, 1906년에는 《태극학보太極學報》라는 월간 잡지를 창간했다. 이 학회지는 주로 도쿄의 유학생들이 필자로 참가했는데, 이것은 일본어 학술 어휘들을 자연스럽게 조선어 안에 흡수하는 통로가 되었다. 1906년 12월 호에 장응진은 〈과학론科學論〉이라는 논설을 써서 다음과 같이 말했다.

이와 같은 자연적 현상(사실)은 일일이 들어서 말하기는 어렵지만, 이들 현상에 대해서는 우리의 지식이 경험상 대개 일정한 법칙에 따라 나타나는 것을 추상하니 이들 갖가지 현상을 우리가 사실로 연구하여 이 사이에 일정한 공통의 법칙을 발견하는 것을 자연과학 혹은 사실과학이라 칭하니 천문학·지리학·박물학·물리학·화학·심리학, 기타 갖가지 구별이 있고, 또 우리 인류가 사회생활상에 필요한 갖가지 규칙(규범)을 제정하고 표준을 세운 후에 갖가지 사실을 이러한 표준에 대조하여 선악, 옳고 그름, 좋고 나쁨 등의 구별을 정신상으로 판단함에 이러한 학문을 규범적 과학이라 칭하니 윤리학·정치학·미학·논리학 등은 다 이 규범적 과학이라[如此흔 自然的 現像(事實)은 一一히 枚擧키 難ᄒᆞᄂ 此等現象에 對ᄒᆞ야ᄂ 吾人의 知識이 經驗上 大槪 一定흔 法則으로 從出홈을 推想홀지니 此等種種의 現象을 吾人이 事實로 硏究ᄒᆞ야 此間에 一定흔 共通의 法則을 發見ᄒᆞᄂ 者를 自然科學 或 事實科學이라 稱ᄒᆞᄂ니 天文學地理學博物學物理學化學心理學 其 他種種의 區別이 有ᄒᆞ고 또 吾人人類가 社會生活上에 必要흔 種種의 規則(規範)을 製定ᄒᆞ고 準標을 立흔 後에 種種에 事實을 此等標準에

對照ᄒ야 善惡正不正好不好等에 區別을 精神上으로 判斷ᄒ매 此等學을
規範的科學이라 稱ᄒᄂ니 倫理學, 政治學, 美學, 論理學 等은 다 規範的
科學이라.[24]

장응진은 '과학'을 크게 천문학·지리학·박물학·물리학·화학·
심리학 등의 자연과학(사실과학)과 윤리학·정치학·미학·논리학
등의 규범적 과학으로 분류했다. 이때 규범적 과학은 인간이 정한
사회적 규칙(규범)을 중심으로 옳고 그름과 좋고 나쁨 등을 판단하
는 과학이다. 반면, 자연과학이란 일월성신의 운행이나 춘하추동
의 변화를 시작으로, 맹수가 무리 지어 들판을 달리고, 새가 날고,
사과가 밑으로 떨어지는 것처럼, 경험상 대개 일정한 법칙을 따르
는 자연적 현상을 대상으로 한다. 따라서 자연과학은 한마디로 자
연현상으로부터 일정한 공통의 법칙을 발견하는 것이다. 그런데
장응진에 따르면 그 발견의 과정에는 관찰, 분류, 설명이라는 세 가
지 방법이 필요하다. 천문학을 예로 들자면, 우선 일월성신이나 천
체가 어떻게 서로의 위치를 바꾸는가를 정밀하게 '관찰'할 필요가
있다. 다음으로 그 같은 천체의 운동을 운행하는 과정과 성질에 따
라 '분류'하는 작업이 필요하다. 즉, 태양계와 항성들과의 계통을
구별하고, 유성遊星과 위성衛星 등을 분류하는 것 등이다. 그리고 마지
막으로 각각의 천체가 운행하는 원리를 천체와의 관련을 배경으로
상세히 '설명'할 필요가 있다. 따라서 과학은 철학과는 완전히 다른
학문이다. 즉, 과학은 일정하게 정해진 범위를 연구하는 학문이라
면, 철학은 우주 전체를 체계적으로 설명하는 것을 목적으로 하며,

따라서 "철학은 과학 이상의 과학"이라는 것이다. 결국 장응진은 철학과는 달리 과학은 관찰, 분류, 설명이라는 특별한 학문적 방법론을 갖추고, 아울러 전문 분야별로 세분화된 학문이라고 이해했다는 것을 알 수 있다. 당초 서양의 science 개념이 가졌던 두 가지 의미가 장응진의 과학 개념 안에 흡수되고 있었던 것이다.

'과학'이라는 어휘가 조선 사회에 대중화되다

'과학'이라는 어휘가 조선 사회에 '대중화'된 시점은 언제일까? 정확한 시기를 특정하기는 힘들지만, 1910년 이전의 각종 잡지나 신문에 이미 '과학'이라는 어휘가 자주 등장했다는 것을 알 수 있다. 예를 들어 최남선이 간행한 대중 잡지 《소년少年》 제2권(1908년 12월) 〈봉길이지리공부鳳吉伊地理工夫〉에는 "지리학 같은 과학[地理學갓흔 科學]"[25]이라는 표현이 나오는데, 여기에는 지리학이 과학의 한 분야임이 명확히 드러나 있다. 남궁억이 간행한 《황성신문皇城新聞》의 1909년 9월 8일자에는 〈동서문화교환시기東西文化交換時期〉라는 제목의 기사가 게재되어 있는데, 여기에 서양의 "종교와 과학이 증기선, 철도 등을 따라[宗敎及諸科學이 氣船과 鐵軌를 隨ᄒ야]"[26] 동양에 파급되고 있다고 쓰고 있다. '제과학諸科學'이란 사실상 복수형 sciences를 말하는 것으로, 분과학문을 총칭하는 개념임을 알 수 있다.

《소년》이 폐간된 뒤 1914년 《청춘青春》이라는 대중 잡지가 간행되는데, 이 잡지는 1918년 9월 26일 종간될 때까지 당시 조선에 유입되어 있던 새로운 어휘를 대중에게 해설했다. 《청춘》 제1호의

〈백학명해百學名解〉라는 글에는 학, 과학, 궁리학 등에 관한 구체적인 해설이 등장한다.[27] 여기서 영어 science, 독일어 Wissenschaft의 번역어에는 '학'이 대응하고, 그 본질을 다음과 같이 설명하고 있다. '학'은 조직된 지식Partially unified knowledge이라는 의미이며, 구체적으로 말하자면 첫째, 널리 관찰해서 많은 재료를 하나로 모아 그 전반을 관통하는 개괄적 지식이고, 둘째, 그 재료를 수집 배열할 때, 일정한 방법에 의해 계통이 명확하도록 분류한 체계적 지식이며, 셋째, 정돈된 재료와 사실의 관계를 명확하게 해서 그 사이에 있는 '이치'를 정확하게 단정하여 그 사실을 증명할 수 있는 합리적 지식이다. 개괄적·체계적·합리적이라는 이 세 가지 특징은 처음부터 모든 '학'에 구비되어 있는 것은 아니고, 또 이 세 개가 서로 대등한 지위를 갖고 있는 것도 아니다. 제1의 요건을 가진 뒤에 제2로 나아가고, 또 제3으로 나아가는 것이며, 이렇게 학은 서서히 진보 발달하는 것이다. 다시 말해 學science은 조직된 지식을 의미하지만, 그것을 얻기 위해서는 우선 개괄적 지식으로부터 체계적 지식으로 나아가고, 그렇게 해서 합리적 지식을 지향하지 않으면 안 된다는 것이다.

아울러 저자는 '학'과는 다른, '과학'이라는 어휘를 다음과 같이 규정했다.

1. 학과 같은 뜻이니 곧 일상개개의 지식을 가지고 이를 통일하고 조직하여 일과의 학을 만든 것이니 조직된 지식이라는 뜻이니라[一, 學과 同意니 곳 日常個個의 智識을 가지고 이를 統一하고 組織하야

一科의 學을 만든 것이니 「組織된 知識」이란 뜻이니라].

2. 궁리학(철학)의 대상이 전반적임에 비해 그 대상의 범위가 부분적인 것이니 생물학, 심리학이 각각 만유의 일부분인 생물계, 정신현상을 탐구하는 것과 같으니라[二, 窮理學(哲學)의 對象이 全般的임에 對하야 그 対象의 範圍가 部分的인 것이니 生物學, 心理學이 각각 萬有의 一部分인 生物界, 精神現象을 考究하는 類라].

저자는 '과학'을 學science과 거의 동일한 개념으로, 즉 '일과一科의 학' 또는 '조직된 지식'으로 규정하고 있지만, 이것을 철학과 비교했을 때, 그 대상은 부분적이라는 점을 강조했다. 이 같은 생각은 원래 수학과 자연과학, 정신과학 등의 제반 과학이 철학으로부터 독립했다는 이해와 통한다. 이처럼 1910년대를 전후로 한국에서 '과학'은 각종 대중 잡지나 신문 등에 소개됨으로써 점차 대중적인 어휘로서의 지휘를 획득해 가고 있었던 것이다.

02

자연

自然 / Nature

오늘날 한국은 물론 중국, 일본에서도 영어 nature는 '자연自然'으로 번역된다. 그런데 이 nature가 '자연'으로 번역된 것은 알고 보면 그리 오랜 일이 아니다. 영어와 프랑스어 nature, 독일어 Natur, 네덜란드어 natuur 등은 모두 그리스어 '퓨시스physis'와 그 라틴어역인 '나추라natura'에 기원을 두고 있다. '퓨시스'라는 명사는 원래 '퓨오-퓨오마이phyo-phyomai'라는 동사에서 유래했는데, 타동사형인 '퓨오'는 '낳다, 탄생시키다, 성장시키다'라는 의미였고, 자동사형인 '퓨오마이'는 '태어나다, 생성하다, 성장하다'를 의미했다.[1] 이 동사들의 어근 phy-에 추상명사를 만드는 어미-sis가 결합하여 '퓨시스', 즉 탄생, 생성, 성장의 의미가 되었다. 그리고 그 결과로써 나타나는 '본성, 성질' 등이 역시 '퓨시스' 개념 안에 포함되었다.

서양의 자연관의 역사를 그리스의 자연관, 르네상스의 자연관,

근대적 자연관으로 구분했던 콜링우드R. G. Collingwood는, 고대 그리스 시대에 '퓨시스'는 드물게 자연물의 개념으로 사용된 경우가 있었지만 대부분은 사물에 내재된 '본성'을 의미했다고 조사했다.[2] 이같은 '퓨시스'의 개념은 고대 그리스 철학자 아리스토텔레스의 저서 《자연학Physica》에도 나타난다. 그는 '퓨시스'를 "자기 자신 안에 운동과 정지의 원리를 갖는"[3] 사물의 '본성'으로 정의했다. 아리스토텔레스가 말하는 '자연'은 한마디로 "스스로 움직이면서 감각을 가진 유기체 같은 것"[4]으로, 인간 또한 살아 있는 자연계의 일부에 포함되며, 신God조차도 그 안에 내재한다고 여겨졌다.

그리스어 '퓨시스'는 라틴어 '나추라natura'로 번역되었다. '나추라'는 nascor, 즉 '태어나다'라는 완료 분사 natus에서 온 것으로, '본성, 본질, 생성력, 태어난 그대로의 것' 등을 뜻했다. '퓨시스'와 거의 차이가 없었던 것이다.

그런데 중세 유럽에서 기독교의 영향력이 확대되기 시작하면서 종래의 '자연' 개념은 큰 도전에 직면한다. 자연을 신이 만든 피조물로 여기는 경향이 확산된 것이다. 자연은 그 안에 내재된 '본성'이나 스스로가 가진 운동 원리에 의해 성장하는 것이 아니라, 신이라는 초월자의 계획과 의지에 따라 제작되었다는 관념이었다. 이같은 기독교적 자연 이해는 르네상스를 넘어 16~17세기 과학혁명을 이끌었던 자연철학자들에게까지 폭넓게 공유되었다.

영국의 과학사상가 프랜시스 베이컨(1561~1626)은 1620년에 출간한 《신기관Novum Organum》에서 "아는 것scientia이 힘이다. 원인을 밝히지 못하면 어떤 효과도 낼 수 없다. 자연natura은 오로지 복종함으로써만 복종시킬 수 있다"[5]라고 말했다. 여기서 라틴어 '스키엔티아'는 훗날 영어 science의 어원이 된 것으로, 베이컨에 의해 과학은 자연 지배의 학문으로 이해된 것이다. 또 베이컨은 "신의 말을 기록한 책, 또는 신의 작업works을 기록한 책, 즉 신학divinity 또는 철학philosophy"[6]이라고 쓰기도 했다. 신학(성경)이 신의 말을 기록한 책이라면, 철학은 자연에 대한 신의 작업을 기록한 학문이라는 것이다. 따라서 인간이 신의 섭리를 파악하기 위해서는 성경Bible뿐만 아니라 자연=제2의 성경 또한 열심히 탐구해야 한다는 논리가 성립한다. 그리스에서는 자연과 신, 인간이 하나로 섞여 있다고 보았다면, 이 같은 베이컨의 사상 속에서는 신－자연－인간 사이에 강력한 위계질서가 성립한 것이다. 따라서 자연은 인간을 위해, 인간은 신을 위해 존재하는 관계로 새롭게 규정되었고, 근대 자연철학자들은 신을 믿으면서도 자연을 탐구할 수 있는 자유를 얻게 된 것이다.

나아가 프랑스 철학자 데카르트는 자연을 신이 만든 물질matter의 집합으로 간주했다. 그는 《우주론Le Monde》(1633)에서 자연에 대해 이야기하면서, "나는 (그것을) 어떤 신성deity이나 다른 종류의 상상의 힘으로 간주하지 않는다. 오히려 나는 그 용어를 물질matter 그 자체를 의미하기 위해 사용한다"[7]라고 썼다. 이것은 자연을 이해하기 위해서는 그것으로부터 모든 질적 감각을 배제하고, 오직 공간에 들어찬 물질들의 양적 충돌에 주목해야 한다는 것을 의미했다. 맛과 향 같은 질적 감각은 대체로 주관적이라서 '객관화'시키기 어렵지만, 양은 상대적으로 '객관화'시키기 쉽기 때문이다.

뉴턴도 마찬가지였다. 뉴턴의 관성 법칙은 '외력'이 작용하지 않는 한, 정지하는 물체는 정지 상태를 지속하고, 등속 직선 운동하는 물체는 그 운동 상태를 지속한다는 것이다. 이것은 뉴턴의 자연관이 가진 무생명성 또는 수동성의 정제된 표현이었고, 나아가 운동과 정지의 원리를 내부에 가진다는 아리스토텔레스의 목적론적 자연관과의 본질적 차이였다.

그리스어 '퓨시스physis'와 그 라틴어역인 '나추라natura'가 주로 사물에 내재된 자발적 '본성'을 뜻한 반면, 근대 이후 기독교적 세계관과 자연철학자들에 의해 재해석된 '나추라'는 인간으로부터 독립한 '외적 대상 세계'로서의 자연 개념을 새롭게 받아들이게 된 것이다. 이후 라틴어 '나추라'는 이 같은 두 가지 개념을 포괄한 채, 근대과학의 승승장구에 힘입어 영어와 프랑스어 nature, 독일어 Natur, 네덜란드어 natuur 등으로 번역되어 근대 유럽 사회로 퍼져나갔다.

한자어 '자연自然'의 첫 출처는 노자의 《도덕경》

오늘날 자연의 개념은 nature와 큰 차이가 없지만, 사실 nature가 동아시아에 들어오기 훨씬 이전부터 자연自然이라는 한자어는 사용되고 있었다. 한자어 자연의 첫 출처는 기원전 300년경 고대 중국의 사상가 노자가 쓴 《도덕경道德經》이다. 이 책의 제25장에 나오는 다음과 같은 구절은 아주 유명하다.

사람은 대지의 변화를 따라 생활하고, 대지는 하늘의 운행을 따라

변화하고, 하늘은 도道를 따라 운행하고, 도道는 자신을 따라 운동한
다人法地, 地法天, 天法道, 道法自然.

우주의 궁극적 근원인 도道가 자신을 따라 운동한다고 하는 이
문장에서 '자연'은 인위人爲를 거치지 않은 '스스로 그러한' 상태, 즉
무위無爲의 상태를 가리켰다.[8] 《도덕경》에는 이 밖에도 '자연'이 네
차례 더 나오지만, 모두가 '본성', '스스로' 혹은 '스스로 그러한'과
같은 의미였다.[9]

후한後漢의 허신許愼(58~147)이 쓴 《설문해자說文解字》에 의하면, '자
연'은 애당초 상형문자로 탄생했다. 즉, '자연'의 자自는 원래 "코와
같다. 코의 형상을 하고 있다鼻也象鼻形"라고 나온다. 사람이 손가락
으로 자기 자신을 가리킬 때, 보통 코를 가리키는 모습으로부터 자
自는 곧 '자기 자신' 혹은 '스스로'를 의미했다는 설이 있다. 나아가
연然은 고대의 문헌에서는 주로 조자助字로 사용되어, 사물의 어떤
'상태' 등을 표현했다. 따라서 고대 중국에서의 자연自然은 주로 '스
스로 있는(그러한) 상태'를 의미했다.[10]

이 '자연'이라는 어휘는 '고유의 일본어' 안에는 존재하지 않았
다.[11] 데라오 고로寺尾五郎는 '자연'이 일본에 유입한 것은 두 차례에
걸친 중국문화의 전파 때문이라고 조사했다.[12] 먼저 8~12세기의
나라奈良·헤안平安 시대에 불교가 일본에 전해졌을 때, 오음吳音, 즉
중국 양자강 하류의 강남 지방에 일어난 오국吳國의 남방음이 유입
했다. 이때 불교계인 오음의 '자연'을 당시의 일본인들은 '지넨じね
ん'으로 발음했다. 이후 견당사 등을 통해 이번에는 수隋·당唐의 수

도였던 장안長安 지방의 북방음인 한음漢音이 유입되었다. 한음의 '자연'을 당시의 일본인들은 '시젠しぜん'으로 발음했다. 서로 다른 발음인 '지넨'과 '시젠'이 각각 다른 시기에 중국의 다른 지방으로부터 일본에 유입된 것이다. 그런데 에도 시대에 유학과 한문학이 발달하면서 불교계 용어였던 '지넨'은 거의 자취를 감추고, 한음인 '시젠'이 보편화되었다. 동시에 이 自然(시젠)을 훈독하여 '오노즈카라自 시카루然' 혹은 '미즈카라自 시카루然'로 읽는 방법도 등장했는데, 둘 다 사물의 자발적 발생이나 상태의 의미를 갖게 되었다.

에도 시대에 '자연'이라는 어휘가 지녔던 의미에 대해서는 다소 연구가 이루어졌지만, 대체로 사이구사 히로토의 정리에 이견이 없는 듯하다.[13] 즉 에도 시대에 '자연' 개념은 '외적 사물의 집합적 총체'로는 거의 사용된 적이 없고, 대부분 '스스로 그러한'의 의미로 사용되었다. 뒤에서 다루게 되겠지만, 이 같은 자연 개념은 조선에서도 크게 다르지 않았다.

에도 시대 일본의 난학자들은
네덜란드어 natuur를 어떻게 번역했나?

1633년 도쿠가와 막부가 쇄국을 단행했을 때, 유일하게 통상이 허용된 서양 국가는 네덜란드였다. 물론 일본의 서쪽 항구도시 나가사키長崎에서만 제한적으로 통상이 허용되었다. 그런데 당시부터 네덜란드인들과의 교류는 시간이 흐르면서 '난학蘭學', 즉 '네덜란드어를 통한 서양학문'의 융성으로 꽃을 피우기 시작했다. 이 과정에서 '자연'을 뜻하는 네덜란드어 natuur도 일본에 알려지게 되었다. 1796년 난학자 이나무라 산파쿠稻村三伯(1758~1811)는 네덜란드인 프랑수아 할마François Halma의《난불사전蘭佛辭典》(1729)을 저본으로, 일본 최초의 난화사전蘭和辭典인《할마와게波留麻和解》를 출판했는데, 이 사전에서는 네덜란드어 natuur의 번역어로 '자연自然'을 대응시키고 있다.

> natuur: 神力ニテ造ル, 造化神, 性質, 形狀, 自然ノ理, 自然.
> natuurlijk(영어 natural): 自然ニ, 自然ニ爲ス, 自然ニ移ル, 相應.[14]

이것이 일본에서 네덜란드어 natuur가 자연自然으로 번역된 최초의 사례로 여겨진다. 그러나 이후 간행된 난화사전들에서 natuur를 자연自然으로 번역한 사례는 거의 찾아볼 수 없게 된다. 1816년 헨드릭 되프Hendrik Doeff가 역시 할마의《난불사전》을 참고로 간행한《되프할마道富法爾馬》, 그리고 그 증보판에 해당하는 가쓰라가와 호슈桂川甫周(1826~1881)의《화란자휘和蘭字彙》(1858)에서는 오히려 natuur의 번역어에 자연自然은 포함되지 않았다. 왜 그랬는지는 당시 난학자들이 네덜란드어 natuur를 어떻게 이해했는지 살펴보면 수긍이 간다.

뉴턴 역학을 맨 처음 일본에 소개한 난학자 시즈키 다다오志筑忠雄(1760~1806)는《역상신서曆象新書》(1798~1802)에서 natuur를 자연 대신 '천지天地'라는 어휘로 번역하고, "나를 제외한 모두가 외물이다"[15]라고 규정했다.

《이학제요理學提要》(1852)를 쓴 난학자 히로세 겐쿄広瀬元恭(1821~
1870)는 natuur에 일본어 음역을 직접 대응시켰다. 그는 이 책의 총
론에서 이렇게 썼다.

무릇 물물物이란 부재覆載(천지) 사이에 산재散在하여 우리 오관五官에
촉각觸覺하는 것으로, 이것을 납도오이納都烏爾라고 부른다. 만유萬有의
뜻이다.[16]

'납도오이'는 natuur의 일본식 발음에 한자어를 대응시킨 것으
로, 그는 이것을 '만유'로 번역 가능하다고 본 것이다. 이처럼 에도
시대 난학자들은 네덜란드어 natuur를 인간 밖에 있는 것, 즉 인간
이 감각 기관을 통해 접할 수 있는 '대상적 세계'로 간주했다. 근대
서양인들이 갖게 된, 인간 밖의 대상적 세계로서의 자연 개념이 난
학자들에게 받아들여지고 있었던 것이다. 다만, 난학자들은 그 같
은 '대상적 세계'를 '자연'이 아니라 종래의 용법대로 '천지' 혹은 '만
유' 등의 어휘로 번역했다.

메이지 시대에 들어서도 마찬가지였다. 니시 아마네는 영어
nature를 '외적 대상 세계'의 의미로 사용할 때는 '천지'라고 번역했
다.[17] 후쿠자와 유키치는 자신의 최초의 출간물인《증정 화영통어
增訂 華英通語》(1860)에서 자연自然이라는 용어에 'of course'라는 어휘
를 대응시켰고,[18] 그 후의 저서들에서 '외적 대상 세계'의 nature는
보통 '천연天然의 물物'이라고 번역했다. 마찬가지로 메이지의 유물
론자 나카에 초민(1847~1901)은 프랑스어 nature에 '조물造物'이라는

번역어를 즐겨 사용했고, 미야케 세쓰레이三宅雪嶺(1860~1945)도 nature의 번역어로는 주로 '만유'를 사용했다.

　자연과학 분야에서는 어땠을까? 동물학자 이시카와 치요마쓰石川 千代松(1860~1935)는 《백공개원百工開源》(1886)의 서언緒言에서 nature and art를 '천조天造와 인공人工'으로 번역했고, 진화론자 가토 히로유 키는 '자연도태natural selection'를 '자연스러운 도태'의 의미로 사용함 과 동시에 '외적 대상 세계'에는 '우주만물' 또는 '만물'이라는 어휘 를 대응시켰다. 이 같은 사례들은 19세기 후반에 이르기까지도 일 본에서 자연自然이라는 어휘는 대부분의 경우 '외적 대상 세계'를 가 리키는 어휘가 아니라, '스스로 그러한'과 같은 전통적 개념에 가까 웠다는 것을 보여준다.[19]

19세기에 '자연'이라는 한자어는
natural이나 naturally의 번역어로 사용되었다

메이지 시기의 사전류를 보면 흥미로운 사실이 하나 나타난다. 즉, 많은 사전들이 '자연'을 명사 nature가 아니라 형용사 natural이나 부 사 naturally의 번역어로 취한 점이다. 메이지 일본 최초의 철학 사 전인 이노우에 데쓰지로(1856~1944)의 《철학자휘》에는 '자연'이 natural의 번역어로 나오고 있다.

　　nature: 本性, 資質, 造化, 宇宙, 洪鈞, 萬有.
　　natural: 合性, 自然, 天眞.

한자어 '자연自然'이 natural의 번역어가 된 것은 당시까지만 해도 이 어휘가 '스스로 그러한'과 같은 전통적 자연 개념에 가까웠고, 따라서 그것은 natural이나 naturally와 같은 형용사나 부사에 더 적합했다는 것을 보여준다. 1884년의 《철학자휘》 개정증보판에서도 '자연'은 여전히 natural의 번역어로 나타난다. 아울러 1875년 어네스트 사토Ernest Mason Satow(1843~1929), 이시바시 마사카타가 출판한 *An English-Japanese Dictionary of the Spoken Language*는 '자연'을 naturally에 대응시키고 있다. 즉 naturally: shizen(c)ni; shizen; shizen to; jinen(c)ni로 되어 있는데, 이것으로 shizen(自然)이 부사적 기능을 했음을 알 수 있다.

그런데 1912년 이노우에 데쓰지로의 《영독불화철학자휘英獨佛和哲學字彙》에 나오는 '자연' 개념은 흥미로운 변화를 보여준다. 이노우에는 1881년에 《철학자휘》를 출간하고, 1884년에 그 개정판을 출간했는데, 이 두 사전을 재차 증보 간행하여 1912년에 출판한 것이 《영독불화철학자휘》였다. 앞의 두 사전에서 그는 '자연'을 natural의 번역어로 사용했는데, 1912년 사전에서는 '자연'을 nature의 번역어로 쓰고 있다. 그리고 natural에는 종래의 '자연' 대신에 '자연적自然的'이라는 번역어를 대응시키고 있다. 명사 nature, 형용사 natural, 부사 naturally의 번역어로 혼란스럽게 사용되던 '자연'이 nature의 번역어, 즉 명사형으로 정착하고, natural에 '자연적'이라는 어휘가 대응하는 새로운 변화가 일어난 것이다. 이것은 어느 시점엔가 '자연'이 외적 대상 세계를 가리키는 개념으로 정착함과 동시에 거기에 '적的'자를 붙인 '자연적'이라는 어휘가 '스스로 그러한'과 같은 개념에 대응하기 시작했음을 보여준다.

Nature, 결국 '자연'을 포획하다

물론 nature를 자연自然으로 번역했던 사전이 없었던 것은 아니다. 1864년 무라카미 히데토시村上英俊의 《불어명요佛語明要》와 1873년의 시바타 마사키치柴田昌吉 등이 편찬한 《부음삽도 영화자휘附音插圖 英和字彙》에서는 자연自然이 nature의 번역어에 대응했다. 영국 계통의 사전으로 너털Peter Austin Nuttall이 쓰고 다나하시 이치로(1863~1942)가 번역한 《영화쌍해자전》(1885)에서는 nature에 '自然'이라는 번역어가, natural에는 '自然ノ (자연의)'라는 번역어가 대응하고 있다. 하지만, 이 사전들에 보이는 nature의 번역어로서의 자연이 반드시 근대과학이 대상으로 하는 '외적 사물의 집합적 총체'를 의미했는지는 불분명하다. 영어 nature 자체가 사물의 '자발적 상태'나 '내재적 힘', '본성' 등의 의미 또한 가지고 있었기 때문이다. 사토는 일본에서 '자연'이 처음 nature의 번역어로 나타나기 시작했을 때, 일반적으로 '본성'의 의미로 사용되었다고 지적했다.[20] '본성, 내재적 힘'과 같은 개념은 영어 nature가 갖게 된 두 가지 주요한 개념 중에서 그리스어 '퓨시스'에 뿌리를 둔 개념이다. 이 개념은 동아시아 전통의 자연 개념, 즉 '스스로 그러한'과 상당한 유사성을 지닌다. 바로 그러한 유사성이 메이지 시대를 전후로 '자연'이 nature의 번역어 중 하나로 등장할 수 있었던 이유였을 것이다.

그렇다면, 결국 언제부터 自然이라는 한자어는 nature의 또 다른 개념, 즉 '외적 대상 세계'의 개념을 포괄하게 되었을까? 야나부 아키라는 일본에서 nature가 '외적 대상 세계'의 '자연自然'으로 번역된 것은 1889년경이라고 조사했다.[21] 이 해에《국민의 벗國民の友》과《여학잡지女學雜誌》지면에서는 문학가 모리 오가이森鷗外(1862~1922)와 이와모토 요시하루巖本善治(1863~1942) 사이에 문학과 예술을 둘러싼 논쟁이 벌어졌다. 이와모토가 "최대의 문학은 자연 그대로 자연을 묘사하는 것이다"라고 주장한 데 반해, 모리는 문학을 '예술로서의 문학'과 '과학으로서의 문학'으로 구분하고,《논어》나 칸트의《순수이성비판》등 예술로서의 문학이 묘사하는 것은 "자연이 아니라 정신"이라고 주장했다. 야나부는 이 논쟁에서 이와모토가 말한 '자연自然'이란 '스스로 그러한'과 같은 전통적 개념이었고, 모리가 말한 '자연'은 nature의 번역어로서 '외적 대상 세계'를 가리켰다고 한다. 즉, 당시 문학과 예술을 둘러싼 둘 사이의 논쟁은 서로 다른 '자연' 개념에 대한 오해에서 비롯되었다는 것이다. 이것은 메이지 시대 전통적 자연自然 개념과 근대 서양의 nature 개념이 만나면서 벌어진 혼란을 흥미롭게 보여준다.

그런데 그것은 단순히 번역어의 혼란을 넘어 실은 서로 다른 두 세계관의 충돌이 빚어낸 혼란이었다. 이 논쟁에서 모리가 이해했던 자연은 '정신'과 대립하는 개념이었다. 즉, 독일 유학의 경험을 가졌던 모리는 자연(독일어 Natur)을 인간 정신(독일어 Geist)의 대상이 되는 세계로 이해했던 것이다. 그것은 17세기 이후의 근대과학적 자연관에 기반을 둔 '자연' 개념에 다름 아니었다.

그러면 '자연'은 천지, 만물, 조물, 만유 등 전통적 어휘들의 자리를 결국 어떻게 대신할 수 있었을까? 데라오는 근대 이전에 자연계를 가리켰던 용어들을 조사하여 그것들을 크게 '천지계天地系'와 '만물계萬物系'로 분류했다.[22] 즉, 천지·건곤乾坤·우주·세계 등은 '천지계'에, 만물·만사萬事·만상萬象·만유 등은 '만물계'에 포함시킬 수 있다고 한다. 근대 이전에는 '천지'와 '만물'의 개념 간에 서로 차이가 있었는데, '천지'가 그릇과 같은 것이라면 '만물'은 그릇 안에 포함되는 내용물과 같은 것이었다. 따라서 근대 이전에는 '천지'라는 용어로 자연계 전체를 포괄하는 데 부족함을 느낄 때, '만물'을 함께 사용하곤 했다.[23] 이렇게 볼 때 '천지'와 '만물'은 서로 다른 범주를 가리키는 용어였고, 그런 점에서 '정신' 밖의 '외적 대상 세계' 전체를 총괄하기에는 둘 다 부족함이 있었다. 따라서 '천지'나 '만물' 등의 부분적 대상 세계보다는 자연自然 개념을 '스스로 그러한'에서 '스스로 그렇게 된 것'으로 확장시켜 '정신' 밖의 '외적 대상 세계' 전체를 총괄하는 개념으로 사용하고자 했다는 것이다.

이처럼 nature의 번역어로 성립한 '자연'은 처음에 인위에 의한 것이 아닌 사물의 '본성'이나 '내재적 힘'의 의미로 사용되다가, 이후 '정신'과 대립하여 그러한 본원적 힘의 결과로서 이루어진 '대상 세계' 전체를 총괄하게 되었다고 볼 수 있다.

한국의 전통적 '자연' 개념

한국에서 현존하는 가장 오래된 역사서로 알려지는 김부식金富軾(1075~1151)의 《삼국사기》에는 한자어 '자연自然'의 용례가 세 차례 등장한다. 제25권 〈개로왕蓋鹵王〉을 보면, "목숨을 자연의 운수에 맡긴다託命自然之運"라는 말이 나온다.[24] 이때의 자연은 인간 정신 밖의 어떤 외적 대상 세계가 아니라, '스스로 그러한'과 같은 서술적 용법으로 사용되었다. 제7권 〈문무왕文武王 하下〉, 제22권 〈보장왕寶藏王 하下〉에도 '자연'의 용례가 나오는데, 모두 서술적인 용법이다. 《삼국사기》가 고려 인종 23년(1145)에 완성된 것으로 볼 때, '자연'이라는 한자어는 늦어도 12세기 중엽까지는 중국에서 한반도에 들어왔다고 보는 것이 가능해진다.

《조선왕조실록》에도 '자연'이라는 한자어는 자주 등장한다. 국사편찬위원회의 《조선왕조실록》(인터넷판)을 검색해 보면, 《태조실록》 총서總序 117번째 기사에는 "이것이 곧 자연의 이치이다是乃自然之理"[25]라는 표현이 나온다. 물론 이때의 '자연'도 '스스로 그러한'으로 바꿔 써도 크게 무리가 없다. 《태조실록》의 완성은 태종 13년(1413)으로 알려지고 있으니, 고려시대의 문헌에 나온 자연은 조선 초기의 문헌에도 사용되고 있었다는 것을 알 수 있다. 이 밖에도 《태조실록》에는 '자연'의 용례가 세 차례 더 나오고 있지만, 모두 '자연히, 자연의' 등의 서술적 용법으로 쓰이고 있다.

이 같은 자연의 용법은 19세기에 이르기까지도 크게 변함이 없었다. 조선 후기의 사상가 최한기崔漢綺(1803~1877)는 1836년에 쓴 인식론적 저서 《추측록推測錄》에서 '자연'을 다음처럼 말하고 있다.

자연이란 천지유행의 이理이고, 당연이란 인심추측의 이이다自然者, 天地流行之理也. 當然者, 人心推測之理也.[26]

최한기는 자연을 "천지가 유행하는 이理"라고 규정했는데, 이 구절에서 오늘날의 '외적 대상 세계'의 nature 개념에 가까운 것은 '자연'이 아니라 오히려 '천지'였다. 이 밖에도 최한기가 사용했던 자연自然은 거의 대부분 기氣의 운행에 내재된 '본성'이거나 그 '상태'를 의미했다. 반면, 오늘날의 nature에 해당하는 것으로 최한기가 주로 사용한 어휘는 '천지'를 비롯하여, '천지인물天地人物, 만물, 산천초목' 등이었다.

조선인 일본 유학생들, '외적 사물의 집합'으로서의 '자연' 개념을 수용하다

한국에서 '자연'이 '외적 사물의 집합'이라는 의미로 사용되기 시작한 것은 언제부터였을까? 이 책에서 앞으로도 여러 번 만나게 될 유길준의 《서유견문》(1895)은 조선 후기의 개화사상을 보여주는 중요한 저서일 뿐만 아니라, '철학', '은행', '문명개화' 등 일찍이 조선에서 사용된 적이 없었던 어휘들이 최초로 등장하는 책이다. 유길준은 《서유견문》에서 '외적 대상 세계'를 가리키는 어휘로는 '만물萬物'이나 '천지만물天地萬物' 등을 사용했지만, 정작 '자연'에 대해서는 "천지간의 기자연한 근본[天地間의 其自然흔 根本]"[27] 등의 표현처럼, 사실상 '자연스러움'과 같은 의미로 사용했다. 유길준은 전통적 '자연'의 용법을 여전히 따르고 있었던 것이다. 갑오경장 직후에 간행된 교과서들 중 학부편찬學部編纂의 《국민소학독본國民小學讀本》(1895), 《소학독본小學讀本》(1895), 《신정심상소학新訂尋常小學》(1896) 등 세 권을 조사해 본 결과도 마찬가지이다. 이 세 권에서 '자연'이라는 어휘는 각각 8회, 9회, 4회 등장한다.[28] 하지만 그것들도 대부분 '자연히'와 같은 서술적 용법으로 사용되었고, 외적 사물의 집합을 의미하는 경우에는 '만물'이 주로 대응하고 있다.

이처럼 조선에서 '자연'이라는 어휘가 오랫동안 전통적 개념을 가지고 있었기 때문에, 19세기 말 일본의 사전들에서 보았던 것처럼, 구한말 한국의 사전들에서도 '자연'은 명사 nature보다는 형용사 natural이나 부사 naturally의 번역어로 사용되는 경우가 많았다. 예를 들어, 1891년 영국인 선교사 제임스 스콧James Scott(1850~1920)이 간행한 《영한ᄌᆞ뎐》에서는 nature가 '만물, 셩픔, 셩미, 긔운'으로 번역되었고, natural과 naturally는 '졀노, 스스로, ᄌᆞ연'이라고 번역되었다. 1897년 제임스 게일James S. Gale(1863~1937)의 《한영ᄌᆞ뎐韓英字典》에서도 'ᄌᆞ연' 항목은 'of itself, naturally so, self-existent, of course'로 되어 있는 반면에, nature에 대응하는 번역어들은 '셩픔, 셩미, 텬셩, 셩식' 등으로 나타난다. 1914년 존스George H. Jones(1867~1919)가 간행한 《영한ᄌᆞ뎐》에서까지도 nature는 '본셩, 셩질, 조화, 우쥬'로, natural은 'ᄌᆞ연, 당연, 텬부' 등으로 번역되었다.

구한말에 간행된 외국어사전류에서 '자연'은 20세기 초까지도 주로 natural이나 naturally에 대응했던 것이다.

그렇다면 한국에서 '자연'이 '외적 대상 세계'의 의미로 사용되기 시작한 것은 언제부터였을까? 정확한 시기와 용례를 특정하는 것은 쉽지 않은 일이지만, 1906년 김만규의 논설은 주목할 필요가 있다. 갑오경장 이후 조선에 대한 일본의 영향력이 커지면서 많은 조선인이 일본에 유학했는데, 그들은 친목 도모와 학술교류를 목적으로 각종 학회를 조직하기 시작했다. 1906년 도쿄에서 결성된 태극학회도 그중 하나로서, 이 학회는 매월 《태극학보太極學報》라는 잡지를 간행했다. 당시 하정생荷汀生 김만규金晚圭는 《태극학보》 제5호에 투고한 〈농자農者는 백업百業의 근본根本〉(1906년 12월)이라는 논설 안에서 다음과 같이 쓰고 있다.

> 자연은 인간생활 이외에 있는 우주의 일부분으로 농업과 기타 생산을 돕는 것을 말하니 공기, 일광, 논과 밭, 늪과 못, 산림 등이다. 자연을 나누어 말하자면, 자연물, 자연력, 토지이다[自然은 人生以外의 存흔, 宇宙의 一部分인디, 農業과 其他生産을 助흐는 者를 云흐미니, 空氣, 日光, 田野, 沼澤, 山林等이라, 自然을 分흐야 言흐면, 自然物, 自然力, 土地니라].[29]

김만규는 '자연'을 인간 이외에 존재하는 우주의 일부로 간주하고, 그것을 자연물, 자연력, 토지로 나누었다. 여기서 '자연물'이란 어계, 금수, 공기, 물과 같이 지구상에 존재하는 '유형 물체'이고, '자연력'이란 풍력, 수력, 인력, 지열, 자석력 등 인력에 의한 것이 아닌 자연 자체에서 발생하는 것이다. 다시 말해 김만규가 사용한 '자연'이라는 어휘는 '자연력', 즉 '스스로 그러한' 힘과, 그것의 결과로서 이루어진 '자연물'을 가리켰던 것이다. 물론 이 같은 '자연'의 용법은 당시로서는 아직 일반적이지 않았던 것으로 보인다. 《태극학보》에 기고한 대부분의 필자들은 '자연계'라는 용어를 자주 사용했기 때문이다.[30] 따라서 김만규가 '자연'이라는 어휘를 자연물에까지 확장하여 사용한 것은 '자연' 개념이 '외적 대상 세계'로 나아가는 데에서 선구적인 사례라고 볼 수 있다.

'자연과학'이라는 어휘의 등장

오늘날 '자연'과 '과학'의 합성어인 '자연과학'이라는 어휘는 일상에서 쓰는 말이지만, 원래 이 어휘가 최초로 사용된 것은 19세기 말이었다. 일본의 식물학자 이토 도쿠타로伊藤篤太郎는 1898년(메이지 31) 6월 《박물학잡지博物學雜誌》의 발간을 기념하여 다음과 같이 썼다.

> 자연적 과학自然的科學, 즉 동물학·식물학·생리학·지질학·고생물학 등의 제 학과에 비해, 이학적 과학理學的科學이라 부르는 수학·물리학·화학 등의 과목은 세상 사람들이 그 필요성을 인식하여 보통 고등교육에서도 이것을 자주 장려한다. 그런데 자연과학自然科學, 즉 박물학에서는 항상 이것을 냉대하고, 교육에서도 이학적 과학처럼 중요과목으로 생각하지 않을 뿐 아니라 오히려 귀찮은 것으로 여긴다.[31]

이토는 이 논설에서 동물학·식물학·생리학·지질학·고생물학 등을 '자연적 과학'으로 분류하고, 수학·물리학·화학 등은 '이학적 과학'으로 분류했다. 이때 그는 '자연적 과학'에 natural science라는 원어를 붙이고 '이학적 과학'에는 physical science라는 원어를 붙였다. 여기서 이토는 '자연적 과학'을 곧 '자연과학'이라는 줄임말로 쓰는데, 그것은 '인위를 거치지 않고 스스로의 힘으로 이루어진 것들(자연물)을 대상으로 하는 학문 분야'라는 것이다. 다만, 이렇게 볼 때 이토가 말한 '자연과학' 분야는 수학·물리학·화학 등을 제외한 박물학 분야에 주로 한정되었다는 특징이 있다.

그러나 일단 '자연과학'이라는 용어가 등장하자, 그것은 그 범주를 점점 넓혀가면서 메이지 지식사회에 퍼져나가게 된다. 일본의 종교학자 가토 겐치加藤玄智(1873~1965)는 1901년 《종교지장래宗敎之將來》라는 저서에서 "근세 자연과학의 진보는 실로 놀라운 것이다. 자연과학의 광명光明이 한순간에 우리 학술계를 비춘 결과, 우리 인류의 사상은 갑자기 일전一轉하게 되었다"라고 말하고, "중세 말부터 근세 초에 걸쳐 영국에 로저 베이컨과 프랜시스 베이컨 두 명이 실험 관찰에 근거한 자연과학의 연구를 주장함으로써 교회의 구비적口碑的 전설 중 로마 법왕의 교권 복종을 인정하지 않게 되었다. 이로써 코페르니쿠스, 케플러, 갈릴레오, 뉴턴 등 자연과학자들이 계속 배출되어 종래의 천동설은 쇠퇴하고 지동설이 일어났고, 지구중심설을 배척하고 태양중심설은 그 승리를 학계에 드높이게 되었다"[32]라고 썼다. 자연과학을 주로 박물학에 한정했던 이토와는 달리, 가토는 여기서 그 범주에 천문학자, 수학자 등을 포함시킨 것을 알 수 있다.

이 밖에 '자연과학'이라는 어휘는 훗날 도쿄제국대학 철학과를 이끌었던 구와키 겐요쿠桑木嚴翼(1874~1946)가 1901년에 독일 철학서를 번역한 《자연과학의 발흥自然科學の勃興》(원저 *Aufschwung der Natur*

Wissenschaften)[33]의 제목에 사용된 것은 물론, 1903년 이노우에 데 쓰지로, 다나하시 겐타로棚橋源太郞(1869~1961) 등 일본의 주요 지식인들의 저서에 채택되었고,[34] 《자연과학과 불교自然科學と佛教》(石川成章, 1907), 《자연과학自然科學》(齊田功太郞 編譯, 1909) 등 책 제목에도 널리 사용됨으로써 일본에 정착한 것으로 보인다.

한편, 이 '자연과학'이라는 어휘는 곧 조선 문헌에도 나타난다. 《태극학보》를 발간한 장응진은 〈과학론〉(1906년 12월)이라는 제목의 논설에서 다음과 같이 쓰고 있다.

  이와 같은 자연적 현상(사실)은 일일이 들어서 말하기는 어렵지만, 이들 현상에 대해서는 우리의 지식이 경험상 대개 일정한 법칙에 따라 나타나는 것을 추상하니 이들 갖가지 현상을 우리가 사실로 연구하여 이 사이에 일정한 공통의 법칙을 발견하는 것을 자연과학 혹은 사실과학이라 칭하니 천문학·지리학·박물학·물리학·화학·심리학, 기타 갖가지 구별이 있고…[如此흔 自然的 現象(事實)은 ——히 枚擧키 難ᄒᄂ 此等現象에 對ᄒ야ᄂ 吾人의 知識이 經驗上大槪一定흔 法則으로 從出흠을 推想홀지니 此等種種의 現象을 吾人이 事實로 硏究ᄒ야 此間에 一定흔 共通의 法則을 發見ᄒᄂ 者를 自然科學或事實科學이라 稱ᄒᄂ니 天文學地理學博物學物理學化學心理學其他種種의 區別이 有ᄒ고…].[35]

장응진은 '과학'을 자연적 현상을 대상으로 하는 '자연과학'과 인간사회의 각종 규칙의 제정을 목적으로 하는 '규범적 과학'으로 분류했다. 여기서 장응진이 말한 '자연과학'이란 천문학, 지리학, 박물학, 물리학, 화학, 심리학 등 자연적 현상으로부터 일정한 공통의 법칙을 발견하는 학문을 뜻했다.

이렇게 볼 때 '자연', '과학', '자연과학'이라는 근대 학문의 핵심 어휘들은 20세기 초 일본에 건너갔던 조선인 유학생들을 통해 조선어 안에 자연스럽게 흡수되고 있었다고 말할 수 있을 것 같다.

철학

哲學 / Philosophy

영어 '필로소피philosophy(독일어 Philosophie, 프랑스어 philosophie)'의
어원은 '사랑'을 의미하는 그리스어 '필로philo'와 '지知'를 의미하는
'소피아sophia'이다. '지에 대한 사랑'이라는 어원만큼이나 철학은 여
러 학문 분야 중에서도 오랜 역사를 갖고 있다. 고대 그리스 철학자
아리스토텔레스는 학문을 이론적·실용적·생산적 학문으로 분류
했는데, 이론적 학문이란 신학·수학·물리학 같은 학문 분야를, 실
용적 학문이란 윤리학·정치학 같은 분야를 뜻하며, 생산적 학문이
란 예술·시학·공학 같은 분야를 가리켰다. 그리고 그는 이 각각의
학문을 초월하고 통찰을 제공할 수 있는 보편적 학문의 역할을 철
학에 맡겼다.[1] 중세와 근대를 거치며 분과학문이 점점 심화되었을
때도, 철학은 날로 전문화·세분화되는 지식들을 통합하고 초월하
는 학문으로서의 역할과 기대를 잃지 않았다. 예를 들어, 프랑스의

철학자 르네 데카르트(1596~1650)는 《철학의 원리》에서 철학은 형이상학을 뿌리로 하고, 물리학을 몸통으로 하며, 그 외의 온갖 과학은 이 몸통에서 뻗어 나온 가지들과 같다고 주장했다. 또 독일의 철학자 칸트(1724~1804)는, 대학의 학문이 끊임없이 분과화·전문화를 지향하는 현실 속에서도 철학은 그 어떤 것에도 얽매이지 않으며 오직 진리 그 자체에만 관심을 갖는 분야로서 지식의 통일화를 꾀하는 학문이라는 이상을 버리지 않았다. 이 같은 서양학문에서의 철학의 전통적 위상은 오늘날 의학이나 신학 등 특정 분야를 제외하고는 최상위 학위인 박사학위가 철학박사Phd(라틴어 philosophiæ doctor)라고 표기되는 것에서도 그 흔적을 찾아볼 수 있다.

Philosophy를 '철학哲學'으로 번역한 니시 아마네

'철학'(일본어 '데쓰가쿠')은 메이지 일본의 사상가 니시 아마네(1829~1897)가 만든 어휘이다. 1854년 미국 페리 함대의 내항 이후, 에도 막부는 서양의 외교 문서들과 서적들을 취급할 전문적인 조직이 필요함을 느끼고, 1856년 번서조소蕃書調所라는 외국어 관련 교육 기관을 설립했다. 당시 이 기관에 교수 보조역으로 임명된 니시는 1861년 친구 쓰다 마미치津田眞道(1829~1902)의 〈성리론性理論〉에 쓴 발문에서 다음과 같이 말했다.

서쪽의 학이 전래된 지 이미 백여 년. 격물, 화학, 지리, 기계 등 제과에 대해서는 그것을 궁구하는 사람이 있지만, 오직 희철학希哲學 일과一科에 대해서는 아직 그런 사람을 볼 수가 없다. 세상 사람들이 말하기를, 서양인들은 논기論氣는 구비했지만 논리論理는 아직 없다고 한다. 여기 한 명 주목할 만한 사람이 있는데, 내 친구 쓰다이다.[2]

니시가 이 발문에서 쓴 '희철학希哲學'이라는 어휘는 바로 서양의 philosophy를 가리킨다. 희철학의 '희希'는 '갈구하다, 바란다'는 뜻이고, 철哲은 중국의 고전《시경詩經》에 나오는 "이미 밝고 또 지혜로워서 그의 몸을 보존한다旣明且哲 以保其身"라는 문장에서 유래한 것이다. 따라서 '희철학'이란 곧 '지혜로움을 갈구하는 학문'을 뜻했다. 그것은 원래 philosophy의 어원적 의미인 '지를 사랑한다'에 매우 가까운 번역어였다. 니시는 과학기술을 '논기論氣의 학'으로, 희철학을 '논리論理의 학'으로 규정하고, 일본인들은 100여 년 전부터 '논기의 학'은 연구해 왔지만 '논리의 학'인 '희철학'에 대해서는 거의 연구한 적이 없으며, 자신의 친구 쓰다가 마침 이 학문에 관심을 갖고 있다고 썼던 것이다.[3]

그런데 니시는 1862년 에도 막부 최초의 해외유학생으로 선발되면서 본인 스스로 철학을 공부할 기회를 얻게 된다. 동료 쓰다와 함께 네덜란드에 건너간 니시는 약 2년간 라이덴 대학의 경제학 교수 시몬 비셀링S. Vissering(1818~1888)의 집에 머물면서 학업에 정진한다. 그가 당시 비셀링 교수에게 배웠다고 알려지는 학문은 정치·법률·경제·통계 등이었고, 거기에 철학은 포함되어 있지 않았다. 하지만 그는 당시 네덜란드 철학계에 밀John Stuart Mill(1806~1873)의 공리주의와 콩트Auguste Comte(1798~1857)의 실증주의를 활발하게 소개하던 옵조머르G. W. Opzoomer(1821~1892)의 저작과 강의록에 심취한다.[4] 옵조머르를 통해 니시는 이후 자신의 학문에 큰 영향을 미쳤던 실증철학과 만났던 것이다.

니시는 네덜란드로 유학을 떠나기 전까지만 해도, 동양의 유학과 서양의 철학은 비슷한 '논리의 학'이라고 생각했다. 그러나 실증철학을 공부하면서 니시는 두 학문 사이에 큰 차이가 있다는 자각에 이르게 된다. 네덜란드에 체류 중 혹은 귀국 도중에 쓴 것으로 알려진 〈개제문開題門〉(1862~1865년경)에서 니시는 다음과 같이 말한다.

> 동토東土에서는 이것을 儒라고 하고, 서주西州에서는 이것을 斐鹵蘇比라고 한다. 모두 천도天道를 명확히 하여 인극人極을 세우는 것, 그 실實은 하나다.[5]

즉, 니시는 유학과 철학이 그 취지에서는 동일한 학문이라고 말한다. 하지만 그는 그 각각의 발전 양상과 내용을 비교해 볼 때, 두 학문 사이에는 확연한 차이가 있다고 역설했다. 다시 말해 서양의 철학은 탈레스, 피타고라스, 소크라테스, 플라톤, 아리스토텔레스, 스토이카, 스콜라스티카, 베이컨, 데카르트, 로크, 라이프니츠, 칸트, 헤겔에 이르렀고, 마침내 콩트의 실증주의와 밀의 공리주의가 등장하여 완전히 새로운 단계에 진입했다. 특히 당시의 서양철학을 선도하는 실증주의는 "증거를 통해 확실함을 추구하고, 논리적으로 명확함을 따진다據證確實 辯論明哲"라고 말할 수 있을 뿐만 아니라, 일찍이 "아시아에서는 아직 보지 못한 것"[6]이며, 정체되어 버린 유학과 비교할 때 끊임없이 '일신日新'하는 학문이라는 것이다.[7] 이 같은 서양철학에 대한 평가는 귀국 후 니시가 실증철학에 대한 이해를 깊이 할수록 더욱 확고해져 갔다.

1874년 니시가 쓴《백일신론百一新論》[8]은 일본에서 '철학'이라는 어휘가 사용된 최초의 문헌이다. 이《백일신론》은 상편과 하편으로 구성되며, 상편에서는 정치政와 도덕教의 문제를, 하편에서는 물리物理와 심리心理의 문제를 다룬다. 니시에 따르면, 당시 유학자들의 몹쓸 질병은 크게 두 가지 원인에서 비롯되었다. 첫째, 결코 혼동되어서는 안 될 정치와 도덕을 하나로 혼동해 버린 것이다. 이처럼 정치와 도덕을 혼동하게 되면, 오로지 수기修己만으로 치인治人이 가능하다는 착각에 빠지게 된다.[9] 한마디로 수신제가修身齊家와 같은 사적 영역과 치국평천하治國平天下와 같은 공적 영역의 혼동은 종교나 신앙을 통치 수단에 이용했던 전근대적 정치 체제의 특징이라는 것이다.

둘째, 더 심각한 질병은 이理의 혼동이다. 즉, 근대인들이라면 응당 분리시켜 생각해야 할 물리(자연의 법칙)와 심리(인간의 법칙)를 유학자들은 하나로 혼동함으로써 갖가지 망상에 빠져들었다는 것이다. 예를 들어, 송학(주자학)에서의 대표적 망상은 일식과 같은 자연현상을 임금의 정치가 올바르지 않기 때문이라고 믿거나, 그 옛날 몽골군의 일본 침입 시에 단지 기도의 힘만으로 적선을 무찌를 수 있었다는 황당한 믿음을 불러일으켰다. 그것은 결국 물리, 즉 자연의 법칙과 심리 즉 인간의 법칙이 서로 영향을 주고받는다고 생각했기 때문이며, 그런 미신과 망상에서 벗어나는 길은 결국 두

이理가 "서로 조금도 간섭하지 않는다"[10]라는 것을 깨닫는 것이다. 그러면서 니시는 '철학'의 역할을 다음과 같이 규정한다.

> 교敎에는 원래 관행觀行 2문門을 분리하여 논하지 않으면 안 된다. 그 행문行門은 한결같이 성리상性理上에 근거하여 법法을 세우는 것이라면, 물리物理의 논論에는 관계가 없지만, 관문觀門의 경우는 물리物理를 참고하지 않으면 안 된다. (…) 모두 이 같은 것을 참고로 하여 심리心理에 비추어 보고, 천도인도天道人道를 논명論明하여 더불어 교敎의 방법을 세우는 것을 필로소피, 번역하여 철학哲學이라 부르는데, 서양에서도 옛날부터 이러한 논의가 있었던 것이다. 지금 백교百敎는 일치一致한다고 제목을 세워서 교敎를 논하는 것도 종류를 논한다면, 이 철학哲學의 일종이라고 말할 수 있다.[11]

니시는 여기서 일찍이 자신이 사용했던 '희철학'이라는 어휘에서 마침내 '희' 자를 떼어버리고, '철학'이라는 어휘만을 사용했다. 니시가 생각한 '철학'이란 결국 종래의 유학이 혼동했던 정치와 도덕을 분리하고, 아울러 물리(몸)와 심리(마음)의 영역을 명확히 구분한 뒤에 인간에 대한 가르침敎을 새롭게 세우는 학문에 다름 아니었다. 바꿔 말하면, 정교政敎와 이理의 문제를 둘러싸고 유학이 가졌던 병폐를 치유할 학문으로 니시가 제시한 것이 결국 철학哲學이라는 학문이었던 것이다.

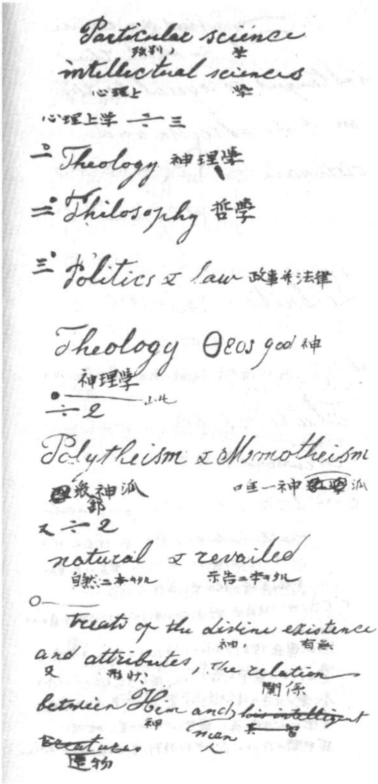

그림 4-1

니시의 《백학연환》에서 philosophy는 철학哲學으로 번역되어 있다.[12]

유학과 구별하기 위해 만든 어휘 '철학'

니시가 '철학'이라는 어휘를 새로 만들었을 때, 그것은 아직 philosophy의 당시 여러 번역어 중 하나에 지나지 않았다. 에도 시대부터 철학이 유학과 비슷한 학문이라는 인식을 기반으로,

philosophy의 주요한 번역어들도 대체로 '이理에 관한 학문'으로 번역되고 있었다. 1595년 아마쿠사天草의 일본 예수회 콜레지오에 서 편찬 간행한 《라포일대역사서拉葡日対訳辞書》에는 philosophia에 "학문의 즐거움. 만물의 이理를 밝히는 학문Philosophia, ae… lap. Gacumonno suqi 1, banmotno riuo aqiramuru gacumon"이라는 설명이 나온 다. 이 밖에도 에도 시대 일본인들은 philosophia를 소리 나는 대로 의 일본어인 ヒロザウヒヤ, ヒロソヒヤ 등으로 표기하거나 '이과理 科, 이학理學, 성리性理, 성리학性理學, 성리론性理論, 성학性學, 궁리窮理, 격 물궁리지학格物窮理之學' 등으로 번역했다.[13] 이것들은 대부분 유학을 대표하거나 그것에서 파생한 어휘였다. 19세기의 사전들을 보더라 도 이 같은 사실을 확인할 수 있다. 1867년 호리 다쓰노스케堀達之助 등이 편찬한 《영화대역 수진사서英和対訳 袖珍辞書》(1862년판의 개정증보 판)에서는 philosophy가 '이학理學'으로 번역되었고, 1873년 시바타 마사키치 등이 편찬한 《부음삽도 영화자휘》에서는 '이학, 이론理論, 이과理科'로 번역되었다. 1879년 《영화화역자전英華和譯字典》에서 philosophy는 '이학'으로 번역되었다.

그런데 니시 또한 이 같은 상황을 모를 리가 없었다. 그럼에도 니 시는 왜 굳이 '철학'이라는 새로운 어휘를 만들었던 것일까? 콩트의 철학을 논한 〈생성발온生性發蘊〉(1873, 미간행)에서 니시는 그 이유를 다음과 같이 밝히고 있다.

철학哲學의 원어는 영어로 philosophy, 불어로 philosophie이다. 희랍어의 philo는 사랑하는 사람이고 sophos는 현명하다는 의미이다. 현명함賢을 사랑하는 사람이라는 뜻으로 그 學을 philosophy라고 한다. 주렴계周茂叔의 소위 사희현士希賢의 뜻이다. 후세에 관용적으로 쓰이게 된 理를 한결같이 강구하는 학을 가리킨다. 이학理學, 이론理論이라고 번역하는 것이 직역이지만 다른 것과 혼동할 염려가 있기 때문에 철학이라고 번역하여 동주東州의 유학儒學과 구별하고자 한다.[14]

여기 언급된 주렴계(1017~1073)의 '사희현'이란《통서通書》〈지학편志學篇〉에 나오는 것으로,[15] "선비는 현인과 같아지기를 바란다"라는 뜻이다. 니시는 philosophy를 직역하면 '이학理學, 이론理論'이라할 수 있지만, "동양의 유학과 혼동할 우려가 있기 때문에" '철학'으로 번역하고자 했다는 것이다. 다시 말해 '철학'이라는 어휘의 탄생에는 유학과 과감하게 단절하고 싶었던 니시의 생각이 반영되어 있었던 것이다.

'철학'이라는 번역어에 반발한 일본 지식인들

그런데 이 같은 니시의 생각과는 달리, 철학을 수용하더라도 유학을 버릴 수 없다는 주장은 메이지 시기에도 여전히 강하게 남아 있었다. 그리고 그들은 '철학'보다는 유학적 어휘들을 선호했다.

프랑스 유학파였던 나카에 초민(1847~1901)이 그 대표적인 인물이었다. Philosophy를 '이학理學'으로 번역한 그는 "philosophy는 희랍어로서 일반적으로 '철학哲學'이라고 번역하는데, 그것은 그리 불가한 것은 아니다. 하지만 나는 역경궁리易經窮理의 어語에 따라 번역하여 이학이라고 하려는데 그 뜻은 서로 같다"[16]라고 썼다. 《역경易經》의 〈설괘전說卦傳〉에는 "궁리진성 이지어명窮理盡性 以至於命", 즉 "이理를 강구하고 성性을 다하면, 명命에 이른다"라는 구절이 나온다. 초민은 이학理學의 과제란 "반드시 제종 학술이 서로 통하여 근본으로 하는 곳의 이理를 구하고, 사물의 최고층의 장소에 투영시키"라는 것으로, 그것은 일과一科의 이理를 궁구하는 산수算數의 학學, 물성학物性學, 물화학物化學, 성학星學, 의학醫學, 법학法學 등과 구별된다고 보았다. 여기서 일과一科의 이理를 추구하는 학문이란, 그가 학술學術이라는 용어로 번역한 science에 다름 아니었다. 초민은 학문 각 분야에서 얻은 이理를 종합하여 그것을 관통하는 상층의 이理를 구하는 것이 바로 이학理學, 즉 philosophy의 과제라고 이해했던 것이다.

훗날 나카에 초민은 도쿄외국어학교장으로 근무할 때, 한학을 학생들의 필수 교과목으로 지정하려다가 당국과 마찰을 빚었고, 그 결과 학교장을 사임했던 일화가 있을 만큼 한학의 필요성을 강하게 주장했다.[17]

불교사상가 이노우에 엔료井上円了(1858~1919)도 철학哲學이라는 새로운 어휘에 만족하지 않았다. 그는 1886년 《심리학心理學》이라는 저서에서 "철학哲學은 도리상道理上의 논구論究이고, 이학理學은 실험상實驗上의 학문"이라 규정하여 science와 philosophy를 각각 '이학'과 '철학'으로 번역했다.[18] 하지만 그는 1901년 《엔료수필円了隨筆》에서는 "철학哲學, 즉 필로소피의 뜻이 그 원어의 의미가 지식을 애구愛究하는 것에 있다고 하면, 이것을 번역하여 지학知學 또는 지학智學이라고 해야 할 터인데, 니시 씨가 이것을 哲學이라 번역한 것은 타당하지 않다"[19]라고 비판했다.

메이지 초기 학술단체였던 명육사의 회원 니시무라 시게키西村茂樹(1828~1902)는 1900년에 쓴 《자식록自識錄》에서, philosophy라는 용어는 "원래 이학理學이라고 번역하는 것이 가장 적당하지만, 오늘날 철학哲學이라는 명칭이 세상에 널리 통용되고 있기에 잠시 이것에 따른다"[20]라고 썼다.

니시무라가 '이학'이라는 어휘를 선호한 것은 한학에 대한 그의 입장과 관련이 있었다. 1879년(메이지 12) 4월 도쿄학사회원의 한 강연에서 그는 도쿄대학 안에 성학聖學이라는 학과를 설치할 것을 주장했다.

> 진심으로 바라는 것은 대학의 학과 중에 성학聖學 일과一科를 설치하는 것이다. 성학聖學이라는 명칭은 서국西國의 학과學科에 없는 것으로, 지금 새롭게 이름 붙인 것이다. 이 학과學科의 본체本體가 되는 것은 중국支那의 유학儒學과 서국西國의 철학哲學을 합한 것으로, 야소교耶蘇教·불교佛教·이슬람교回教를 가지고 그 부속附屬을 이룬다.[21]

니시무라가 말하는 '성학'이란 동양사상을 대표하는 유학과 서양사상을 대표하는 철학을 합친 학문이었음을 알 수 있다. 이 제안은 비록 실현되지는 못했지만, 니시무라도 한학을 여전히 효용 가치가 있는 학문으로 인식했다는 것을 확인할 수 있다.

마찬가지로 명육사의 회원이었던 나카무라 마사나오中村正直(1832~

1891)는 밀John Stuart Mill(1806~1873)의 《자유론On Liberty》(1859)을 번역하여 《자유지리自由之理》(1872)를 출간했는데, 이 책에서 philosophy를 이학理學으로 번역했다.[22] 그는 1887년(메이지 20) 《도쿄학사회원잡지東京學士會員雜誌》에 〈한학불가폐론漢學不可廢論〉이라는 글을 기고했다.

> 오늘날 왕성하게 두각을 나타내고, 장래가 촉망되는 양학 생도洋學
> 生徒들을 보면, 모두 한학의 기초가 있는 자들이다. 한학에 익숙하고
> 시문詩文에도 밝은 자들은 또한 영학英學에도 매우 진보가 있고, 영문
> 英文에 능숙하여 동료들을 압도한다.[23]

양학洋學, 즉 서양학문을 배우는 학생들에게 한학은 그 기초 소양이 된다는 것이다.

이처럼 니시가 만든 '철학'이라는 어휘는 상당히 오랫동안 저항에 부딪혔다. 흥미로운 것은 '철학'이라는 니시의 신조어와 '이학'으로 대표되는 유학적 번역어들 사이에는 단순히 번역 어휘의 문제를 넘어, 전통학문(한학)을 어떻게 볼 것인가라는 더 뿌리 깊은 문제가 가로놓여 있었다는 점이다. 즉, 불교사상가 이노우에 엔료는 말할 것도 없고 나카무라, 니시무라, 초민 등은 여전히 한학의 효용성을 믿었으며, 따라서 그들은 philosophy의 번역어로 '철학'보다는 '이학' 같은 유학적 어휘들을 선호하게 되었던 것이다.

관제 어휘로 '철학'이 일본에 퍼져나가다

메이지 초중기만 해도, '철학'이라는 어휘는 philosophy의 번역어로
서의 결정적인 지위를 획득하지 못하고 있었다. 그러나 '철학'이라
는 어휘는 메이지 신정부가 추진했던 교육제도를 통해 일본에 퍼져
나가게 된다. 메이지 사상가 미야케 유지로三宅雄二郎(1860~1945)는
1887년(메이지 20)의 한 논설 안에서 다음과 같이 말했다.

> 원래 철학哲學이란 어휘는 원어 philosophy의 번역어로, 메이지 10
> 년 4월 구舊도쿄대학의 문학부에 일과一科의 명칭으로 사용되면서 세
> 상 일반에 유행하게 되었다. 실은 이학理學이라고 부르는 것이 적절
> 하지만, 당시 이학理學은 이미 science의 번역어로 사용되고 있었기
> 때문에, 어쩔 수 없이 이처럼 특이한 번역어를 만들게 되었다.[24]

미야케에 따르면, 철학이라는 어휘가 유행하게 된 것은 도쿄대
학의 학과 명칭 안에 그 어휘가 채택되었기 때문이라는 것이다.
1877년(메이지 10) 도쿄대학은 법학부, 이학부, 문학부의 3학부로
창립되었다. 이때 문학부에는 두 개의 학과가 개설되었는데, 제1과
는 '사학철학정치학과史學哲學政治學科', 제2과는 '화한문학과和漢文學科'였
다.[25] 메이지 일본에서 외국인 교사뿐 아니라 근대적 지식인을 동
원한 관제대학의 영향력은 지배적이었다. 특히 일본에서 근대 대
학 교육의 모델이 되었던 도쿄대학의 학과 분류와 명칭은 '철학'이
라는 어휘가 일본에 확산되는 데 중요한 계기가 되었음은 말할 것

도 없다.

'철학'이라는 어휘가 확산된 또 하나의 중요한 계기는 1881년 이노우에 데쓰지로가 주축이 되어 완성한 《철학자휘哲学字彙》의 출간이었다. 이노우에는 1880년 도쿄대학 철학과의 제1회 졸업생으로, 이후 베를린에 건너가 독일 철학을 공부했다. 1890년에 귀국한 이노우에는 도쿄제국대학 철학과 교수가 되었고, 이후 약 30년 넘게 일본 철학계에 큰 영향을 미쳤다. 1881년 《철학자휘》는 philosophy의 번역어로 '철학'을 채택한 최초의 사전이었고, 무엇보다도 표제 자체에 철학이라는 어휘를 채택함으로써 이 어휘의 확산에 크게 기여했다. 《철학자휘》의 출간 이후, 철학이라는 어휘가 거의 모든 사전에서 philosophy의 번역어로 등장한 것도 결코 우연의 일치는 아니었다.

아울러 메이지 중기 이후 한학 폐기의 경향이 갈수록 심화된 것도 '철학'이라는 어휘의 확산에 중요한 배경이 되었다. 니시 아마네와 함께 그 선봉에 섰던 대표적인 인물은 후쿠자와 유키치였다. 1883년(메이지 16)의 한 논설에서 후쿠자와는 "한학에는 조금도 원칙이라는 것이 없고, 그 근거로 삼는 것은 음양이 아니면 오행에 지나지 않"은 반면, 서양학洋學에는 "만고불이의 원칙이라는 것이 있어서 어떤 학과에서도 모두 이 원칙에 의거하지 않는 것이 없다"[26]라고 말했다. 니시 이상으로 그는 한학을 사실상 수명을 다한 무용지물의 학문으로 단죄했던 것이다.

가토 히로유키의 저서인 《인권신설人權新說》(1882)을 시작으로, 일본이 하루빨리 서양의 학문을 수용하여 부국강병의 길로 나서야만

엄혹한 국제적 생존경쟁에서 살아남을 수 있다는 사회진화론적 사상이 일본을 휩쓸기 시작했다. 이러한 분위기 속에서 유학 등 전통 학문은 일본의 근대화 혹은 문명화의 장애물일 수밖에 없다는 목소리가 점점 힘을 얻어갈 수밖에 없었다. 메이지 신정부의 주축들은 일본의 학문이 유학과 단절하고, 서양학문을 받아들임으로써 문명개화와 부국강병에 도달할 수 있다고 보았던 것이다.

결국 '철학'은 메이지 중기 이후, 도쿄대학과 같은 제도권 대학의 학과 안에 공식 명칭으로 등장하고, 아울러 국권론의 대두와 사회 진화론의 수용, 그리고 유학 등 전통학문과의 단절 분위기가 심화된 결과, 결국 '이학理學, 이론理論' 등 philosophy의 경쟁적인 번역어들을 물리치고 메이지 일본 사회에 자리 잡았던 것이다. 그런 점에서 '철학'은 한마디로 관제 어휘로서 메이지 일본에 퍼져 나갔다고 해도 과언이 아닐 것이다.

유길준의 《서유견문》에 나타난 '철학'이라는 어휘

한국에서 '철학哲學'이라는 어휘는 어떻게 등장했을까? 철학이라는 어휘가 조선의 문헌에 처음 등장한 것은 1888년 2월 6일자 《한성주보》(101호)에서였다.[27] 하지만 여기서는 단지 그 어휘만 등장할 뿐, 그것이 무엇인지에 대해서는 아무런 설명이 나오지 않는다.

철학이 구체적으로 소개된 것은 유길준兪吉濬(1856~1914)의 《서유견문西遊見聞》(1895)에서였다. 1881년 조사시찰단의 일원으로 일본에 건너간 유길준은 당시 문명개화론자로 유명세를 떨치고 있던 후쿠자와 유키치의 문하에서 약 1년 남짓 유학했고, 1883년에는 대미 외교사절단 보빙사의 일원으로 미국에 건너갔다. 훗날 유길준은 자신의 서양 경험을 바탕으로 《서유견문》을 출간했는데, 이 책에서 '철학'을 다음과 같이 소개했다.

> 철학: 이 학문은 지혜를 사랑하고, 이치에 통달하기 위한 것이기 때문에 그 근본의 심원함과 공용의 광박함에 대해서는 한계를 설정하기 어려운 것이니 사람의 언행과 윤리 및 기강 또는 수만가지 일에 대해 논하는 학문이라 볼 수 있다[哲學 此學은 智慧를 愛好ᄒ야 理致를 通ᄒ기 爲홈인 故로 其根本의 深遠홈과 功用의 廣博홈이 界域을 立ᄒ야 限定ᄒ기 不能ᄒ니 人의 言行과 倫紀며 百千事爲의 動止를 論定ᄒ者라].[28]

여기서 '지혜를 애호'하는 학문이란 그리스어 philosophia, 즉 '지식sophia을 사랑philo한다'라는 어원적 의미와 매우 흡사하다. 그런데 유길준은 《서유견문》에서 '철학'이라는 어휘를 오직 여기서만 사용했다. '철학'은 당시 조선에서 아직 생소한 어휘였기 때문에, 유길준은 philosophy의 내용을 소개하면서 정작 '철학'이 아니라, '도덕학, 궁리학, 성리학' 등을 번갈아 사용했다. 예를 들어, 제13편 〈태서학술泰西學術의 내력來歷〉에서 유길준은 다음과 같이 쓰고 있다.

2700여 년 전부터 그리스에서 많은 학자들이 배출되었으니 시에는 호머와 헤시오도스, 핀다로스 등이고, 문장에는 헤로도투스, 투키디데스, 디오도루스, 플루타크 등이며, 생물학에는 탈레스와 피타고라스, 도덕학에는 소크라테스와 플라톤 등이며, 궁리학에는 아리스토텔레스이다[二千七百餘年前時代로부터 希臘國에 學士가 輩出ᄒᆞ니 詩에ᄂᆞᆫ 胡邁(호머)와 喜時遜(히시옷)와 偏道(핀더)의 諸人이오. 文에ᄂᆞᆫ 喜老道(히로도타스)와 秋時伊(츄싯이듸스)와 杜娛道(듸오도라스)와 弼婁台(플누타치)의 諸人이며 生物學에ᄂᆞᆫ 脫累秀(텔늬스)와 皮宅高(피퇴코라스)의 諸人이오. 道德學에ᄂᆞᆫ 偲嗜賴(스크렛즈)와 弼賴土(플네토)의 諸人이며 窮理學에ᄂᆞᆫ 阿利秀(아뤼스토텔)라].[29]

그는 생물학에는 탈레스와 피타고라스를, 도덕학에는 소크라테스와 플라톤을, 궁리학에는 아리스토텔레스를 대표자로 소개했다. 여기서 생물학은 예외로 하더라도, 오늘날에는 보통 철학자로 분류하는 소크라테스, 플라톤, 아리스토텔레스 같은 위인들의 학문을 그는 '도덕학'이나 '궁리학'으로 칭했던 것이다. 그 밖에도 유길준은 해밀턴, 스펜서 등의 학문을 '성리학'으로 규정했다. 하지만 유길준은 '궁리학', '도덕학', '성리학'이 서로 어떻게 다른지에 대해서 설명하지는 않았다.

한 가지 특징적인 점은 당시 philosophy의 번역어로 쓰이곤 했던 '격물궁리'를 유길준은 '격물학'과 '궁리학'으로 나누어 사용했다는 점이다. 그는 '격물학'을 설명하면서 "이 학문은 만물의 본체를 연구하여 그 이치와 공용을 밝히는 것이니[此學은 萬物의 本體를 窮究ᄒᆞ야 其理致와 功用을 議論홈이니]"[30]라고 하고, 그 내용은 천지만물의 인력, 소리와 빛의 속도 등을 탐구한다고 썼다. 반면, 궁리학을 소개하면서 유길준은 다음과 같이 말했다.

> 영국에서는 뉴턴이라는 대학자가 나왔으니 그는 고금의 보기 드문 재주를 지닌 사람으로서 학술이 날로 새로워지는 시대에 태어나 24세 무렵에 우주와 지구의 인력을 탐구했으며, 광선의 공용과 물체의 색의 근원을 규명했고 만물의 이치를 추구하여 조화의 깊은 신비로움을 밝혔으니 그가 쓴 책은 궁리학의 바탕이다[英吉利國에 柳頓이라 ㅎ는 大學者가 有ㅎ니 古今의 不世出ㅎ는 才操를 抱ㅎ고 學術의 日新ㅎ는 世界에 生ㅎ야 時年이 二十四에 太空과 大地의 引力을 窮究ㅎ며 光線의 功用과 物色의 根元을 論究ㅎ고 萬物의 理를 格ㅎ야 造化의 深妙ㅎ 門戶를 披開ㅎ니 其著述ㅎ 書冊이 窮理學의 大本이라].[31]

유길준은 뉴턴柳頓의 학문을 '궁리학'의 범주 안에 집어넣었는데, 여기서 '뉴턴의 서책'이란 만유인력을 다룬 《자연철학의 수학적 원리Philosophiae Naturalis Principia Mathematica》(1687)와 빛과 색에 대해 다룬 《광학Opticks》(1704)일 것이다. 그는 《서유견문》에서 '궁리학'이라는 어휘를 총 9회가량 사용하고 있는데, 뉴턴 이외에도 아리스토텔레스, 헤겔, 틴들 등 오늘날 철학자나 과학자, 혹은 물리학자로 분류할 수 있는 사람들까지도 '궁리학'의 범주에 포함시켰다.[32] 이렇게 볼 때, 유길준은 '격물학'을 오늘날의 물리학에 가깝게 사용한 반면 '궁리학'은 '격물학'보다는 조금 더 넓은 범주의 학문, 즉 자연철학natural philosophy의 의미로 사용했을 것으로 여겨진다.[33]

철학은 과학 이상의 과학이다

'철학'이라는 일본제 어휘가 한국에서 본격적으로 사용된 것은 을
사조약(1905) 이후 조선인들이 자강운동을 목적으로 펴낸 신문이
나 학술잡지에서였다. 즉, '철학'이 어떠한 학문인지에 대한 본격적
인 탐색이 이루어지기 시작한 것이다. 그 과정에서 종래 명확히 구
분하지 못했던 과학과의 차이도 인식되기 시작했다.

장응진은 《태극학보》 제5호(1906년 12월)에 쓴 〈과학론〉에서, 과
학은 각각 정해진 범위를 연구하는 학문이지만, 철학은 전체 우주
를 포용하며 각 과학에 궁극적 설명을 공급하는 것으로, 그런 점에
서 볼 때 "철학은 과학 이상의 과학"[34]이라고 강조했다.

《태극학보》 제21·22호(1908년 5월·6월)에 연재된 학해주인學海主
人의 〈철학초보哲學初步〉라는 논설도 철학과 이학science의 차이를 말
하고 있다. 즉, 이 논설에 따르면 물리학·화학·수학·천문학·생
리학 등의 '이학'은 첫째, 어느 한 분야에 집중하기 때문에 전체를
총괄하여 그 원리를 파헤치기가 어렵고, 둘째, 단지 객관客觀만을 주
장하고 주관主觀은 묻지 않기 때문에 사물의 깊은 이치를 이해하기
어렵다. 반면, '철학'은 "이학의 제과諸科를 총괄ᄒ고 일정한 법칙을
해설ᄒ야 굉대宏大ᄒ 우주와 미소한 분자며 영구한 고금古今도 일일
이 응용하여 무오무착無誤無錯의 원리를 설명"하는 학문이다. 즉, '철
학'은 '이학' 전체를 포괄하는 학문이라는 것이다.

또 이창환은 《대한학회월보大韓學會月報》 제5호(1908년 6월)에 〈철
학哲學과 과학科學의 범위範圍〉라는 논설을 썼는데, 그는 여기서 '철

학'과 '과학'이 역사적으로 어떻게 분화되었는지 설명했다.[35] 그는 철학이라는 학문은 형이상학, 즉 무형한 사상과 심리학 같은 것이고, 과학이라는 학문은 형이하학, 즉 유형의 물리학이나 이화학 같은 것이라고 분류한다. 아울러 옛날에 학술이 발달하지 못했을 때는 물리학, 화학 같은 것도 일종의 철학으로 이해했지만, 근래 과학이 발달하면서는 더 구체적으로 그 현상들을 이해하게 되었는데, 특히 과거 2~3세기 동안 서양 지식의 발달사를 살펴보면, '과학'이 '철학'에 비해 수십 배는 더 진보했고, 이로써 종래 '철학'에 속해 있던 것이 '과학'의 발달과 더불어 분화하게 되었다고 말한다. 하지만 '과학'의 이 같은 발달이 '철학'의 지위를 빼앗는 것은 아닌데, 그것은 '과학'으로 설명하지 못하는 부분이 여전히 남아 있기 때문이다. 따라서 "과학의 진보로 인해 철학의 범위가 협소해졌다고 하기보다는, 차라리 철학이 과학의 어머니라는 것"을 이해하는 것이 중요하다고 그는 주장했다.

장지연은 《황성신문》에 〈철학가哲學家의 안력眼力〉(1909년 11월 24일)이라는 논설을 썼는데, 여기서 "철학자는 궁리窮理의 학이니 각종 과학공부各種科學工夫의 소불급처所不及處를 연구하여 명천리숙인심明天理淑人心하는 고등학문이라"[36]라고 규정했다. 즉, '철학'은 각 '과학'이 이르지 못한 부분을 연구하여 천리天理를 밝히고 인심人心을 맑게 하는 학문이라는 것이다.

이처럼 1900년대 초 조선인들은 '철학'이 어떤 학문인지, 아울러 그것이 과학과 어떤 차이가 있는지를 보다 구체적으로 이해하기 시작했다.

또 그즈음 사전에도 '철학'이 등장한다. 구한말의 사전들을 살펴보면, philosophy는 대부분 '격물궁리, 격물치지, 이학, 이' 등 유학적 어휘들이나, '학, 학문' 등으로 번역되었다. 사전류에 '철학'이라는 어휘가 처음 등장한 것은 1911년 게일의 《한영ᄌᆞ뎐韓英字典》에서였다. 이 사전은 1897년판 사전을 개정하고 증보한 것인데, 당초 1897년 사전에서는 philosophy가 '이학'으로 번역되었지만, 1911년의 개정증보판에서는 '철학, 격물학' 등으로 번역되었다.

1910년대 전후 조선에서의 신구학문 논쟁과 '철학'

1900년대 초 조선인들은 '철학'이라는 학문을 차츰 이해하기 시작했다. 그러나 그것이 반드시 철학 수용의 당위성과 곧바로 연결된 것은 아니었다. '철학'이 오랫동안 조선의 전통학문을 대표하던 유학과 어떤 관계를 맺을 것인가, 라는 중요한 문제가 아직 남아 있었기 때문이다. 이 같은 신학新學과 구학舊學 사이의 논쟁은 메이지 일본에서도 일어났지만, 조선에서는 그보다 훨씬 더 치열하게 전개되었다.

1905년 이후 가중된 일본의 압박과 국권 상실의 위기감은 신학 수용의 정당성을 부채질한 외적 요인이었다.[37] 여병현은 《대한협회회보大韓協會會報》 제8호(1908년 11월)에 쓴 〈신학문新學問의 불가부수不可不修〉라는 논문에서, 조선이 국권을 회복하고 자주독립하기 위해서는 하루속히 신학에 힘을 쏟아야 한다고 역설했다.[38] 신학은 조선의 국가적 생존을 위해 반드시 필요하다는 것이다. 이러한 주장은 구학, 특히 유학으로는 국가의 생존이 더는 불가능하다는 판단에서 비롯되었다. 김원극은 《서북학회월보西北學會月報》 제1호 (1908년 6월)의 〈교육방필수기국정도教育方必隨其國程度〉라는 논문에서, 서세동점이라는 약육강식의 시대를 맞아 공허하고 부패한 구학으로는 결코 생존할 수 없으며, 그것을 옹호하는 것은 수구파의 주장일 뿐이라고 역설했다.[39] 나아가 김갑순은 《대한협회회보》 제4호 (1908년 7월)에 〈부유腐儒〉라는 논설을 써서 유학의 폐해를 강력히 규탄했다.[40] 여기서 '부유'라는 것은 말 그대로 '부패한 유자'를 일컫는데, 김갑순에 따르면 '부유'란 유자들 중에서도 지기志氣와 사상이 부패한 자로서 그 유형은 네 가지이다. 첫째로는 예부터의 폐습을 고수하고 시세의 변천에 무지한 변벽파便僻派, 둘째로는 슬기가 우러나오는 구멍이 넓지 않고, 눈구멍이 협소하여 인생의 정의를 모르는 미혹파迷惑派, 셋째로는 "사람을 포용하는 도량과 일을 처리하는 능력이 부족하여 타인의 교묘함과 졸렬함을 판단하지 못하는[局量의 狹少가 如斗ᄒ야 他我의 巧拙을 未衡하는]" 유예파猶豫派, 넷째로는 "충직하고 두터운 덕성이 부족하고 인내심이 결핍[忠厚ᄒ 德性이 不足ᄒ고 忍耐의 心力이 欽少]"한 절망파絶望派이다. 김갑순은 오늘날 조선의 위기는 이 같은 '부유'라는 괴물들이 각 지방에 다수 포진하여 비루한 사상으로 인문의 진화를 방해하고, 학식이 없는 동포들은 그 악습에 물들어 세상이 돌아가는 것을 모르고 국민의 의무를 망각하는 데 있다고 진단했다.

그러나 이 같은 구학 폐기와 신학 수용의 주장에 대해 유학 진영 또한 강력히 저항했음은 물론이다. 1912년 《철학고변哲學攷辨》을 집필한 유학자 이인재李寅梓(1870~1929)는 스승 곽종석郭鐘錫(1846~1919)에게 보낸 편지에서, 서양 국가들이 융성한 원인을 찾을 목적으로 여러 서적을 읽어본 결과, 그 원류가 모두 '철학'에서 비롯된 것임을 알았다고 썼다. 즉 이인재는 '철학'을 논리학, 형이상학, 윤리학으로 구분하고, 백과百科의 학인 '과학'은 '철학'에 기초한다고 보았다.[41] 그는 철학이 유학과 매우 비슷한 학문인데, 아리스토텔레스의 철학이 특히 그것과 유사한 점이 많다고 했다.[42] 그러나 그는 근일 서양의 과학은 실용적인 목적에서는 채택할 만한 것이 있지만, 본령이 옳지 않기에 비록 일시적으로 세상을 놀라게 하더라도 그 말류末流의 폐弊는 장차 말할 수조차 없을 것이라고 지적했다.[43] 여기서 '본령'이란 다름 아닌 철학을 가리켰다.

이인재에게 책의 후기를 써준 스승 곽종석의 견해도 마찬가지였다. 곽종석은 오늘날 서양 각국이 자연과학의 발달로 부강을 이루었지만, 그 근본인 희랍 철학이 천리인륜天理人倫에 근본하지 않고 오직 물질의 변화만을 연구하며 공리功利의 사욕만을 추구하기 때문에, 자연과학이 아무리 발달하더라도 사람은 짐승이 될 뿐이라고 경고했다.[44]

그런데 사실 이 같은 생각은 비단 전통학문을 지키고자 했던 유학자들에게만 한정된 것은 아니었다. 앞에서 보았듯이 김갑순은 부패한 유자를 과감히 척결해야 한다고 주장했지만, 그가 말한 '부유腐儒의 척결'이란, 유학의 폐기와 서양철학의 수용을 말하는 것이 아니었다. 그것은 엄밀히 말하자면, '불부유不腐儒', 곧 부패하지 않은 유자儒者가 되어 새로운 문물과 사조를 적극적으로 배우는 것을 의미했다. 김갑순에 따르면, '불부유'란 "유자 중에서 헌신적 사상을 가진 자들의 특별한 명칭으로, 4천년 조국을 사랑하고, 2천만 동포를 위하여 세계의 학술을 이용하며, 사회의 사업을 확장함에 있어 곤란과 역경을 이겨내는 자, 다시 말해 국민의 정신을 각성시키고 공중의 이익을 꾀함에 최선을 다하는 자"를 의미했다.[45] 결론적으로, 김갑순은 조선의 학자들이 헌신적 사상을 지닌 '진정한 유자儒者'로 거듭날 것을 주문했던 것이다.

신학의 수용을 적극적으로 주장했던 김원극도 사실 그 수용 대상은 '과학'에 한정했다. 그는 《서북학회월보》 제18호(1909년 12월)에 쓴 논설에서 신학은 윤리와 도덕에서는 부족하지만, 이용후생의 학문인 과학은 좋은 학문이라고 이해했다.[46] 따라서 물질상의 신학(과학)과 도덕상의 구학(유학)을 합칠 필요가 있다는 것이다. 이 같은 주장은 서양으로부터 각종 과학은 도입하더라도 유교 특히 양명학은 부흥시킬 필요가 있다고 주장한 박은식의 《유교구신론儒教求新論》(1909년 3월)과도 흡사하다.[47] 조선의 상당수 지식인들은 유용한 과학은 수용해야 한다고 보았으나 철학은 여전히 유학을 개량함으로써 충분히 대처할 수 있다고 본 것이다.

이처럼 1910년 전후 조선에서 '철학'은 유학의 강력한 저항에 맞닥뜨려 있었다. 당시 조선 지식인들의 사유에는 서양철학은 곧 물질적 학문이라는 인식이 광범위하게 자리 잡고 있었고, 이 같은 인식은 정신적 학문으로서의 유학의 가치를 더욱 보존시킨 측면이 있었다.[48]

1910년 조선이 일본의 식민지로 전락한 후 '철학'이라는 학문은 조선에 자연스럽게 스며들었지만, 그것은 유학을 비롯한 전통학문과의 논쟁을 채 연소시키지 못한 채, 근대화라는 시대적 조류에 떠밀린 측면이 강했다. 그리고 이 같은 '불연소' 상태야말로, 식민지기 동안 유학에 대한 반복된 재생 의지로 표출되었다. 공자의 정신을 회복해야 한다는 이병헌의 《유교복원론》(1919)[49]이나 퇴계의 학맥을 계승하며 유교의 개혁을 주장한 송기식의 《유교유신론儒教維新論》(1921) 등은 유교 복원의 의지를 드러낸 것에 다름 아니었다.[50]

근대사의 격랑 속에서 우여곡절을 겪으면서도, 철학은 20세기 전반기를 통과하며 한국에 정착했다. 해방 이후, 철학은 한국에서도 과학의 과도한 분과화에 맞서 통합학문으로서의 기대를 모아왔다. 그런데 20세기 후반 무렵부터 철학의 위상이 예전과 같지 않다는 위기감이 감돌고 있다. 실험과 관찰에 기반을 둔 독특한 학문적 방법론과 강력한 분과화 전략을 앞세운 과학이 파죽지세로 성장하면서 철학은 물론 인문학의 설 자리조차 위협받기 시작한 것이다. 근대과학은 기술과 결합하여 인류의 삶을 획기적으로 뒤바꿔놓았다. 싫든 좋든 과학이 인간의 삶에 미치는 영향이 너무나 막강해진 것이다. 이 같은 과학의 위력은 모든 학문을 과학으로 환원하거나, 적어도 과학적 방법론을 빌려 재정립해야 한다는 일종의 강박적 분위기를 조성하고 있다. 오늘날 과학이라는 분과화의 효율성에 압도되어 철학이라는 학문조차 하나의 분과학문으로 전락하고 있는 것은 아닌지, 모두의 진지한 성찰이 필요한 듯하다.

04

주관-객관

主觀-客觀/Subject-Object

'주관'과 '객관'이라는 어휘는 현대학문의 핵심적인 어휘들 중 하나이다. 국립국어원의 《표준국어대사전》에 따르면, '주관'은 "자기만의 견해나 관점"을 의미하는 반면 '객관'은 "자기와의 관계에서 벗어나 제삼자의 입장에서 사물을 보거나 생각함"[1]이라고 나온다. 그러나 이 '주관'과 '객관'만큼이나 현대학문에서 논쟁이 된 어휘 또한 드물 것이다. 근현대철학의 인식론적 문제가 주관과 객관의 분리, 즉 '주객이원론主客二元論'에서 비롯되었다는 비판은 여전히 강력하다. 이 '주객이원론'을 극복하기 위해 '간주관間主觀'과 같은 현상학적 개념이 등장하기도 했다.

그런데 '주관'과 '객관'은 사실 동아시아인들에게 익숙한 어휘는 아니다. 동아시아인들이 이 어휘를 접한 것은 19세기 무렵부터였다.

'주관'과 '객관'을 의미하는 영어 서브젝트subject와 오브젝트object

(독일어 Subjekt와 Objekt, 프랑스어 sujet와 objet)는 원래 그리스어로 '히포케이메논hypokeimenon'(밑에 놓인 것)과 '안티케이메논antikeimenon' (저편에 놓인 것)에서 유래했다. 고대 그리스 철학자 아리스토텔레스의 학문에서 전자는 여러 속성을 담당하는 '기체基體' 또는 '실체實體'의 의미를, 후자는 감각에 대한 '대상對象'을 가리켰다.[2] 이 그리스어는 라틴어 subjectum과 objectum으로 번역되었는데, subjectum은 문법상의 '주어' 혹은 '주제' 등의 의미로, objectum은 표상이라는 의미로 쓰게 되었다.[3] "나는 생각한다. 고로 나는 존재한다Cogito, ergo sum"라는 말을 남긴 프랑스 철학자 데카르트는 모든 것을 의심하는 방법적 회의를 통해 한편에는 '사유cogitatio'의 속성을 지닌 인식 주체를, 다른 한편에는 인식 주체가 대상으로 삼는, '연장extensio'의 속성을 지닌 물질을 발견했다.

이 '주관'과 '객관'을 대항적 개념으로 정립하여 근대철학의 인식론 위에 올려놓은 것은 독일의 철학자 칸트였다. 칸트 철학에서 독일어 Subjekt는 선험적 의식으로, Objekt는 Subjekt로부터 독립하여 존재하는 외계의 사물, 즉 객체로 인식되기 시작했다. 이후 주관과 객관은 이항대립적 인식의 구조를 형성하면서 근대 학문의 바탕에 뿌리내리게 되었다.

니시 아마네가 subjective를 차관此觀으로, objective를 피관彼觀으로 번역하다

《메이지 어휘 사전明治のことば辭典》에 따르면, '주관'은 영어 subject의

번역어로서 메이지 시대에 만들어진 신어新語인 반면, '객관'은 "중국에서는 훌륭한 용모, 외관의 의미였지만, 영어 object의 번역어로 일반화했다"[4]라고 나온다. 즉 '주관'은 19세기에 만들어진 신조어지만, '객관'은 중국에서 예부터 외모를 가리키는 어휘로 사용되었다는 것이다.

영어 서브젝트subject와 오브젝트object를 '주관'과 '객관'이라는 어휘에 최초로 대응시킨 사람은 메이지 일본의 철학자 니시 아마네였다.[5] 그는 1878년(메이지 11), 《해반씨심리학奚般氏心理學》[6]의 〈심리학 번역 범례〉에서 오늘날 철학의 핵심적 어휘들인 '관념觀念, 실재實在, 귀납歸納, 연역演繹, 총합總合, 분해分解' 등과 더불어 '주관主觀'과 '객관客觀'을 자신이 직접 조어했다고 밝히고 있다.[7]

그러나 니시가 처음부터 '주관'과 '객관'이라는 어휘를 사용한 것은 아니다. 그는 1870년(메이지 3) 도쿄의 사설학교 육영사育英舍에서의 강의록인 《백학연환百學連環》에서 다음과 같이 말하고 있다.

> 여기에 subjective[此觀] 및 objective[彼觀]라는 두 개가 있어 서로 간섭한다. 차관此觀이란 물물物物에 대해 논하지 않고, 단지 스스로에 대해 이리理가 어떠한지 사유하는 것을 말하고, 피관彼觀이란 물물物物에 대해 그 이리理를 논하는 것이다.[8]

니시는 영어 subject의 형용사형인 subjective를 '차관此觀'으로, object의 형용사형인 objective를 '피관彼觀'으로 번역했다. 여기서 차관이란 스스로에 대한 이리理, 즉 이치를 사유하는 것이고, 피관은

物에 대한 이치를 사유하는 것이었다.

1873년에 쓴 〈생성발온〉에서 니시는 그 어휘를 더 구체적으로 설명했다.

> 이 차피관此彼觀이라는 것은 치지학致知學의 어語로서 원어 영어 *subjective contemplation · objective contemplation*, 物을 보는 방법을 세우는 도道, 그 단서를 피彼에 있는 목적으로부터 시작하는 것을 피관彼觀이라 하고, 단서를 나我에게 있는 목적으로부터 시작하는 것을 차관此觀이라 한다.[9]

치지학致知學은 오늘날 철학의 한 분야인 논리학Logic을 가리킨다. 니시는 '차관'과 '피관'을 이번에는 영어 subjective contemplation 과 objective contemplation의 번역어로 썼는데, 양자는 '사물을 보는 방법', 즉 인식의 출발점을 어디에 두는가에 따라 구분될 수 있다고 보았다. 다시 말해, 나此로부터 시작하여 사물을 볼 때 그것을 '차관此觀'이라고 하고, 상대방彼으로부터 시작하여 사물을 볼 때 그것을 '피관彼觀'이라고 한다는 것이다. 보통 차관의 '차'는 한자에서 '이것' 또는 '스스로'를 가리키고, 피관의 '피'는 '그' 또는 '저것', '상대방' 등을 가리킨다. 흔히 쓰는 피차일반彼此一般이라는 말에서 볼 수 있듯이, '피차彼此'는 자신과 상대방을 의미한다.

그러나 니시의 '피彼'는 단순히 불특정한 '상대방'을 의미하는 것은 아니었다. 《백학연환》에서 니시는 '차관'과 '피관'을 독일의 관념론 철학의 번역을 통해 조어했음을 밝히고 있다. 즉, 독일에는 공리空理/

Metaphysic School라는 학문이 있는데, 이 학문은 칸트Kant(1724~1804)로 부터 시작해서 피히테Fichte(1762~1814), 셸링Schelling(1775~1854), 헤 겔Hegel(1770~1831)로 이어졌다. 그러면서 니시는 "subjective(차관), objective(피관)는 곧 칸트의 발명에 의한 것"[10]으로, 칸트 이후의 철 학은 모두 '차관' 혹은 '피관'으로 분류할 수 있다고 말했다. 즉 피히 테의 학설은 "I see a tree라는 것으로, 나로부터 나무를 보는 것이 고, 나무에 형체가 있는 것이 아니라는 것이다. 즉, 차관에 해당한 다"라고 말했다. 여기서 니시는 피히테의 '차관'을 'ego alone'으로 부터 번역했다. 반면, 니시는 셸링의 학문이란 "만물은 모두 신의 모습을 표현하는 것으로, 나로부터 보는 것이 아니라고 한다. 곧 피 관이라는 것이다"라고 썼다. 이때 니시는 '피관'을 'God alone'의 번 역어로 썼다. 니시는 셸링의 철학에 따라서 피(나중에 객客)를 한자 문화권의 전통적 개념인 '그', '상대방'(혹은 '손님, 나그네')이 아니라, 기독교 하나님God으로부터 번역했던 것이다.[11]

니시 철학에서 주관과 객관은 왜 분리되고 말았을까?

니시는 1874년 《명육잡지明六雜誌》에 연재한 〈지설知說〉에서 종래 사 용하던 '차관'과 '피관' 대신에 '주관'과 '객관'이라는 어휘를 사용했 다.[12] 〈지설〉은 근대 학문의 구조를 체계적으로 소개한 논문이다. 니시는 인간의 마음心에는 지智/intellect, 정情/sensibility, 의意/will 세 종류가 있는데, 이 중에서 '지'가 최고의 것이라고 한다. 그런데 이 '지'는 다시 도량과 형질의 두 측면으로 나눌 수 있는데, 도량은 지의 양적 측면을 가리키고, 형질은 지의 질적 측면을 가리킨다. 니시는 지의 양적 측면인 도량에는 재skill, 능ability, 식sagacity[13]의 구분이 있다면서 다음과 같이 말했다.

> 재才는 지智가 미치는 곳이 객관客觀에 속하고 일부 안에서 정精으로부터 정精에 미친다. 때문에 재才에 대소大小가 있다고 해도, 많은 부분은 국한된다. 예를 들어 시재詩才, 문재文才, 서화書畵의 재와 같다. 능能은 지智가 미치는 곳이 주관主觀에 속하고 반드시 정精에 미치지는 않는다. 능能은 그 종류에 미치는 것이 있다. 예를 들어, 관리官吏의 능能, 이서里胥의 능能과 같다. 이 두 개의 것, 재才는 주로 물리에 대해서 말하고, 능能은 주로 심리에 대해서 말한다.[14]

여기서 니시는 재才와 능能을 각각 주관과 객관, 물리와 심리에 대응시켰다. 즉, 재는 '객관'에 속하고 '물리'에 대해서 말하며, 능은 '주관'에 속하고 '심리'에 대해서 말한다는 것이다. 따라서 재는 물리로서 객관적인 관찰의 대상이 되는 것으로, 예를 들어 시재, 문재, 서화의 재와 같은 타고난 생리적 능력에 국한할 수 있다. 반면 능은 인간의 후천적 성격, 즉 심리를 가리키기 때문에 관리의 능력처럼 후천적으로 학습이 가능한 능력이다. 여기서 재=객관=물리, 능=주관=심리 사이에 대립적 구조가 성립한다. 반면, 재와 능을 통합하는 '식'은 선천적인 것(물리)과 후천적인 것(심리)을, 아울러 객관과 주관을 통합하는 것으로, 지智를 가장 높은 단계로 이끄는 것이다. 니시에게는 객관과 주관, 물리와 심리의 통합이야말로 가장 중요한 학문적 목표였던 것이다. 그리고 그것은 곧 니시가 생각한 철학의 목표이기도 했다.

《백일신론》에서 니시는 물리를 "참고하여 심리를 밝히고, 천도와 인도를 논명하여 교教의 방법을 세우는 것을 필로소피ヒロソヒー, 번역하여 철학哲學이라 칭한다"[15]라고 말했다. 즉, 니시는 인간의 본성을 탐구하여 가르침教의 근원을 세우는 철학은 단지 인간의 '심리'만이 아니라 물리 또한 공부해야 한다고 보았다. 왜냐하면, "우선 선천의 이理에 의해 인간이라는 것이 태어나고, 그 인간에게 후천의 심리가 자연스럽게 생겨나기" 때문이다. 다시 말해, 인간을 완전히 이해하기 위해서는 인간의 심리에 대한 연구는 물론 육체에 대한 생리적(물리적) 연구도 동시에 행해져야 한다. 따라서 당시 획기적으로 발전하고 있던 물리의 연구를 통해 그것이 인간의 몸속에서 어떻게 심리와 연결되는지를 이해하는 것, 즉 물리를 바탕으로 심리의 본질을 밝히는 것이야말로 '백교일치百教一致의 학'으로서의 철학의 목표가 되는 것이다.[16]

따라서 니시에게는 물리와 심리, 주관과 객관의 통합이야말로 철학의 궁극적인 목표였다.[17] 그런데 니시는 이런 생각을 어떻게 갖게 된 것일까? 그것은 네덜란드에 유학하면서 접한 콩트의 실증주의 철학에 니시가 매료되었기 때문이다. 알다시피 콩트의 실증주의 철학은 천문학·물리학·화학·생체학·인간학(사회학)으로 이어지는 다섯 학문의 연쇄를 주장했고, 이 다섯 학문의 연쇄는 실증성이 뛰어난 물리를 통해 인간의 심리를 연역하는 방식으로 이루어질 수 있다고 보았다.[18] 니시의 〈생성발온〉은 영국의 실증주의자 G.

H. 루이스(1817~1878)가 쓴 《콩트의 과학철학Comte's Philosophy of the
Sciences》(1853)과 《철학의 전기사The Biographical History of Philosophy》
(1857)의 콩트 소개 부분을 번역한 것이었다. 니시 또한 격물(물리
학)에서 화학, 화학에서 생체학에 이르게 되면, 우리가 물리를 근거
로 성리(심리)를 이해할 수 있다고 보았다. 왜냐하면 생체학은 생리
와 성리를 겸한 것이기 때문이다.[19]

그렇다면 니시는 자신의 철학적 목표를 이루었던 것일까? 결과
적으로 니시는 답을 얻지 못했다. 그는 생리(물리)와 성리(심리)는
'전혀 다른 건곤乾坤'이기 때문에, 콩트가 말한 '다섯 학문의 연쇄'는
최근 들어 난관에 봉착했다고 진단했다.[20] 생체학이 이미 실증적
단계에 도달했다고 본 콩트가 사회학의 완성에 관심을 돌렸다면,
니시는 생체학이야말로 여전히 더 규명되어야 할, 즉 생리와 성리
를 연결할 중요한 학문이라고 생각했다. 결국, 생체학을 통해 물리
와 심리가 연결될 때, 객관적 방법과 주관적 방법은 하나로 통합될
수 있다는 것이다.

〈생성발온〉에서 자신의 철학적 과제로 인식했던 물리와 심리의
연결은 그러나 결국 니시의 학문 여정에서 명확한 답에 이르지 못
했다. 〈상백차기尙白箚記〉(1882년경)에서 니시는 "나는 아직 이 생리
와 성리가 서로 연결되는 이치를 발견할 힘이 부족하기에 당분간
은 심리와 물리를 두 개로 나누어 이것을 논하고자 한다"[21]라고 썼
다. 이것은 생체학의 연구를 통해 생리와 성리의 연결을 규명하고
자 했던 니시 자신의 철학적 과제가 결국 성공하지 못했다는 것을
인정한 것이다.[22] 니시가 물리와 심리를 연결할 수 없다는 고백은

그것들의 탐구 방법이었던 객관적 방법과 주관적 방법 역시 한동안 단절될 수밖에 없다는 것을 의미했다. 그것은 곧 심리는 주관적 방법에 의해, 물리는 객관적 방법에 의해 각자 독립적으로 연구될 수밖에 없음을 뜻했던 것이다.

니시 철학 이후의 '주관'과 '객관'

'주관'과 '객관'은 니시 이후 메이지 사회에 어떻게 받아들여졌을까? 사전류에서 주관과 객관이라는 어휘가 처음 나타난 것은 1881년(메이지 14) 이노우에 데쓰지로 등이 편찬한 《철학자휘哲學字彙》에서였다. 이노우에는 1877년 도쿄대학에 설립된 '문학사학철학과'의 제1회 졸업생으로, 그가 주도하여 편찬한 《철학자휘》는 당시 난립 상태에 있었던 번역어들의 정리에 큰 영향을 미쳤다. 이 사전에서 object는 '물物, 지향志向, 정곡正鵠, 객관客觀'으로, objective는 '객관적'으로 번역되었고, subject는 '심心, 주관主觀, 제목題目, 주위主位(론論)'로, subjective는 '주관적'으로 번역되었다. 물物과 객관, 심心과 주관이 하나로 묶여 있는 데에 주목할 필요가 있다. 1884년《철학자휘》의 증보 재판에서는 object가 '물, 지향, 정곡, 객관, 물상物象'으로, objective가 '객관적, 물계적物界的'으로 번역되었다. 아울러 subjective가 '주관적, 심계적心界的'으로 번역되었다. 물계적이라는 것은 물物의 경계를, 심계적이라는 것은 심心의 경계를 가리켰는데, 결과적으로 이 같은 어휘들은 대중화되지 못하고 소멸되었지만, 이노우에는 물과 물 사이의 원리, 심과 심 사이의 원리를 객관과 주관으로 생각했음을 알 수 있다.

1883년 아소 시게오麻生繁雄 편・이노우에 데쓰지로 교열로 출간한 《베인의 심리신설석의倍因氏心理新說釋義》[23]에서는 객관object에 대해 "심의心意 외의 사물을 총칭하는 것으로, 우주 사이에 있는 모든 현상, 즉 일월산천, 강河, 바다海 등의 종류로 모두 이것이 아닌 것이 없다"[24]라고 하고, 주관subject에 대해서는 "사람의 심의 내에서 일어나는 백반百般의 상태를 총칭하는 것, 즉 식별 재능識別才能의 작용이나 회로애락喜怒哀樂의 감정 등 심의 속에서 일어나는 것이기 때문에 외계에 대한 내계를 가리킨다"[25]라고 썼다. 주관과 객관은 심의心意와 심의 외의 사물, 그리고 인식적으로는 내계와 외계로 구분되고 있음을 알 수 있다.

한편, 이듬해인 1884년에 편찬된 다케코시竹越与三郎의 《독일철학영화獨逸哲學英華》〈역자석의譯字釋義〉에서는, '주관'이란 "영어 subjective로 외물外物에 대해 자기自己라는 뜻이다. [심리心理의] 또는 [심心의 움직임] 또는 [이성상理性上의]라는 것도 같은 뜻이다. 내계內界 또한 같은 의미가 있다"라고 썼다. 반면 '객관'이란 "영어 objective로 자기에 대한 외물이라는 뜻이다. [자기가 아닌] 또는 [심외心外의] 또는 [외물로부터 일어나는]도 같은 뜻이다. 외계外界 또한 같은 의미가 있다"라고 썼다.[26]

1886년 야지마 긴조矢島錦藏는 Mental and Moral Science(1868년 초판)의 제3판(1884년)을 《(베인의倍因氏) 심리학心理學》으로 번역했다. 여기에는 "인류의 지식이나 경험 또는 의식은 두 부분으로 나누어진다. 세상 사람들이 물질 및 심의心意라고 하는 것이 그것이다. 철학자는 외계와 내계, 또는 아我와 비아非我의 명칭을 쓰기도 하지만, 주관과 객관이라는 어휘를 쓰기도 한다"[27]라고 썼다. 물질-외계-비아非我-객관 대vs. 심의-내계-아我-주관이 각각 관련된 어휘의 연쇄 고리 안에서 대립적으로 구성되었다. 나아가 이 책은 물질, 즉 객관계의 속성은 길이와 폭, 두께로 환원할 수 있는 '연장'인데, 주관계는 이러한 속성을 결여하고 있다고 썼다. 외계로서의 물질로부터 질적 감각을 배제하고, 그것을 오직 양적으로 환원한 데카르트 이하 근대과학자들의 물질론이 엿보이고 있다. 그 밖에 메이지 철학자 이노우에 엔료는 《철학요령哲學要領》(1886)에서 "내가 우주 안에 서서 눈앞에 나타나는 것을 물질이라 칭하고, 그 뇌리에 움직이는 것을 심성心性이라 칭한다. 또는 물질을 객관, 심성을 주관이라 말하기도 한다. 나아가 객관의 한 경계는 이것을 물계物界라고 하고, 주관의 한 경계는 이것을 심계心界라고 한다. 심계는 내에 있고, 물계는 밖에 있기 때문에 내계, 외계의 명칭을 쓰기도 한다"[28]라고 설명했다. 이 밖에도 이노우에는 이 내외양계가 어떻게 생겼고 어떻게 나누어지는가를 규명하는 것이 철학의 핵심 과제이자 유물론, 유심론, 이원론, 신神을 포함한 물심物心 3원론 등 온갖 철학 학파들이 출현한 배경이라고 설명했다.[29]

이처럼 주관과 객관은 메이지 중기 이후 일본 철학계에 근대적 인식론의 중요한 키워드로 받아들여지기 시작했다.

한편, 이노우에 등 독일로 건너갔던 유학생들이 귀국하여 독일 관념론 철학을 적극적으로 소개하면서 '심리'는 근대적 의미의 인식 주체로 자리 잡기 시작했다. 동시에 문명개화론에 힘입은 서양

자연과학의 전면적 수용은 '물리'의 중요성을 점점 각인시켰다. 동양의 전통적 사유 방식 안에서는 생소했던 그 같은 이원적 인식 구조는 주관과 객관, 물리와 심리, 현상과 실재, 전체와 개인, 내와 외 등 다양한 대립적 개념으로 번역되어 메이지 사회에 퍼져나갔다.[30]

반면, 니시 철학이 남겼던 물리와 심리, 주관과 객관의 통합이라는 과제는 점점 사라져 갔다. 그것은 근대 서양철학이 지닌 인식론적 구조가 마침내 메이지 지식사회에 이식되었음을 의미하는 것이었다.

'객관'이라는 신화와 과학제국주의

'객관적'이라는 어휘는 강력하다. 누구나 자신의 주장이 객관적 근거에 기반을 두고 있다고 말하고자 한다. 그런데 당초 객관의 '객客'이란 손님 혹은 나그네의 의미이다. 따라서 객관이란 사실 타인의 관점 정도를 의미하는 한자어이다. 그런데 이런 '객관'이 오늘날 왜 이렇게 막강한 힘을 갖는 어휘가 된 것일까?

흔히 '제국주의'란 어떤 정치집단이 정치적·경제적인 의미에서 후진 지역을 정복 또는 종속시켜, 거대한 지배권을 확보하려는 경향을 말한다. 그런데 역사상 이 같은 제국주의는 영토의 점령을 위한 직접적인 군사적 힘 이외에도 기술, 종교, 문화 등 다양한 유형의 지식 체계들과 결합해 왔다.[31] 특히 근래의 연구는 19세기 서양 제국주의는 반드시 실용적일 것 같지 않은 순수 과학조차도 식민지 지배의 이데올로기로 활용했다는 것을 밝혀주었다. 이것을 우리는 '과학 제국주의scientific imperialism'라고 부른다. 이 과학 제국주의는 19세기 무렵 서양 열강은 물론, 그것을 모델로 주변국의 식민지 침탈에 나섰던 일본에도 말해질 수 있다. 20세기 초 일본이 아시아 국가 각지에 설립한 과학박물관, 대학, 과학시험소 등은 식민지 운영의 실리적 측면뿐만 아니라, 식민지 현지인들을 과학 문명의 발신지인 일본에 귀의시키기 위한 후광으로 작용했다.[32] 이 같은 사실은 근대화 시기 과학이라는 지식 활동이 단순히 계몽의 수단을 넘어, 제국주의 열강의 식민지 건설과 운용에 어떻게 활용되었는지를 보여준다.

그런데 이 과학제국주의의 핵심에는 무엇보다도 '과학'의 객관성에 대한 강력한 믿음이 도사리고 있었다.

심리로부터 독립한 물리는 메이지 중기 이후 급격히 힘을 얻어 갔다. 물리와 심리를 놓고 봤을 때, 메이지 초기의 계몽주의자들은 물리상의 학문, 즉 자연과학이야말로 실험과 관찰이라는 실증성의 측면에서 심리상의 학문보다 훨씬 더 신뢰할 수 있다고 믿었다.[33] 특히, 사회진화론의 유행은 이 같은 물리 중시의 학문 경향을 잘 보여준다. 사회진화론을 일본에 수용한 가토 히로유키는 물리를 심리보다 확실히 우위에 놓았다. 그는 '물리'에 관계되는 학문은 '실리'를 발견한 반면, 철학·정치·법학 등 '심리'에 관계된 학문은 '망상주의' 안에서 방황할 뿐이라고까지 비판했다.[34] 그가 말한 '물리'란 오늘날의 물리학보다는 넓은 의미의 자연법칙을 가리킨다. 그리고 이 같은 물리, 즉 자연법칙에 대한 연구는 객관적이라는 믿음과 쉽게 연결되었다. 이노우에 엔료井上円了는 1894년(메이지 27)에 쓴《순정철학강의純正哲學講義》에서 물리학, 화학 등을 '객관적 과학'으로, 심리학을 '주관적 과학'으로 분류했다.[35] 그가 말한 '객관적 과학'은 "외계의 물질을 취급하는" 학문을 뜻했다. 교육심리학자 마쓰모토 고지로松本孝次郎(1870~1932)는 1902년《신편심리학新編心理學》에서 논리학이나 심리학 같은 과학은 모두 "의식적 사실을 취급하는" 학문인 반면, '객관적 과학'은 "외계의 사실을 취급하는" 학문이라고 정의했다.[36] 이처럼 의식이 배제된 인간 밖의 대상 세계, 즉 외계에 대한 과학이란 결국 인간의 주관과는 달리 흔들림 없는 진리의 체계라는 생각과 쉽게 연결되었다. 그리고 인식 대상인 자연의 영역으로부터 인식하는 인간의 의식을 완전히 배제할 수 있다는 믿음, 즉 인식 대상인 자연계를 가능한 한 객관 그 자체로서 순수하게 파악할 수 있다는 믿음이야말로 근대과학이 '객관적' 과학으로 성립하기 위한 중요한 전제 조건이었다.[37]

그러한 믿음이 근대과학의 폭풍과도 같은 질주를 가능케 했던 요인이다. 그러나 그것은 한편으로는 과학에 대한 절대적 맹신에 기초한 '과학주의'라는 함정에 빠지기 쉬운 길이기도 했다. 가토 히로유키 등 사회진화론자들에 의해 잉태되었던 물리, 즉 자연과학 만능주의의 씨앗은 과학이 객관적=초월적 지식이라는 믿음과 함께 메이지 사회를 잠식해 들어갔다. 그리고 그 결과는 뜻밖에도 제국주의의 논리에 다름 아니었다. 다시 말해, 과학이야말로 진리에 가까운 지식이라는 믿음으로서, 그렇기에 그 진리를 전파하려는 쪽이 다소 강압적 수단을 사용하더라도 그것이 미개한 사람들을 일깨워 계몽의 세계로 이끌 수 있다면 다소간의 희생은 불가피하다는 인식이다. 가해자의 폭력보다는 피해자의 무지가 원인이라는 이런 앞뒤가 뒤바뀐 설명은 오늘날에도 가끔 목격하는, 힘을 가진 자들의 마법 같은 논리이다. 여기서 과학적 진리를 깊이 논할 수는 없지만, 그 같은 마법을 가장 잘 뒷받침하고, 피해자의 저항을 무장 해제시킨 것은 과학의 객관성에 대한 믿음이었다.

왜 이런 일이 벌어지고 만 것일까? 물론, 그 같은 과학의 '객관화' 는 19세기라는 특수한 시대 상황을 결코 무시할 수는 없을 것이다. 하지만 어쩌면 당초 손님 혹은 나그네, 즉 타인의 관점에 지나지 않 던 객관의 '객'이 근대에 이르러서는 신God의 시선으로 승격됨으로 써 원리적으로는 그 안에 이미 누구도 거부할 수 없는 과학적 진리 라는 신앙이 싹트고 있었기 때문인지도 모른다.

'주관'과 '객관'은 한국에 언제 들어왔고, 어떻게 사용되었나?

주관과 객관이라는 어휘가 한국에 들어온 것은 20세기 이후였던 것 으로 보인다. 1880년 리델의 《한불ᄌᆞ뎐》에는 '쥬긱主客'이 Maitre de maison et hote의 번역어로 등장하지만, '주관'이나 '객관'이라는 어 휘는 나오지 않는다. 이후 간행된 한영사전이나 영한사전들에서 subject나 object의 용례가 등장하지만, 그것은 '주관'이나 '객관'과 같은 인식론적 어휘로는 번역되지 않았다. 예를 들어, 1891년 스콧 의 《영한ᄌᆞ뎐》에서는 object가 '뜻, 의향, 일, 물건'으로, object, to, objection이 '거스리다, 어긔다, 꺼리다, 거릿끼다'로 번역되었다. 하지만 objective나 objectivity는 물론 객관이라는 번역 어휘도 아직 나오지 않는다.

'주관'과 '객관'이 등장한 비교적 초기의 문헌은 1902년 6월《신학월보》제2권 제6호의 〈영혼론〉이었다.

> 문: ᄌᆞ각의 언ᄉᆞ言辭는 무어시뇨.
>
> 답: 령혼이 ᄌᆞ긔를 아는 거시라. ᄯᅩ흔 그 힝홈으로 세 가지 잇ᄉᆞ니 ㅡ
> 은 아는 쥬관主觀이오. 二는 긱관客觀이오. 三은 령혼이 긱관에셔
> 영향影響으로 힝ᄒᆞ는 거시며, ᄯᅩ흔 아는 긱관은 혹 안으로도 잇
> 고 밧그로도 잇ᄉᆞ니 이 세가지 원소는 ᄌᆞ각에 드러가는 거시
> 며 ᄯᅩ 모든 ᄌᆞ각은 모든 지식의 긔초基礎니라.[38]

즉, 자각自覺이란 영혼이 자기를 아는 것인데, 그 방법에는 주관과 객관 등이 있다고 설명하고 있다. 이 짧은 글만으로는 '주관'과 '객관'이 어떻게 사용되었는지 더 정확히 알기는 어렵지만, 문맥상으로 볼 때 그것들은 자각과 관련된 인식론적 어휘로 사용된 것은 분명하다.

이후 주관(주관적), 객관(객관적)이라는 어휘는 조선인 일본 유학생들이 주축이 되어 간행한 잡지들에 간간이 등장했다. 1906년 12월 24일《태극학보太極學報》제5호에 실린 〈과학론〉이라는 논설에는 과학의 연구가 일정한 범위를 갖는 반면, 철학은 전 우주를 포용하며 각 과학에 궁극적 설명을 공급한다는 점에서 과학 이상의 과학이라고 말한다. 그러나 막상 철학의 연구가 철학의 영역에 이르면, "그 뜻이 심원 무궁하여 예로부터 많은 철인 명사의 뇌를 끊임없이

쥐어 짜내게 했지만, 설명하는 바가 도무지 주관적 사상에 지나지 않고[其義也深遠無窮ᄒ야 古來機多哲人明士의 腦漿을 絞搾不絶ᄒᄂᆫ 者ᄂᆫ 所說이 都是 主觀的 思想에 不過ᄒ고]"[39]라고 나온다.

1908년 2월 15일《대한학회월보》제1호〈법法의 본질本質을 논論흠〉에서 "대개 한 개인의 심리력이라 볼 수 있는 정신력도 그 복잡함으로 인해서 객관적으로 이것을 명백히 하려면[大槪一個人의 心理力되ᄂᆫ 意力도 其複雜흠을 因ᄒ야 客觀的으로 此를 明白히 ᄒ랴면]"[40]이라고 나온다. 아울러 1908년 5월·6월《태극학보》제21·22호에 연재된 학해주인學海主人의〈철학초보哲學初步〉라는 논설에서 '과학'은 첫째, 한쪽에 치우치기 때문에 전체를 총괄하여 그 원리를 파헤치기가 어렵고, 둘째, 단지 객관만을 주장하고 주관은 묻지 않기 때문에 사물의 깊은 이치를 이해하기 어려운 반면, '철학'은 "이학의 각 과를 총괄하고 일정한 법칙을 해설하여 광대한 우주와 아주 작은 분자, 영원한 시간도 일일히 응용하여 전혀 착오가 없는 원리를 설명[理學의 諸科를 總括ᄒ고 一定의 法則을 解說ᄒ야 宏大흔 宇宙와 微小흔 分子며 永久흔 古今도 一々히 應用ᄒ야 無誤無錯의 原理를 說明]"하는 학문으로, "이학 각 과 이상의 고상한 지위를 점유하고 천지만물의 원리를 망라하며 과거, 현재 및 미래의 일을 포괄[理學諸科以上의 高尙흔 地位를 占領ᄒ고 天地萬物의 原理를 網羅ᄒ며 過去現在及未來의 事變을 包括]"하는 학문이라고 설명한다.[41] 여기서는 '주관'과 '객관'이 인식의 대립적 어휘로 사용됨과 동시에, 과학이 주관은 배제한 채 오직 객관만을 다루는 학문이라고 설명했음을 알 수 있다.

사전류에서 '객관적'이라는 어휘가 처음 등장한 것은 1914년 존스의 《영한ᄌ뎐》에서였다. 이 사전에서는 subjective는 안 나오고, subject가 '인민人民, 신민臣民, 문뎨問題, 론뎨論題, 쥬격主格, 쥬어主語'로 번역되었다. 그리고 objective가 '긱관뎍客觀的'으로, object는 '목뎍目的, 물건物件, 의향意向, 취지趣旨'로 번역되었다. 그러다가 1924년 게일의 《삼천ᄌ뎐》에서는 objective가 '긱관적客觀的'으로, objectivity가 '긱관客觀'으로 번역되었고, subjective가 '쥬관적主觀的'으로 번역되었다. 1925년 언더우드의 《영선ᄌ뎐》에서는 objectivity가 '긱관客觀'으로, objective가 '긱관적客觀的, 디상적對象的, 물게物界의(철학의)'로 번역되었고, subjective가 '쥬관적主觀的, 본심本心의, ᄆᆞᆷ에서 발ᄒᆞ는'으로, 그리고 subject에 '백성, 서민, 신민' 등의 번역어와 더불어 '쥬관主觀'의 번역어가 보인다.

1922년 최록동의 《현대신어석의現代新語釋義》는 '주관主觀'을 "객관의 반대어. 나의 마음 이외의 사물에 대하여 마음과 그 내부에서 일어난 것이니, 즉 지각하며 사색하며 감동하는 마음의 본체를 말한다. 가령 사물을 인식하는 것은 주관이고, 인식되는 것은 객관이라 한다[客觀의 反對語. 吾人의 心意以外의 事物에 對ᄒᆞ야 心意及其內部에 起ᄒᆞᆫ 者이니 卽知覺ᄒᆞ며 思慮ᄒᆞ며 感動ᄒᆞ는 心의 本體를 云ᄒᆞᆷ이라. 假令 事物에 認識ᄒᆞ는 것은 主觀이요. 認識되는 것은 客觀이니라]"[42]라고 설명했다.

이렇게 볼 때, 주관과 객관이라는 어휘는 1900년대 초에 발행된 학술잡지들을 통해 한국에 소개되면서 서서히 인식론적 어휘로 사용되다가, 1920년대 무렵에는 여러 사전에 등재될 만큼 인식론의 대표적 어휘로 정착했다고 볼 수 있을 것 같다.

05

물리학

物理學 / Physics

오늘날 영어 '피직스physics'는 보통 '물리학'으로 번역된다. 이 '피직스'는 어원상 '피시카physica'라는 그리스어에서 유래한 것으로, '피시카'는 원래 퓨시스physis, 즉 자연을 연구하는 학문을 뜻했다.[1] 고대 그리스 철학자 아리스토텔레스는 《자연학Physica》(기원전 4세기경)이라는 책에서 물체의 운동과 변화, 진공 등에 대해 다루었는데, 그가 다룬 운동과 변화는 단순한 물체의 양적 변화와 공간의 이동 등을 훨씬 뛰어넘는 것으로, 물체의 질적 변화와 생성, 소멸, 그리고 생명 현상까지도 포괄한 것이었다. 그것은 근대 초기까지도 서양의 물리학physics이 자연철학이나 자연학과 사실상 큰 차이 없었다는 사실과도 연관된다. 따라서 물리학이 오늘날 자연과학의 한 분야로 성립한 것은 자연학 혹은 자연철학으로부터 특정 분야가 근대 이후에 점점 세분화된 결과였던 것이다.

그렇다면 물리학은 언제쯤 자연학 혹은 자연철학이라는 폭넓은 학문 범주에서 벗어나 하나의 전문 영역을 가리키기 시작했을까? 대략 18세기 후반이 되면, 물리학이 인접 학문인 화학과 다른 학문이라는 인식이 싹트기 시작했다. 1774년 프랑스 화학자 라부아지에는 〈물리와 화학 소론Opuscules physiques et chimiques〉이라는 소논문을 출판했는데, 여기서 프랑스어 physiques(물리학)이 chimiques (화학)과 다른 학문으로 구분되었다. 이 밖에도 프랑스에서는 1789년 《화학 및 물리학 연보Annales de chimie et de physique》가 간행되기 시작했고, 독일에서도 《물리학 및 화학 연보Annalen der Physik und Chemie》가 간행되는 등, 물리학을 화학과 다른 학문으로 다루는 분위기가 등장했다. 즉, 근대 이후 가속화된 학문의 분과화 경향에 힘입어 물리학 및 물리학자, 화학 및 화학자 같은 특정 범주가 생겨난 것이다.[2] 아울러 전통적인 광학이나 역학에 더하여, 19세기 이후 전자기학, 열역학 등이 완성되었고, 그것들을 종합하는 개념으로서 물리학은 점점 그 학문적 범주를 정립하기 시작했다.

근대 이전에 동아시아에서 사용된 '물리物理'는 '사물의 도리나 이치'를 뜻했다

오늘날 동아시아인들은 영어 physics(프랑스어 physique, 독일어 Physik)를 '물리학'으로 번역하지만, 사실 '물리物理'라는 한자어는 매우 이른 시기부터 등장했다. 일찍이 기원전 2세기경 중국의 고전 《회남자淮南子》의 제6권 〈남명훈覽冥訓〉에는 "눈과 귀에 의지한 관찰

로는 물리를 분별하기에 부족하다故耳目之察, 不足以分物理”라는 구절이
나온다. 그런데 여기서의 ‘물리’는 오늘날 자연과학의 한 분야인 물
리학physics의 ‘물리’와는 달리, ‘사물의 도리나 이치’ 정도의 폭넓은
뜻이었다.[3]

중국 고전에 이미 그 용례가 보이는 ‘물리’는 이후 주로 유학의
어휘로 사용되었다. 예를 들어, 주자는 《대학장구大學章句》에서 ‘물
리物理’, ‘격물格物’, ‘격치物格’ 등의 어휘를 만물의 이치를 규명한다는
뜻으로 사용했다.[4] 격물과 격치는 ‘격물치지’, 즉 “사물의 이치를 연
구하여 앎에 이른다”라는 주자학의 학문적 방법론에서 비롯된 것
으로 ‘물리’와 큰 차이가 없었다. 한편, 물리는 유학의 대표적 어휘
인 이학이나 궁리와도 유사했다. 이학은 이치를 다루는 학문으로,
형이상(불가시=정신)의 세계와 형이하(가시=자연)의 세계를 모두
포괄하는 개념에 가까웠다. 그리고 ‘궁리’는 중국의 고전《역경易經》
에 보이는 ‘궁리진성窮理盡性’, 즉 “사물의 이치를 궁구하고 인간의 본
성을 다한다”라는 말에서 유래한 것으로, ‘격물치지’와 함께 주자학
의 대표적인 학문 방법론이었다.

‘궁리’라는 전대미문의 괴사怪事

서양의 물리학이 일본에 전해진 것은 에도 시대 후기부터였다. 그
것은 라틴어 physica, 네덜란드어 natuurkunde, 프랑스어
physique, 영어 physics 또는 natural philosophy 등의 형태로 전해
졌다. 그런데 서양 물리학이 대상으로 삼던 가시적인 현상세계, 즉

물리적 세계를 가리키는 어휘로 일본인들이 사용한 것은 격물, 궁리, 격치, 이학 등 유학의 어휘였다. 다시 말해, 그들은 원래 사물 일반의 이치를 가리켰던 유학의 어휘들을 물리적 세계를 가리키는 어휘로 한정한 것이다.

에도 시대의 난학자 시즈키 다다오志筑忠雄(1760~1806)는 뉴턴 과학의 물질관을 다룬《구력법론求力法論》[5]에서 다음과 같이 말했다. "도학度學은 격물학格物學의 책이다. 수數와 이리理理를 중시한다."[6] 여기서 '도학'이란 기하학을 말하고, '격물학'이란 네덜란드어 natuurkunde를 번역한 것이었다. Natuurkunde란 자연학을 의미하는 라틴어 physica를 네덜란드어로 번역한 것으로, natuur(자연)와 kunde(학)가 합쳐진 어휘였다.[7]

호아시 반리帆足萬里(1778~1852)는《궁리통窮理通》(1836)이라는 저서에서 natuurkunde를 '궁리'로 번역했고, 양학자 하시모토 소키치橋本宗吉(1763~1836)도 《오란다시제에레키테루궁리원阿蘭陀始製エレキテル究理原》이라는 책에서 그것을 같은 어휘로 번역했다.[8] 또 에도 시대의 식물학자 우타가와 요안宇田川榕庵(1798~1846)은《식학계원植學啓原》에서 "서양의 현인西聖, 삼과三科의 학學을 세웠다. 즉, 변물辨物, 궁리窮理, 사밀舍密이다"[9]라고 말했는데, 여기서 변물이란 박물학, 궁리란 물리학, 사밀이란 화학을 가리켰다.

특히 '궁리'는 메이지 초기 물리학을 가리키는 대표적인 어휘로 사용되었다. 이 '궁리'는 이른바 '궁리열窮理熱'이라는 메이지 초기의 물리학 열풍을 이끌었다. 궁리열의 출발은 1868년 후쿠자와 유키치福澤諭吉(1835~1901)가 집필한《훈몽궁리도해訓蒙窮理圖解》라는 초보적인 물리학 교과서였다. 이 책은 열, 공기, 물, 바람, 구름과 비, 눈, 인력, 밤과 낮, 사계절, 일식과 월식 등 자연현상에 관한 법칙을 다루는 내용으로, 당시 민중 속에 퍼져 있던 미신을 물리치고 계몽 정신의 중요성을 설파한 점에서 일본인에게 큰 인기를 끌었다. 따라서 후쿠자와의 '궁리' 또한 실상은 물리학을 중심으로 한 자연철학에 가까운 개념이었다.[10] 이 책의 인기와 더불어 메이지 5~6년 무렵, '궁리'라는 어휘를 표제에 담은 물리학 관련 서적들은 다수 출판되었다.[11] 물론, 그들의 '궁리'도 대부분 오늘날의 물리, 천문, 기상, 기계, 역학 등을 폭넓게 다루는 자연철학적 개념이었다.

'이과理科' 혹은 '이학理學'도 물리학을 가리키는 어휘로 전용되었다. 에도의 난학자였던 아오치 린소青地林宗(1775~1833)는 네덜란드의 물리학자 보이스Johannes Buijs의 교과서 *Natuurkindig Schoolboek*(1798) 등을 참고로 《기해관란氣海觀瀾》(1827)이라는 책을 집필했는데, 이 책의 범례에서 "이과는 물칙物則의 학이다"[12]라고 소개했다. 그는 natuurkunde를 '이과'라고 번역함과 동시에, 그것을 윤리나 도리를 배제한 물物에 관한 학문으로 이해했다. 이 밖에 에도 시대 말기(바쿠마쓰幕末)와 메이지 시기의 의사 아카사카 게이사이赤坂圭齊(?~1871)는 natuurkunde를 '이학'으로 번역했고, 가와모토 고민川本幸民(1810~1871)은 '궁물리지학窮物理之學'으로, 난학자 히로세 겐교広瀬元恭(1821~1870)는 '궁물리학窮物理學'이라는 독특한 조어로 번역했다. '이과'나 '이학'은 궁리와 마찬가지로 이理에 관한 학문을 뜻했다. '궁물리학'이나 '궁물리지학'도 궁리학이라는 주자학 어휘를 변형한 것에 다름 아니었다. 이렇게 볼 때, 에도 시대 일본인들은 서양의 물리학을 일본에 소개하는 데에서 종래부터 사용되어 오던 유학의 어휘를 조금씩 변형시키거나, 그 어휘들이 가리키는 대상을 물리적 세계에 한정하는 방식을 취했던 것을 알 수 있다.

그런데 이처럼 유학의 전통적 어휘들을 서양의 물리학에 대응시키는 방식에 아무런 반발은 없었을까? 한학자 사다 가이세키佐田介石 (1818~1882)는 다음과 같이 말했다.

> 궁리라는 두 글자는 이미 사람들이 알고 있듯이, 처음에 역의 설계에서 보이는 것으로, 성학聖學이 궁구하는 것이다. 이것보다 앞서는 것은 없고, 또 이것보다 큰 것은 없다. …그런데 근세 서양의 설을 숭배하는 자들은 성학의 중요한 명칭을 훔쳐 스스로 궁리학이라고 호칭하고, 천지만물의 이치는 서양인만 궁구한다고 주저 없이 말할 정도니… 전대미문의 괴사怪事라고 하지 않을 수 없다.[13]

사다와 같은 한학자가 생각할 때, 전통 어휘의 무분별한 남용은 한마디로 "전대미문의 괴사"이자 성학(성인의 학문)의 전통을 훔치는 도둑질과 같은 것이었다. 그러나 이 같은 반발은 문명개화의 열기와 함께 불어닥친 번역의 열풍을 결코 막을 수는 없었다. 전통의 시대는 싫든 좋든 이미 저물어가고 있었기 때문이다.

니시 아마네의 물리 개념

근대 이전까지만 해도 한자어 '물리'는 대표적인 유학의 어휘였다.

그러나 이 '물리'가 가리키는 '물物'에 대한 새로운 관점이 19세기 후반에 등장했다.

니시는 《백일신론》에서 새로운 '물리'에 대해 특히 자세히 논하고 있다.[14] 니시에 따르면, 도리道里에는 '자연계의 도리'와 '인간계의 도리' 두 종류가 있는데, 전자를 '물리의 도리'라고 하고 후자를 '심리의 도리'라고 한다. 이때 물리의 도리, 즉 물리는 '심리'와는 달리, 항상 일정해서 인간의 힘으로 변화시킬 수 없는 불변의 자연법칙과 같은 것이다. 니시는 그것을 물질 일반의 이理를 중심으로 광학, 음성학, 전기학, 화학, 생물학, 지리학, 천문학, 기상학의 이理 등은 물론, '화학상 친화親和의 이理', '무기성체無機性體, 금석회토金石灰土의 질質로부터 유기성체有機性體의 초목인수草木人獸를 생기게 하는 이理'까지를 포괄하는 개념으로 정의했다.

다시 말해, 니시의 '물리' 개념은 전통 유학의 '물리' 개념과는 달랐다. 물론 그것은 물질세계를 비롯하여 동식물이 태어나는 이치까지를 포괄한다는 점에서 오늘날 보통 physics의 번역어로 생각하는 물리학과도 차이가 있었다. 그것은 오히려 에도 시대 박물학자들이나 고학자古學者들의 '물리' 개념과 흡사했다.[15] 예를 들어, 에도의 유학자 가이바라 에키켄貝原益軒(1630~1714)은 《대화본초大和本草》(1709)에서 '물리', '물리지학物理之學'이라는 용어를 사용했는데, 그가 가리켰던 '물리'의 대상은 자연계 일반의 동식물들을 포괄하는 박물학적 개념이었다.[16]

일본의 근대정치 사상가 마루야마는 오규 소라이荻生徂徠(1666~1728), 다자이 슌다이太宰春台(1680~1747) 등 에도 시대 고학자들의 사유를 관통한 핵심 원리는 물리와 심리의 구분이며, 이런 고학의 정신은 물리 법칙과 인간 법칙의 구분 위에 형성된 근대사상의 단초를 열었다고 주장했다.[17] 그런데 이때 에도 시대 고학자들은 '물리'라는 용어를 박물학적 개념에 가깝게 사용했다. 고학의 창시자로 일컬어지는 이토 진사이伊藤仁斎(1627~1705)는 《동자문童子問》(1707)에서 '물리'를 천문, 지리, 율력, 병형, 농포 등 자연계 전체를 대상으로 하는 포괄적인 이치나 법칙 정도의 개념으로 사용했으며, 다자이 슌다이도 《경제록経済録》(1729)에서 '물리'를 나무, 구슬, 돌, 사람의 살, 새, 짐승, 물고기, 자라의 살 등 자연계에 존재하는 동식물들의 자연스러운 '도리' 정도로 해석했다.

사실 청년기의 니시는 난학을 거쳐 영학英學으로 자신의 학문적 관심을 전환하기 전에 소라이학의 연구에 열광적으로 매진한 적이 있었다.[18] 니시의 '물리' 개념이 박물학적 개념에 가까웠던 것도 그런 니시의 학문적 이력과 관련이 있는 듯하다.[19]

니시 아마네의 《백학연환》과 '격물학'

니시의 '물리' 개념은 전통 유학의 '물리' 개념은 물론 서양의 physics 개념과도 차이가 있었음을 확인했다. 그도 그럴 것이 니시는 서양의 physics를 '격물학'으로 번역했기 때문이다. 니시는 《백학연환》(1870)에서 근대 학문에 대해 체계적인 분류를 시도했다. 그는 다양한 학술百學術을 보통학술普通學術/common science과 수별학술殊別學術/particular science로 분류했는데, 여기서 "보통普通이란 일리一理

가 만사萬事에 관계되는 것을 말하고, 수별殊別이란 (일리의) 단지 일사一事에 관계되는 것을 말한다"[20]라고 정의했다. 다시 말해, 보통학술이 전문적인 학문으로 진입하기 위한 기초학문을 가리켰다면, 수별학술은 특정 분야에 한정되는 학문, 즉 오늘날의 전공과목과 비슷한 학문이라고 생각했다.

니시는 보통학술에는 역사, 지리학, 문장학文章學, 수학數學의 4학이 포함된다고 보았다. 그리고 수별학술은 심리상학心理上學/intellectual science과 물리상학物理上學/physical science으로 구분할 수 있는데, 이것은 오늘날의 인문사회과학과 자연과학의 분류와 흡사하다고 볼 수 있다. 니시는 심리상학에는 신리학神理學/theology, 철학philosophy, 정사학政事學/politics, 제산학制産學/political economy, 계지학計誌學/statistics 등 5학을, 물리상학에는 격물학格物學(또는 만유이학萬有理學/physics), 천문학(또는 성학星學/astronomy), 화학chemistry, 조화사造化史/natural history 등 4학을 포함시켰다. 여기서 니시는 physics를 '격물학格物學' 또는 '만유이학萬有理學'이라고 번역했음을 확인할 수 있다.

그러면 니시가 물리상학에 포함한 격물학이란 무엇일까? 니시에 따르면 격물학이란 "오관五官의 감촉에 의해 물物과 물 사이의 관계"[21]를 논하는 학문인데 이때 오관이란 귀, 눈, 코, 입, 각覺을 말하는 것으로, 다시 말해 '격물학'이란 오관에 접하는 외물外物과 다른 외물과의 관계를 취급하는 학문이었다.

니시는 "내가 아닌 모든 것은 matter, 즉 외물外物이다"[22]라고 규정했다. 즉, 외물이라는 것은 인식하는 나를 제외한 모든 것, 다시 말해서 내 밖에 존재하는 모든 물matter이라는 것이다. 아울러 이

"matter라는 것은 즉 length[長], breath[廣], thickness[厚], 이 세 가지가 없는 것이 없고, 이 장광후長廣厚가 있는 것은 모두 오관에 감촉"[23] 하는 것이라고 설명했다. 따라서 '격물학'이란 장광후가 있으며 오관에 감촉하는 것을 논하는 학문이다. 이처럼 니시의 '격물학'은 길이와 넓이, 두께 등을 가진 물체와 물체 사이의 관계를 다루는 학문으로 정의되었다.

결국, 격물학이란 물物과 물body to body, 또는 물질物質과 물질matter to matter에 대해 '일관一貫의 이理'를 얻는 학문으로, 이 격물학을 다루는 사람은 외물끼리의 관계를 취급함으로써 "logic을 기초로 facts를 수집하고, 물物에 대해 마침내 일관된 이理를 얻을 필요가 있"[24]는 것으로, 이 '일관의 이'라는 것은 의심할 여지 없이 니시가 말했던 '물리'를 가리켰던 것이다.

니시는 이처럼 전통적 주자학의 어휘였던 '격물'을 physics의 번역어로 사용함으로써 주자학의 '격물' 개념을 서양과학의 physics 개념으로 재해석했다.

니시가 '물리'와 '격물' 개념을 나눌 수 있었던 것은 결과적으로 '물物'에 대한 세분화된 이해였다. 즉, 니시가 사용한 '물리'의 '물'이 물리현상, 생명현상, 화학현상까지를 포괄하는 사실상 박물학적 개념이었다면, '격물'의 '물'은 오직 장광후를 가진 matter로 한정된 개념이었다. 니시는 이 같은 '물'에 대한 세분화된 이해를 통해 '물리'와 '격물'을 구분했을 뿐만 아니라, 서양의 물리학과 화학 등 자연과학 분야 각각의 차이점을 이해하고자 했던 것이다.

메이지 정부의 과학 제도화와 '물리학'이라는 어휘

일본에서 '물리학'이 서양과학의 한 분야를 가리키는 어휘로 처음 사용된 것은 오가타 고한緖方洪庵(1810~1863)의 번역서 《물리약설物理約說》(1834)에서였다. 또 1852년 요시다 도요吉田東洋(1816~1862)의 글에는 다음과 같이 나온다. "근고近古 이래, 물리 공부工夫에서의 정밀함이라면 서양인을 가장 우수하다고 인정하지 않을 수 없다. 그중 영국인을 제일로 간주하게 된다. 그 주요한 성과인 대전함과 대포를 보면 그 훌륭한 스피드는 바람이나 벼락과도 같다."[25] 여기서 '물리'란 자연의 법칙이자 자연과학을 가리키는 어휘였던 것 같다. 그러나 이 물리, 물리학이라는 어휘는 그 후 메이지 초기까지도 거의 사용된 흔적이 없다. 서양의 물리학을 가리키는 어휘로 여전히 격물, 궁리, 이과, 이학 등이 주로 사용되고 있었기 때문이다.

이 '물리'라는 어휘가 다시 등장하여 격물, 궁리, 이과, 이학 등의 경쟁적 번역어들을 누르고, 일본에 정착한 계기는 메이지 신정부의 교육 제도화가 절대적이었다. 1870년(메이지 3) 메이지 신정부는 '대학규칙'을 비롯한 교육 관련 규정을 공포했다. 그런데 이때 공포된 '대학규칙'에서는 초기 물리학 어휘의 혼란 양상이 그대로 드러난다. 즉, 2월의 '대학규칙'에서는 물리학이 '격치학'으로 명명되었다.[26] 그런데 같은 해 10월에 공포된 '대학남교규칙'에서는 그것이 '궁리학'으로 바뀌었다가, 1872년(메이지 5) 문부성의 '학제' 발포 때는 '이학'으로 바뀌었다. 같은 해 11월 학제 발포 때에는 '이학'을 대신하여 '궁리학윤강窮理學輪講'이라는 독특한 어휘가 등장한다.[27] 이처럼 1870년부터 약 3년간 서양의 물리학을 일본의 교육 체계 안에 제도화하는 과정에서 물리학은 격치학, 궁리학, 이학, 궁리학윤강 등으로 수차례 명칭이 변경된 것이다. 그러다가 1873년 (메이지 6) 3월, 제4회 학제 추가에서 이 '궁리학윤강'은 '물리학'으로 명칭이 바뀌었다.[28] 이 학제 추가 이후, 문부성 내에서의 공식 명칭은 결국 '물리학'으로 통일되었다. 적어도 1873년 시점에서 물리학은 메이지 신정부의 공식적인 어휘가 된 것이다.

이후 '물리', '물리학'은 제도권에서 공식 명칭으로 정착해 나갔다. 1875년 도쿄대학의 전신이었던 도쿄 가이세이학교開成學校에서는 제예학과諸藝學科(프랑스어), 및 광산학과鑛山學科(독일어)를 개조하여 물리학과物理學科(프랑스어)를 신설했다. 1877년 도쿄대학 창립 시 이 신설 물리학과는 이학부理學部 안에 설치된 수학물리학 및 성학과數學·物理學乃星學科라는 명칭의 원형이 되었다. 메이지 초기 서양 물리학을 '궁리학'이라고 칭하며 '궁리열'을 일으켰던 후쿠자와도 1881년(메이지 14) 《시사소언時事小言》, 1882년(메이지 15) 《시사신보時事新報》의 사설 〈물리학의 요용物理學之要用〉 등에서는 궁리학을 '물리학'으로 바꿔 썼다. 사실상 1880년대 무렵에는 '물리학'이라는 어휘가 일본 사회에 공식 명칭으로 완전히 정착하게 된 것이다.

1883년 '물리학역어회'가 설립되다

메이지 일본의 대표적 수학자 기쿠지 다이로쿠菊地大麓(1855~1917)는 1882년 《동양학예잡지》에 쓴 〈학술상의 역어를 일정하게 하는 논

論)이라는 글에서 메이지 중엽 학술어들의 혼란 상황을 다음과 같이 지적했다.

> 학술연구에서 가장 필요한 것 중 하나는 그 명사名辭가 확실한 것이다. 이것을 더 설명하자면, 동일한 명사는 항상 동일한 의미를 가리켜야 하며, 두세 개의 의미로 통용되지 않아야 한다. 또 동일한 사물은 항상 동일한 명사로서 지칭되어야 한다. 하나의 물物에 몇 개의 이름이 있어서는 안 된다. 만약 그렇지 않을 때는 학자 상호 간에 상통相通하여 학술의 진보를 돕는 것이 매우 어렵다.[29]

메이지 초기까지만 해도 일본에 수입된 서양과학은 주로 계몽적 과학에 머물러 있었고, 번역의 주체도 과학 전문가들과는 거리가 멀었다. 따라서 서양과학의 번역어들 또한 번역자들의 기호에 따라 제각각인 경우가 많았다. 당시 이 같은 번역어 혼란을 깊이 우려한 기쿠치는 일본인들이 학술상 명사名辭들을 각자 좋아하는 대로 만들어온 결과, 하나의 원어에 여러 가지 번역어가 대응하거나, 반대로 하나의 번역어에 많은 원어가 대응하는 등 그 혼잡함이 이루 말할 수 없다고 지적했다. 기쿠치가 이 논설을 쓴 것은 1882년, 즉 메이지 유신 이후 약 15년이 지난 시점으로, 당시는 학술어의 범람과 난립이 정점에 도달한 시기였다.

이 같은 번역어 문제를 해결하기 위해 만들어진 것이 각종 과학 학회의 산하에 구성된 과학 역어회들이었다. 1880년(메이지 13) 도쿄수학회사 안에 '수학역어위원회'가 구성되었고, 이듬해에는 도쿄화학회 안에 '화학역어위원회'가 구성되었다. 이 같은 역어회의 일차적 목표는 해당 과학 분야의 번역어를 선정 및 제정하고, 기존에 있던 번역어를 통일 및 정리하는 것이었다.[30] '물리학역어회'도 그렇게 출발했다.

《동양학예잡지東洋學藝雜誌》 제21호(1883년)에는 '물리학역어회'의 발족을 다음과 같이 알렸다.

> 수학, 화학, 공학 등 각종 역어회들은 있는데 아직 물리학역어회가 없었다. 이번에 대학교수 야마카와 겐지로군의 발기에 대해 많은 찬성자가 있어서 매월 제2, 제4 수요일 오후 3시부터 도쿄대학에서 이것을 열기로 결정했다.[31]

야마카와 겐지로山川健次郎(1854~1931)는 1871년 미국에 건너가 예일대학의 전신인 셰필드 과학학교Sheffield Scientific School에서 토목공학을 전공하고, 1875년 일본에 귀국했다. 이듬해 도쿄 가이세이학교에 교수보로 취임한 뒤, 일본인 최초로 도쿄대학의 물리학 교수에 임용되었다. 야마카와를 중심으로 한 물리학역어회 발기인들은 1883년 4~5월 두 차례에 걸쳐 역어회 개최 사실과 모임 소개를 알리는 안내장을 일본 전역의 물리학 관련 연구자들에게 발송했다. 그 결과 제1회 역어회가 1883년(메이지 16) 5월 19일 도쿄대학에서 개최되었고, 약 36명가량이 참석했다. 참석자들은 당시의 제1회 역어회를 "우리나라(일본)의 물리학자를 망라하는 집회"[32]라고 표현했을 정도로, 모임은 일본의 물리학계를 대표했다고 해도 과언이 아니었다.

　제1회 모임에서 참가자들은 영어, 불어, 독일어에 능통한 3인의 번역어 위원을 선발하고, 도쿄대학에서 매달 두 차례 회합을 개최하는 것 등을 내용으로 한 총 8개조의 회칙을 결정했다. 이후 역어회의 활동은 번역어의 초안을 작성하기 위한 제1회 독회와 그 결과물로 선정된 번역어들을 재심사하는 제2회 독회로 나눌 수 있다. 번역어 선정 방식은 매회 모임이 열리기 전에 번역이 필요한 어휘 약 20개 정도를 모든 위원에게 미리 배포하고, 약속된 모임 날에 번역어를 토론하여 결정하는 방식이었다. 참고로 역어회가 최초로 다룬 제1호 어휘는 다름 아닌 physics(프랑스어 physique, 독일어 Physik)였고, 그 번역어는 '물리학物理學'이었다. 제1회 독회는 1883년 5월부터 1885년 3월 25일까지 총 50여 회가 열렸다. 제1독회가 마무리된 후, 1885년 4월 19일부터 선정된 번역어들을 재검토하는 제2회 독회가 1885년 7월 25일까지 총12회가량 진행되었다. 재독회를 거쳐 최종적으로 선정된 번역어들은 사전의 형태로 출판하는 것을 목표로 했다. 제2회 독회가 끝난 이후 교정 작업을 위해 약 20여 차례에 걸쳐 회의가 더 진행되었고, 마침내 1887년(메이지 20) 10월 최종적으로 교정 작업은 마무리되었다.[33] 그리고 그 결과물은 1888년(메이지 21) 6월부터 《영화불독英和佛獨의 부部》, 《화영불독의 부》, 《불화영독의 부》, 《독화영불의 부》 등 4책으로 간행되었고, 같은 해 그 합본인 《물리학술어·화영불독대역자서》(도쿄수학물리학회, 박문본사 간행)가 마침내 완성되었다. 이 사전에는 약 1700여 개에 이르는 물리학 관련 전문 용어가 수록되었다.

이때 '물리학역어회'에서 만들어진 일본제 물리학 어휘들의 상당 수는 이후 중국과 조선 등으로 퍼져나갔다. 근대화 시기 한중일 3 국은 직접적 혹은 간접적 경로를 통해 서양 물리학을 수용했고, 자체적으로 각각의 번역 어휘들을 제조하기도 했지만, 1880년대 일본에서 진행된 물리학역어회의 조직적인 번역어 선정 작업은 세계적으로도 유례를 찾아볼 수 없는 시도였다. 이 작업은 짧은 시간 내에 서양의 물리학을 일본어로 번역하는 데 효과적이었고, 나아가 동아시아에서 일본제 물리학 어휘들의 영향력이 확대되는 결과를 불러왔던 것이다.

자연과학으로서의 '물리' 개념은 한국에 어떻게 수용되었나?

일찍이 전통 유학에 기반을 둔 어휘였던 '물리'는 1870년대 무렵 일본에서 physics의 번역어로 재탄생한 후, 곧 중국과 한국으로도 전파되었다. 먼저 중국의 경우, 청나라 말기 외교관 부운룡傅雲龍이 1887년부터 26개월 동안 일본 및 유럽, 남미 각지를 여행한 기록을 담은 《유력각국도경여기遊歷各國圖經餘記》, 그리고 1894년 황경징黃慶澄의 일본 방문기인 《동유일기東遊日記》에는 물리, 물리학 등의 어휘가 근대 자연과학의 한 분야로 등장한다.[34]

그렇다면 한국인들은 물리를 언제부터 서양과학의 한 분야로 받아들이기 시작했을까? 19세기 말까지의 사전들에서는 영어 physics (프랑스어 physique)는 물론, '물리학'이라는 어휘도 찾아볼 수 없다.

'물리학'이라는 어휘가 나오는 것은 1911년 게일의 《한영ᄌᆞ뎐韓英

字典》(초판 1897) 증보판인데, 여기서는 원어가 natural philosophy
로 되어 있다. 그러다가 1914년 존스George Heber Jones의《영한ᄌ뎐英
韓字典》에 마침내 physics가 '리학理學, 물리학物理學'으로 번역되었다.
이것은 개화기 사전에서 physics가 물리학으로 번역된 최초의 사
례로 여겨진다. 이후의 사전들에서 물리학은 physics의 번역어로
거의 정착한 듯하다.

　사전에서는 physics가 물리학으로 번역된 것은 1914년《영한ᄌ
뎐》이 처음이지만, 19세기 말에는 서양의 물리학이 이미 조선의 문
헌들에 소개되었다. 일본에 유학했던 유길준은《서유견문》(1895)
에서 다음과 같이 말했다.

　이 학문은 만물의 본체를 연구하여 그 이치와 공용을 밝히는 것인
데, 그 조목이 광범위하다. 간단히 예를 들어보자면, 철류의 단단하고
조밀하거나 부드럽고 무른 이치를 밝혀내고, 사람의 발음과 천지만물
의 인력, 소리와 빛의 속도, 바람, 비, 천둥 및 서리, 이슬 등의 깊고 오
묘한 이치를 탐색한다. 물체의 모나고 둥글고 길고 짧음으로 인해 그
작용하는 힘과 흩어지고 모이는 이치를 탐구하는 데 사소한 오류도 일
어나지 않는다. 그 밖에 어떤 물건에 대해서든지 그 근본을 따져서 밝
히는 것을 목적으로 삼으니, 서양의 여러 나라가 부강한 근본이 바로
이 학문을 깊이 연구해서 얻어진 성과라 할 수 있다[此學은 萬物의 本體
를 窮究ᄒ야 其理致와 功用을 議論홈이니 其條目이 浩繁ᄒ지라 略抄ᄒ야
其例를 示ᄒ건ᄃᆯ 鐵類의 剛緻柔脆ᄒᆫ 者의 力은 其理由를 解釋ᄒ고 人物
의 發音과 天地萬物의 引力과 聲光의 速度와 風雨雷霆及霜露의 深妙ᄒᆫ 理

窟을 探賾ᄒ며 物體의 方圓長短을 因ᄒ야 其發用ᄒᄂ 力과 散合ᄒᄂ 機
를 議及ᄒ야 尺寸의 違註가 無ᄒ고 此外에 何物을 當ᄒ든지 格知ᄒ기로
準的을 立ᄒ니 泰西諸國의 富盛ᄒ 根本이 此學을 從ᄒ야 成實ᄒ 者라.[35]

이처럼 철 등 금속류의 특성에서부터 인력, 빛, 자연현상 등 만물
의 본체를 연구하고 그 이치와 공용을 밝히는 학문이란, 바로 오늘
날의 물리학에 다름 아니었다. 다만, 유길준은 이 학문을 '격물학'
이라고 불렀다.

조선에서 '물리', '물리학'이 근대 자연과학의 한 분야를 가리키는
어휘로 사용된 것은 1895년 한성사범학교 관제에 '물리物理'라는 교
과목이 등장하면서부터였다. 즉 이 관제에 따르면, 한성사범학교
에 본과(2년, 1899년부터 4년)와 속성과(6개월)를 두었는데, 과학 교
과의 경우 본과에는 물리, 화학, 박물이 포함되었다.[36]

이 밖에도 '물리학'에 대한 용례를 《독립신문》에서 찾아볼 수 있
다. 1898년 《독립신문》 제3권 제140호에는 세계 각국의 도량형 제
정 문제를 소개한 〈승두쳑평〉이라는 논설이 실려 있다. 이 논설에
따르면 영국과 미국은 물건의 대소, 경중, 장단을 재는 방식을 프랑
스의 미터법으로 바꾸려고 했지만, 종래 써오던 전통적 방식을 갑
자기 바꾸는 것이 오히려 큰 혼란을 초래하기 때문에, 쉽게 바꾸지
못한다고 지적했다. 그러면서 영미권에서 미터법은 겨우 "화학 물
리학 다른 학문상에ᄆ 쓰게 하거니와"[37]라고, 물리학을 과학의 한
분야로 소개했다. 1899년 《독립신문》 제4권 제154호의 〈의학교 규
칙〉, '제2관 학과의 정도'에도 '물리'가 소개되고 있다. 제1조 "의학

교 속성과의 학과는 동물動物, 식물植物, 화학化學, 물리物理, 히부解剖, 성리性理, 약물藥物과 믹 보는 것과 닉과內科, 외과外科와 안과眼科와 부인과…"[38]라는 부분이다.

1900년대에 들어 '물리', '물리학'은 과학의 한 분야로서 교과서에도 본격적으로 등장했다. 1903년 2월 3일자《뎨국신문》에서는 국문 교육의 필요성 및 그것과 관련된 교과서들을 소개하고 있는데, 그중에서도《국문 독본》이라는 교과서는 "각색 물리학과 교육학에 유조 홀만흔 리치와 니아기를 간단ㅎ게 만들어…"[39]라고 쓰고 있다.

1906년《신찬소물리학新撰小物理學》은 학교 교과의 한 분야로서 물리학이 한국에 소개된 최초의 책이라고 볼 수 있다. 대한국민교육회의 이름으로 간행된 이 책은 지금의 중학교 과정 교과서로, 1873년 미국의 제이 도먼 스틸J. Dorman Steele 박사가 쓴 *Fourteen Weeks in Natural Philosophy*(자연철학의 14주)라는 책을 편역한 것이다.

이 책에 따르면, 물리학이란 "물체의 실질에는 변화가 없고, 그 성질이 변화하는 원인과 법칙을 연구하는 학이다[物體의 實質에는 變化홈이 無ㅎ고 但其性質에만 變更ㅎ는 原因及法則을 研究ㅎ는 學이라]"라고 나온다. 화학이 물체의 실질적인 변화를 다룬다면, 물리학이란 물체의 실질적인 변화가 아니라 성질의 변화만을 다룬다는 점을 강조한 듯하다. 그리고 물리학이 다루는 물체는 고체·액체·기체의 삼체로 나눌 수 있으며, 삼체 간의 변화에도 물체의 총량은 소멸하지도 생겨나지도 않는다고 강조한다. 이 책은 당초 300쪽에 달하는 스틸의 원서를 약 100쪽 분량으로 요약했기 때문에 많은 삽화와 내용이 삭제된 아쉬움이 있지만, 각종 힘과 인력, 액체와 기체의 성질, 열, 빛, 전기와 같은 근대 물리학의 핵심 주제들을 친절하게 잘 소개하고 있다.

《신찬소물리학》을 시작으로, 1908년《소물리학小物理學》,《초등물리학교과서初等物理學教科書》등 일본의 물리학 교과서를 번역한 책들을 통해서도, '물리학'은 자연과학의 한 분야를 가리키는 어휘로 한국에 소개되었다.

1908년 4월 장지연이 편찬한 교과서《녀ᄌ독본》의 제43과〈부란지ᄉ〉에도, "부란지ᄉ는 미국 사롬이라 부모가 교육일을 맛하 부란이 능히 말ᄒ매 곳 대학교에 보내여 몬져 문학을 배호고 다시 농학을 연구ᄒ며 또 두어학교를 올마 쳘학과 물리 등의 여러 학과를 다 통ᄒ니…"[40]라고 나온다.

이처럼 '물리'나 '물리학'이라는 어휘는 19세기 말부터 조선에서 자연과학의 한 분야나 그 교과목을 지칭하는 개념으로 받아들여지고 있었음을 알 수 있다.

이후, 대중성이 강한 개화기의 잡지나 신소설류에도 근대과학적 의미의 '물리', '물리학'이 광범위하게 퍼져나갔다. 최남선이 편찬한 《소년》(1909년 3월)에서는 전기왕 에디슨의 소년시대를 소개하면서 '물리'를 다음과 같이 쓰고 있다. "15세 때에 화차 안에서 발행한 최초의 신문을 편집했으니, 그 인쇄소는 화차의 한 구석에 설치했다고 한다. 또 화차 속에서 여러 가지 물리, 화학 실험을 하면서 많은 시간을 보냈는데…[十五歲때에 火車中에서 發行한 最初의 新聞을 編輯하야내이니 그 印出所는 貨車의 一隅에 設置하얏다오 또 火車속에서 여러 가지 物理化學의 實地試驗을 行하야 多大한 時間을 費用하얏난데…]."[41]

또한 1909년 10월 《소년》에 실린 논설인 〈스마일쓰 선생先生의 용기론勇氣論〉에서도 물리학이 다음과 같이 소개되어 있다. "프란체쓰카종(예수교 종파명)의 승 로저 베이컨은 물리학을 연구했다고 몹쓸 박해를 당했고, 또 화학을 연구했더니 요술을 행하는 자라며 심문을 당했고[프란쎄쓰카宗(예수敎 宗派名)의 僧 로오저 베이콘은 物理學을 硏究하얏다하야 몹쓸 迫害를 當하얏고 또 化學을 硏究하얏더니 妖術을 行하난者라하야 鞫問을 당하얏고]…."[42] 여기서도 '물리', '물리학'은 자연과학의 한 분야로 이해되고 있다. 1914년 10월 최남선이 발행한 잡지 《청춘靑春》 창간호의 〈세계의 창조〉라는 논설에서는 여러 가지 우주론을 설명하면서 다음과 같은 구절이 나온다. "물리학의 법칙을 보건대 운동하고 있는 물체는 반드시 똑바로 운동하려는 경향이 있다. 따라서 돌아다니고 있는 것도 또한 이런 경향이 있는 것이다[物理學의 法則을 보건대 運動하고 잇는 物體는 반드시 똑바로 運動하려 드는 傾向이 잇는 것이니 그럼으로 돌아다니고 잇는 것도 또한 이 傾向이 잇는 것이오]."[43] 이것은 성운설에 대한 설명으로, 초기 우주의 덩어리가 어떻게 회전하며 원심력을 발생시켰는지를 설명한 것이다.

물론, 물리학이 서양문명의 발달을 가져온 중요한 학문이라는 공통된 인식이 있었음에도, 조선인들이 반드시 서양의 물리학에 찬사만을 던졌던 것은 아니다. 1908년 안국선의 소설 《금슈회의록》은 동물들이 모여 현대문명에 대해 격론을 펼치는 내용인데, 〈데칠석 가정이맹어호苛政猛於虎〉에서는 호랑이의 주장이 다음과 같이 펼쳐진다. 즉, 호랑이는 다른 동물을 잡아먹더라도 하나님이 만들어 주신 발톱과 이빨로 하나님의 뜻을 받아 천성의 행위를 행할 뿐이거늘 "사름들은 학문을 이용ᄒ야 화학이니 물리학이니 배와서 사름의 도리에 유익ᄒ 올혼일에 쓰는거슨 별노업고 각색 병기를 발명ᄒ야 군함이니 대포니 총이니 찬환이니 화약이니 칼이니 활이니 ᄒᄂ 등물等物을 만드러서 재물을 무한히 내바리고 사름을 무수히 죽여서 나라를 만들 쩍에 만반경륜은 다 남을 해ᄒ려는 ᄆ음뿐이라"[44]라는 것이다. 안국선은 제국주의 열강이 '물리학'이나 '화학' 같은 자연과학을 약소국에 대한 침략 행위에 이용하는 현실을 강력하게 비판했던 것이다.

이처럼 물리, 물리학은 19세기 말부터 서양의 자연과학의 한 분야를 가리키는 어휘로 사용되기 시작했고, 1910년대 전후에는 한국의 대중소설이나 대중잡지 등에도 근대과학의 한 분야이자 서양문명의 근간으로 받아들여지면서 조선사회에 널리 퍼져나갔음을 확인할 수 있다.

물리학을 우리말 어휘 '몬결갈'로 바꾸자고 주장했던 김두봉

오늘날 한국에서 사용되고 있는 과학 어휘는 대부분 메이지 시대 일본에서 만들어진 일본제 조어들이다. 물리학 관련 어휘들도 마찬가지이다. 식민지 시대를 거치며 역학, 속도, 운동량, 질량, 관성 등 일본제 어휘들은 자연스럽게 조선에 흡수되었다. 이러한 일본제 어휘들의 수입으로 같은 한자문화권에 속한 한국, 중국의 지식인들에게 번역이라는 수고로운 과정을 덜어준 것은 사실이다. 그러나 이러한 일본제 어휘의 수용은 식민지 현실에서의 불가피한 과정이었다는 점에 근본적인 문제가 있었다. 근대 학문에 대한 깊은 고민과 성찰을 지속할 여유가 없었을 뿐만 아니라, 서양학문을 직접 조선의 전통학문 속에 번역해 낼 기회도 충분히 갖지 못했기 때문이다. 그리고 이 같은 문제의식은 식민지라는 현실 속에서도 사라지지 않고 내내 잠복해 있었다.

1930년대에 일어난 국어 순화 운동은 일본에 의한 '약탈적' 근대화를 거치며 소리 없이 사라져 버린 우리말을 회복하기 위한 적극적인 운동이었다.

1938년 고재걸이 쓴 〈과학어科學語로서의 조선어朝鮮語의 통일統一〉은 한국어에 대한 당시 우리 민족의 문제의식을 잘 보여준다. 고재걸에 따르면, 외래어를 우리말로 어떻게 옮길 것인가를 둘러싸고 당시 세 가지 주장이 제기되고 있었다.[45] 첫째, 한자어를 사용하자는 주장. 둘째, 외래어를 순수 우리말로 번역해서 사용하자는 주장. 셋째, 영어를 그대로 사용하자는 주장이었다.

이 중에서도 두 번째 주장의 대표자는 언어학자 김두봉이었다. 1932년 〈과학 술어와 우리말〉이라는 글을 쓴 이만규는 다음과 같이 말했다.

흔히들 과학상의 술어는 우리말로 다 찾아서 적을 수 없고, 다만 서양어 발음 그대로나 한자 발음 그대로 부르는 수밖에 없다고 여기는 듯합니다. 그러나 과학 술어란 별것이 아닙니다. 발명한 인명이나 지명을 넣어서 만든 것, 그 물건의 성질과 형상, 동작, 출처, 용도 등을 따라서 만든 것이니, 이같이 그 술어 속에 숨겨진 말의 요소를 살펴보면 우리말이 부족해서 술어를 못 찾을 염려는 전혀 없는 것입니다[흔히들 科學上 術語는 우리말로 다 찾아 적을 수 없고 다만 歐美語 發音 그대로나 漢字 發音 그대로 부르는 수밖에 없는 줄로 압니다. 그러나 科學 術語란 별것이 아니오, 發明한 人名이나 地名을 넣어 맨든 것, 그 물건의 性質 形狀 動作 出處 用途들을 뜻하여 맨든 것이니, 이같이 그 術語 속에 숨겨잇는 말의 要素를 살필진댄 우리말이 모잘라서 術語를 못 찾을 念慮가 도모지 없는 것입니다.[46]

이만규는 언어학자 이윤재李允宰가 상하이로 가서 김두봉이 만들었던 과학 어휘들의 일부를 적어왔다고 밝히고, 순수 우리말로 된 물리학·화학·수학 관련 술어 약 521개를 소개했다. 예를 들어, 김두봉은 물리학을 '몬결갈'로, 역학을 '힘갈', 운동을 '움즉', 관성을 '버릇', 중력을 '부재힘', 만유인력을 '다잇글힘', 구심력을 '속찾힘', 원심력을 '속뜨힘' 등으로 썼다. 김두봉의 제안은 근대화를 거치며 거의 무비판적으로 수용되었던 외래어 문제를 되돌아보고, 그것을 순수 우리말로 바꾸고자 했던 점에서 매우 의미 있는 일이었다.

그러나 당시 김두봉이 제안한 순수 우리말 과학 어휘들은 사실상 한국에서도 이미 사어가 되어버린 옛 어휘들이 대부분이었다. 더군다나 이미 한국에 정착하여 싫든 좋든 근대 학문의 저변에서 유통되기 시작한 일본제 물리학 어휘들을 순수 우리말 어휘로 바꾸는 것은 결코 쉬운 일이 아니었다. 김두봉이 만든 순수 우리말 어휘들은 결국 큰 반향을 불러일으키지 못한 채, 역사 속으로 조용히 사라져 버렸다.

06

기술

技術 / Technology

기술은 현대문명을 대표하는 어휘라고 해도 지나친 말이 아닐 것이다. 아침부터 저녁까지 현대인들의 삶 중에서 기술에 의존하지 않는 부분을 오히려 찾기 힘들 정도이다. 길을 걸을 때나 휴식을 취할 때나 항상 손에서 떨어지지 않는 휴대폰은 물론, 냉장고, 자가용, 지하철, 컴퓨터, 텔레비전 등 우리 삶의 필수품들은 예외 없이 현대 기술의 결정체들이다. 하지만 150여 년 전으로만 거슬러 오르더라도, 우리 조상들은 이런 것들을 본 적도 들은 적도 없었을 것이다. 한마디로 현대인은 지금 기술의 포로가 되어 버렸다고 해도 과언이 아니다.

그런데 이처럼 중요한 기술이란 대체 무엇이며 어떻게 탄생하게 된 것일까?[1] 기술에 관한 가장 일반적인 생각은 그것을 오직 과학과의 관련하에서만 이해하거나, 극단적으로는 '과학의 응용'이라고 보는 시각이다.[2] 그러나 기술을 단순히 '과학의 응용'으로 보는 시각은 기술의 역사를 되돌아볼 때 반드시 옳다고는 볼 수 없다.[3] 오늘날 과학사의 일반적인 시각은 기술이 과학보다 훨씬 오래전부터 존재했으며, 그것이 과학과 본격적인 관계를 맺기 시작한 것은 근대에 이르러서라고 보기 때문이다.

오늘날 '기술'은 보통 영어 technology의 번역어로 사용된다. Technology의 어원은 '집을 짓는 솜씨'를 뜻한 그리스어 '테크네τέχνη'이다.[4] 그것은 라틴어로는 '아르스ars'로 번역되었는데, 이 '아르스'로부터 프랑스어 '아르art', 영어 '아트art', 독일어 '쿤스트Kunst' 등이 파생되었다. 한편 라틴어 '아르스'는 영어 arm(팔)의 어원이 되기도 했는데, 이 arm과 art의 어휘적 유사성에서 볼 수 있듯이, art란 인간이 손을 사용하여 행하는 작업을 의미했다.

흥미롭게도 이것은 한자어 기술技術의 어원과도 흡사하다. 기술의 기技는 '손 수手'와 '가를 지支'가 합쳐진 것으로, '손으로 하는 작업'을 의미했다. 따라서 영어 art도 한자어 기技도 어원적으로는 기술과 예술을 포함한 "인간이 손으로 행하는 일련의 작업"을 의미했다.

그런데 테크네, 즉 '기술'이 시작된 것은 언제부터였을까? 과학science의 기원을 보통 고대 그리스인들의 자연에 대한 관념적·철학적 사색에서 구한다면, 기술은 아마도 문명의 출발과 함께 시작했고, 그런 점에서 애당초 과학과도 큰 관련이 없었다. 서양과학의 기원을 열었던 고대 그리스인들은 기술을 지식(과학)과 분리해서 이해했고, 지식의 하부에 그것을 두는 경향이 강했다.[5] 예를 들어 플라톤은 테크네를 로고스에서 비롯된 것과, 경험에서 비롯된 것으로 나누었는데, 이때 로고스에서 비롯된 테크네를 지식의 하부에 두었다. 또 아리스토텔레스는 "테크네techne란 참된 이성을 동반하여 (무엇인가를 제작할 수 있는) 제작적 품성상태"[6]라고 정의하면서도, "이론에 관련된 학문(이론학)이 제작에 관련된 학문(제작학)보다 더 지혜로운 듯하다"[7]라며, 기술을 이론적 지식 밑에 두고자 했다. 물론 로마인들은 시멘트, 상하수도 및 수도교, 건축 양식 등 많은 기술적 성과를 남겼지만, 그들에게도 기술은 여전히 노예들의 육체노동이라는 생각이 지배적이었고, 그 같은 경향은 기독교가 지배한 중세 말까지도 큰 변동 없이 이어졌다.

기술은 과학과 어떻게 만나게 되었나?

오랫동안 가깝지도 멀지도 않았던 기술과 과학이 서로 밀접한 관계를 맺기 시작한 것은 근대 초기 유럽에서였다. 그 중심에는 17세기 실험과학의 등장이 있었다. 고대 아테네에서 출현한 아리스토텔레스의 자연관은 당시까지도 강력한 영향력을 미치고 있었는데, 이 자연관에 따르면, 인간이 자연을 실험한다는 것은 자연을 오히려 교란시키고 왜곡시키는 일이었다. 아리스토텔레스를 기독교적으로 재해석한 중세 말기 스콜라철학의 입장도 마찬가지였다. 즉, 인간이 만든 실험 도구가 하나님이 인간에게 주신 눈, 코, 입과 같은 신체의 감각 기관보다 결코 뛰어날 리가 없다는 것이다.

　그러나 17세기 영국의 사상가 프랜시스 베이컨(1561~1626)은 이 같은 아리스토텔레스적 세계관에 반기를 들었다. 베이컨은 자연이란 단지 밖에서 관찰하는 것으로는 그 본질을 제대로 파악할 수 없다고 생각했다. "잠자는 사자의 꼬리를 비틀어 깨워라", 베이컨의 이 경구는 우리가 자연을 이해하기 위해서는 그것을 강하게 압박해야 한다는 것을 의미한다. 예를 들어, 어떤 범죄자가 있다고 해보자. 단지 몇 마디 부드럽게 묻는다고 죄를 실토할 리는 결코 없을 것이다. 자백을 받아내려면, 검사는 피의자를 강하게 취조해야만 한다. 이처럼 자연은 그것을 강하게 압박할 때야 비로소 그 본성을 드러낸다는 것이 베이컨의 생각이었다. 인생의 말년에 뇌물 수수 사건이 빌미가 되어 실각당하기는 했지만, 베이컨이 당시 영국에서 최고로 성공했던 법률가였다는 점은 흥미롭다.

이 같은 베이컨의 자연 탐구의 방식은 곧 17세기 자연철학자들에게 받아들여졌다. 자연의 본질을 실험을 통해 파악해야 할 필요성이 생겨나자, 실험을 수행할 각종 과학 도구들이 만들어지기 시작했다. 17세기 자연철학자들이 주목한 것은 중세의 장인들이나 연금술사의 실험적 전통과 도구들이었고, 그것을 자연 탐구에 도입한다면 새로운 지식(과학)의 구축이 가능하리라고 보았다. 베이컨이 쓴 소설 《뉴아틀란티스New Atlantis》(1627)는 기술과 과학이 결합된 이상 세계에 대한 이야기인데, 그의 이념은 1662년 영국 왕립학회Royal Society에 중요한 모티브가 되었다. 베이컨 이후, 갈릴레오, 로버트 보일, 뉴턴 같은 17세기 자연철학자들은 전통적 장인들과 연금술사들의 실험적 전통으로부터 각종 과학 도구를 이용하여 자연현상들을 실험하고, 그것을 수학적으로 서술하는 새로운 과학 방법론을 탄생시켰다.

자연에 대한 이 같은 도구적·실험적 접근은 사유와 관찰에 의존하던 종래의 아리스토텔레스적 자연 이해의 방식과는 근본적으로 다른 지식 추구의 방식이었고, 이 같은 기술을 활용한 과학을 과학사학자들은 '기술적 과학technological science'이라고 부른다.

그렇게 중세의 기술적 전통에서 도움을 받아 출현한 근대과학은 17세기 과학혁명 이후 기술과의 거리를 점점 좁혀가다가, 19세기 무렵에 이르자 이번에는 과학적 지식을 기술로 꽃피우는, 이른바 '과학적 기술'scientific technology의 탄생을 가져왔다.

12~13세기 무렵 유럽의 도시들에서는 업종별 수공업 장인들의 조합인 길드guild가 다수 만들어졌다. 그런데 약 15세기 무렵부터는 이 길드에 참여하지 않고, 궁정이나 신흥 상인의 후원을 받는 독립적인 장인들이 등장했다. 레오나르도 다빈치Leonardo da Vinci(1452~1519) 같은 인물이 대표적이다. 그들은 대체로 당시 유럽의 부유한 후원자들이 가장 선호했던 군사기술에 큰 관심을 기울였다. 다빈치도 피렌체의 베르키오 공방에서 도제 교육을 받은 뒤, 밀라노공국의 스포르차 대공에게 군사기술자로서의 능력을 인정받은 대가로, 그로부터 약 16년간 과학 활동을 후원받을 수 있었다.

그런데 다빈치의 제작 활동은 종래의 전통적 장인들과 약간 다른 측면이 있었다. 예를 들어, 그는 하천이나 운하에서의 물의 흐름을 연구하기 위해 직접 모형을 만들고, 착색한 물이나 모래를 흘려보내는 식의 관찰 실험을 시도하기도 했다. 그것은 전통적인 기술자, 즉 장인들과는 달리, 그가 기술 이상의 것, 다시 말해 실험과 관찰을 통한 이론적 사고에 관심을 가졌음을 보여준다. 당시 사람들은 다빈치 같은 기술자를 종래의 전통적 장인들과 구분하여, '자유로운 기술자superiour artisan'를 의미하는 '인게니아토르ingeniator'라고 불렀고, 그들이 개발한 신기술은 라틴어로 '인게니움Ingenium'이라 칭했다.[8] '인게니아토르'란 글자 그대로 '기발한ingenious 사람'을 뜻했는데, 이 어휘는 훗날 영어 engineer(프랑스어 ingénieur, 독일어 Ingenieur)의 어원이 되었다. 즉 엔지니어는 전통적인 장인artisan 혹은 직인craftsman들과는 달리, '과학적 소양을 몸에 익힌 기술자', 다시 말해 오늘날로 보자면 '과학적 기술'의 전문가에 가까웠다. 과학 혁명을 거치며 과학과 기술의 거리가 확연히 좁혀지면서 18~19세기 무렵부터 프랑스, 영국, 독일, 미국 등지에서는 엔지니어, 즉 '과학적 기술'의 전문가들이 본격적으로 출현하기 시작한 것이다.[9]

Technology의 어원

영어 technology는 '집을 짓는 솜씨'를 의미하는 그리스어 '테크네techne'와 언어와 이성을 뜻하는 로고스logos가 합쳐진 '테크놀로기아technologia'에서 비롯된 것이다. 그러나 초기의 '테크놀로기아'는 오늘날의 기술과는 다른 것이었다. 예를 들어 헬레니즘, 비잔틴의 작가들은 '테크놀로기아'라는 어휘를 언어의 기술the arts of language 등과 같은 뜻으로 사용하기도 했다.

오늘날의 technology에 가까운 어휘로는 오히려 라틴어 '아르스ars(영어 art)'가 근대 초기까지도 활발하게 사용되었다. 그런데 자본주의의 발달과 함께 종래의 장인적 기술을 넘어서는 기계적 산업이 성장하면서 공장이나 생산 현장에서의 art를 종래의 학문이나 예술, 수공업으로서의 art와 구분할 필요가 생겨나기 시작했다. 즉, art 중에서도 '기계적 기술mechanical art'이라는 어휘가 새롭게 등장한 것이다. 16세기 프랑스 철학자이자 교육 개혁자였던 피터 라무스Peter Ramus는 아르art를 자유로운 기술liberal art과 기계적 기술mechanical art로 나누고, 라틴어 technologia를 그것들을 아우르는 개념으로 사용했다.[10]

17세기 무렵이 되자 라틴어 technologia가 영어 technology로 번역되어 사전에 등재되었고, 그것은 곧 프랑스어 technologie, 독일어 Technologie로 번역되었다.[11] 그러나 당시 라틴어 technologia 뿐만 아니라 영어 technology도 여전히 크게 유행하지는 못했는데, 그 이유는 라틴어 ars 혹은 영어 art가 여전히 널리 사용되고 있었기 때문이다.

그런데 산업혁명의 진전과 함께 technology는 점점 기계적 기술mechanical art을 가리키는 어휘로 한정되기 시작했다. 미국에서는 오늘날 technology라고 지칭할 수 있는 것들을 당시 the mechanical arts, 혹은 the useful arts, invention, science 등으로 부르기 시작했다.[12]

19세기에 이르자, 주로 사전 속에 머물러 있던 technology가 대중적인 어휘로 서서히 탈바꿈했다. 1829년 하버드 대학 교수 제이콥 비글로Jacob Bigelow가 *Elements of Technology*라는 제목의 책을 간행한 것이 technology가 사용된 이른 용례로 알려진다.[13] 책의 부제가 "On the application of the sciences to the useful arts"라고 되어 있는 것을 볼 때, technology를 useful arts의 의미로 사용했음을 알 수 있다. 19세기 후반부터는 technology의 사용 빈도가 급격히 증가하기 시작했다. 《아메리칸 피리어디컬스American Periodicals》의 조사에 따르면, 1860년부터 1870년 사이에 technology라는 어휘는 149회나 등장했다.[14] 이후 technology는 1861년 설립된 매사추세츠 공과대학Massachusetts Institute of Technology과 같은 교육기관의 공식 명칭으로 채택되면서 마침내 본격적인 대중화의 길을 걷기 시작했다.

19세기 후반에 이르자 technology는 기계적 기술mechanical art이자 그 결과로서의 유용한 기술useful art의 의미로 일반에 유행하기 시작했다. 즉, 과학혁명 이후 과학과 기술의 융합, 특히 '과학적 기술', 그리고 산업혁명에 힘입은 새로운 기계적 산업의 출현은 종래의 수공업적·장인적 기술art과 구분되는 mechanical art로서의 technology 개념을 대중화시켰던 것이다.

전통 동아시아의 '기술' 개념

오늘날 technology는 보통 '기술'로 번역되지만, 전통적으로 '技術'이라는 한자어는 이 technology와 다른 의미를 갖고 있었다. 즉, 한자어 技術은 사마천의 《사기史記》(기원전 91년경) 〈화식열전貨殖列傳〉 제1절에서 그 이른 용례를 찾아볼 수 있다. "의사나 방사 등 여러 가지로 먹고사는 기술자들이 정신을 애태워 가며 재능을 있는 대로 발휘하는 것은 양식을 중히 여기기 때문이다醫方諸食技術之人, 焦神極

能, 為重糈也"[15]라는 구절이다. 《사기》의 〈화식열전〉은 농업·수산·상업 분야에 관한 각 나라의 물산들과 제철·야금·주물 등의 공업 분야를 소개하는 것으로, 위 문장에서 '기술'은 의사나 방술사들의 '솜씨' 혹은 '재능'의 의미였다.

《한서예문지漢書藝文志》(82년경)의 제7편 〈방기략方技略〉에는 "한흥유 창공漢興有倉公, 금기기술엄매今其技術晻昧", 즉 "한漢대에 이르러 창공이 [라는 명의가] 있었다. 지금은 그 기술이 어두워졌다"[16]라는 내용이 나오는데, 여기서도 기술은 곧 의사의 솜씨에 다름 아니었다.

일찍이 동아시아에서 '기술'이 방술이나 의술에서 말하는 '솜씨, 재능'의 의미로 사용되었다면, 오늘날의 '기술'에 가까운 어휘는 오히려 '개물開物'이나 '이용利用'과 같은 것들이었다. 1637년 명나라 문인 송응성이 집필한 책 《천공개물》은 17세기 중엽 중국의 농업과 수공업을 총망라한 중국 최초의 백과사전적 기술 서적이다. '천공'이란 하늘이 내려준 조화로, '개물', 즉 인간의 솜씨나 기술을 통해 사물을 인위적으로 가공한다는 것이다. 《주역》의 〈계사전〉에 나오는 '개물성무開物成務'도 "사물을 열고 일을 성사시킨다"라는 뜻인데, 개물이란 인간이 인위적인 기술을 이용하여 자연을 적극적으로 개척한다는 의미로 해석된다.[17] 한편, 이용후생利用厚生이라는 어휘도 조선시대 북학파는 물론, 동아시아 실학에서 널리 알려진 어휘이다. 여기서 이용利用이란 편리한 도구나 기구를 활용하여 자연을 변화시킨다는 뜻으로, 곧 기술의 발전을 의미했다. 후생厚生이란 그러한 기술을 통해 인간의 삶을 윤택하게 만든다는 것이다.

한편, 서양에서 라틴어 '아르스'가 오랫동안 예술과 기술 등 인간의 손으로 행하는 작업을 포괄했듯이, 전통 동아시아에서도 기술은 예藝 또는 예술藝術과 큰 차이가 없었다. 인간의 솜씨나 재능이라는 측면에서 기술이나 예술은 거의 동일했기 때문이다. 예를 들어, 근대 이전의 일본에서는 기技, 술術, 예藝, 업業, 공工 등의 한자어들이 서로 비슷한 의미로 사용되었고, 일상어로는 솜씨를 뜻하는 일본어 '으데마에腕前 / うでまえ'가 사용되기도 했다. 에도 중기 일본의 백과사전인 데라지마 료안寺島良安의 《화한삼재도회和漢三才圖繪》(1712) 전 105권 중 제15권 〈기예技藝〉라는 항목에는 "기技(음音은 기奇)는 예藝이다. 공巧이다. 예능藝能. 이른바 재력才力이 있는 자를 칭하여 능能이라 한다"라고 나온다. 이어서 "기술技術은 헌원軒轅에서 시작되었다. 예禮, 낙樂, 사射, 어御, 서書, 수數, 이것을 육예六藝라고 한다".[18] 헌원이란 중국의 문자, 도량형, 의약 등을 제정했다고 알려지는 전설적인 황제를 일컫는다. 여기서 육예六藝란 예의, 음악, 궁술, 마술, 문자, 산수 등으로, 이때의 예藝는 오늘날의 예술보다는 포괄적이다. 즉, 에도 시대의 '기술'이란 '예술'과 거의 같은 뜻으로, 미술·음악·공예뿐만 아니라 검술·창술 등의 무술은 물론, 심지어 그 안에 예藝라는 윤리적 개념까지도 포함한 어휘였던 것이다.

니시 아마네의 '기술'과 '예술'

국립국어원의 《표준국어대사전》에 따르면, 오늘날 한국에서 사용하는 '기술'에는 크게 두 가지 의미가 있다.

첫째, 과학 이론을 실제로 적용하여 사물을 인간 생활에 유용하도

록 가공하는 수단. 둘째, 사물을 잘 다룰 수 있는 방법이나 능력.[19]

여기서 두 번째 기술 개념은 솜씨나 재능을 의미했던 전통 동아시아에서의 기술 개념과 흡사하다. 반면 첫 번째 기술의 개념은 근대 이후 서양에서 개념화된 과학기술을 의미한다.

즉 한국에는 전통적 '기술' 개념에 더하여 어느 시점에선가 과학기술로서의 근대적 '기술' 개념이 새롭게 이식되었다는 것을 알 수 있다. 그렇다면 그것은 구체적으로 언제 어떤 과정을 통해서였을까?

현재 동아시아에서 쓰이는 상당수의 과학술어들처럼, '기술'이라는 어휘도 서양문명을 전면적으로 수용했던 19세기 일본에서 대폭적인 개념의 변화를 거치게 되었다. 앞서 말한 대로, 전통적으로 일본에서 기술이라는 어휘는 인간의 솜씨나 재능, 그리고 그 결실을 뜻했고, 이것은 예술과도 큰 차이가 없었다.

일본의 난학자 사쿠마 쇼잔佐久間象山(1811~1864)은 《성건록省謇錄》(1854)에서 "동양도덕東洋道德, 서양예술西洋藝術", 즉 "동양은 도덕과 사회·정치체제에서는 서양보다 우월하지만, 예술에서는 서양을 배워야 한다"라고 주장했다. 1840년 아편전쟁에서 예상을 뒤엎고 중국이 서양에 패배한 것을 목격하고, 서양의 뛰어난 병기에 큰 충격을 받으면서도, 쇼잔은 동양에는 여전히 서양에 앞선 도덕이 있다는 이른바 화혼양재和魂洋才의 사상을 드러낸 것이다. 그런데 이때 쇼잔이 말한 '예술'이란 미술, 음악 등과 같은 오늘날의 예술이 아니라, 군사기술을 위시한 서양의 산업기술을 의미했다. 당시까지도 '기술'과 '예술'은 어휘적으로 큰 차이가 없었던 것이다.

그런데 1868년 메이지 유신 이후 서양의 학문이 일본에 대량으로 번역 수용되면서 '기술' 개념에도 변화가 시작되었다. 그 출발은 니시 아마네(1829~1897)에게서 볼 수 있다.

니시는 《백학연환》(1870)에서 "학술學術의 두 글자, 즉 영어로는 science and arts를 라틴어로는 scio, ars 또는 artis"[20]라고 한다면서, 우리가 명확하게 그 문자의 의미를 구별해야 한다고 지적했다.

> 학學이란 원어대로 모든 것을 분명하게 알고, 그 근원을 바탕으로 이미 어떤 것인가를 아는 것이다. 술術이란 생기는 것을 안다는 원어대로, 어떤 일에도 그 성립의 근원을 알고, 그 성립 이유를 명백하게 아는 것이다.[21]

니시는 '학'은 근원에 대한 것, '술'은 생기는 것을 아는 것, 즉 어떤 일이 성립해 가는 이유를 아는 것이라고 정의했다. 예를 들어, 어떤 사람이 전쟁터에서 총을 맞아 다리에 부상을 입었다면, 당연히 의사를 불러 치료할 것이다. 이때 의사가 근골피육筋骨皮肉 오장육부五臟六腑의 구조를 아는 것이 '학'이라고 한다. 그리고 다리에 박힌 탄환을 어떻게 제거할 수 있는가를 공부하고 치료하는 것을 '술'이라고 한다. 이처럼 니시는 '학'과 '술'을 이론과 실천에 가깝다고 보았던 것이다.[22] 그리고 니시는 이 학science과 술art이 '일과一科의 학'을 의미하는 '과학'에서는 분리하기 힘들다고 보았다. 화학이라는 과학을 예로 들자면, 분석적 화학은 '학'에 속하고 종합적 화학은 '술'에 속하는데, 화학 안에서 그 둘은 구분하기 힘들다는 말이다. 그것은 오늘날의 관점에서 보자면, 사실상 '과학'보다는 '과학기술'에 가까운 의미였다. 니시가 살았던 19세기는 마침 서양에서도 과학과 기술이 본격적으로 결합하기 시작한 시대였다. 그리고 니시는 학과 술을 구분하면서도 그것들이 서양의 학문에서는 이미 분리하기 힘들 정도로 결합되어 있는 현상을 그대로 받아들였던 것이다.

그런데 니시는 이 중에서도 '술'을 크게 두 가지로 나눌 수 있다고 말한다.

> 術術에는 두 가지 구별이 있다. Mechanical Art器械技 and Liberal Art上品藝이다. 원어에 따르자면 즉 기계器械의 술 또는 상품上品의 술이라는 뜻이지만, 지금 이처럼 번역하는 것은 적당하지 않다. 그래서 기술技術, 예술藝術이라고 번역하는 것이 좋겠다.[23]

니시는 '학'과 '술'을 구분하면서도, '술'을 다시 '기술'과 '예술'로 구분하고, 그것들은 각각 mechanical art와 liberal art의 번역어로 사용했다. 예술과 차이가 없던 전통적 '기술' 개념을 mechanical art의 번역어로, 그리고 '예술'은 liberal art의 번역어로 한정한 것이다. 물론, 여기서 니시의 '기술' 개념은 곧 근대 이후 발달한 서양의 기계적 기술이자 과학적 기술이었다.

근대 일본의 계몽사상가였던 후쿠자와 유키치의 '기술' 개념도에도 시대의 전통적 기술 개념과는 달리, 사실상 '과학적 기술'에 가까웠다. 1880년대를 전후로 후쿠자와는 서양의 기술력이 다름 아닌 과학에서 비롯되었다는 시각을 드러내기 시작했다. 《민정일

신民情一新》(1879)에서 후쿠자와는 "이것(증기, 전신 등의 기술력)을 잘 이용하는 사람은 타인을 제압하고, 그렇지 못한 사람은 타인에게 제압당한다"[24]라고 하여 기술력이야말로 문명의 승패를 가르는 요소라고 보았다. 그리고 〈물리학지요용物理学之要用〉(1882)이라는 논문에서 그는 오늘날 증기선이나 증기기관차, 총포와 군기, 전신 등과 같은 서양의 발명품들은 처음에는 아주 작은 이치에 대한 탐구에서 출발했지만, 마침내 거대한 기술로 귀결되었는데, 그 바탕에는 다름 아닌 물리학이 있다고 강조했다. 서양 문명의 기술력의 바탕에 곧 물리학이 있다는 것은 그가 말한 기술이 전통적 장인의 기술과는 달리 근대 산업사회의 바탕이 되는 과학적 기술이었음을 의미한다. 후쿠자와는 《시사신보時事新報》에 1883년 9월 29일부터 10월 4일까지 총 다섯 차례에 걸쳐 〈외교론外交論〉을 연재했는데, 10월 3일자 논설에서 일본의 서양문명 수용론자들이 단지 서양의 완성된 '기술art'만 탐을 낼 뿐, 그 근저에 있는 '학문science'은 등한시하고 있다고 비판했다.[25] 후쿠자와는 철학자였던 니시만큼 어휘의 선택에 민감하지는 않았기 때문에, 기술을 art 혹은 useful art의 번역어로 사용하기도 했지만, 기술의 바탕에 물리학과 같은 과학적 지식이 있다는 인식, 다시 말해 과학의 성과가 기술적 결실로 이어진다는 인식은 그가 이해한 근대 서양의 기술이 한마디로 '과학적 기술'이자 '기계적 기술'이었음을 의미한다.

이처럼 니시와 후쿠자와를 통해서 볼 때, 19세기 후반 일본에서 '기술' 개념은 예술과 구분되었고, 동시에 과학기술, 산업기술 등의 기술 개념이 중요한 자리를 차지하는 개념적 변동이 일어났음을 확인할 수 있다.

메이지 신정부와 근대적 산업기술의 도입

1870년 일본의 메이지 정부는 서양을 모델로 한 근대적 산업을 부흥시킬 기관으로 이른바 공부성工部省을 설립했다. 공부성이 설치되고 '공부성 관등표官等表'가 제정되었을 때, 거기에 공학도험工學都檢, 기술도험技術都檢이라는 새로운 직책이 만들어졌는데, 이것이 일본에서는 공문서에 '과학기술'로서의 '기술'이 사용된 최초의 예로 알려진다.[26] 또 1873년 공부성은 기술국技術局을 설치하여 산업 현장에 대한 관리 감독의 임무를 맡겼다. 이때의 기술이란 전통적 장인의 기술이 아니라, 과학적 기술에 의해 탄생한 근대적 산업기술이었다.[27]

이후 기술은 이 같은 근대적 산업의 바탕이 되는 과학적 기술의 의미를 띠고 빈번히 사용되기 시작했다. 예를 들어, 오노小野一郎가 편찬한 《소학필휴 작문집성小学必携 作文集成》(1877)이라는 책에는 측량기술測量技術, 전신기술電信技術이라는 신조어가 등장한다.[28] 전신기술이란 19세기 전자기학의 발전을 배경으로 탄생한 기술이다. 아울러 1871년 이와쿠라 도모미를 중심으로 한 메이지 신정부 사절단의 서양 국가 유람 기록인 《미구회람실기米歐回覽實記》(1878)가 편찬되었는데, 여기서도 기술은 공예工藝, 미술美術 등과 달리 "연금화학의 기술鍊金化學 / 技術"[29] 등과 같은 근대적 산업기술의 의미로 사용되었다.

근대 일본어사전에서 technology의 번역어

그렇다면 technology가 오늘날처럼 '기술'로 번역된 것은 언제부터
였을까? 19세기 후반에 이르러 니시와 후쿠자와를 통해 산업기술
이나 과학기술로서의 '기술' 개념이 소개되었고, 공부성 등의 정부
기관을 통해 그 어휘가 확산되었음을 보았지만, 당시 간행된 사전
들에서는 기술과 예술이 여전히 공존했다. 물론, 그것은 사전류의
특성이 일반적으로 당시 유행하는 어휘들을 뒤늦게 반영하기 때문
이다.

　일본어사전에 technology가 등장한 비교적 초기의 사전은 1867
년 호리 다쓰노스케堀達之助 등이 편찬한 《영화대역 수진사서英和対譯
袖珍辭書》(1862년판의 개정증보판)이다. 이 사전에서 art는 '기술技術, 기
모欺謀, 계책計策'으로 번역되었고, technology는 '제술주諸術畫'로 나
온다.

　1873년 시바타 마사키치柴田昌吉 등이 편찬한 《부음삽도 영화자휘
附音挿圖 英和字彙》에서 technology는 '예학藝學, 예술론藝術論, 술어해術語
解'로 번역되었고, art는 '술術, 수예手藝, 기량技倆, 계책, 사위詐僞, 직업,
기교'로 번역되었다.

　1881년 《철학자휘》에서 technology는 나오지 않지만, art는 '술,
기예技藝, 기량伎倆'으로 번역되었다. 1884년 《철학자휘》 개정증보판
에서는 art가 '술기術技, 예藝, 기량伎倆'으로 번역되었고, technology는
나오지 않는다. 1902년 간행된 《신역 영화사전新譯英和辭典》(三省堂)은
art를 '예藝, 기술' 등으로, technology는 '공예학工藝學', technics는 '기

술, 예술', technique는 '기技, 기술技術' 등으로 번역했다.[30] 흥미로운 것은 1912년《철학자휘》개정증보판인데, 여기서 technology가 '공예학, 공술학工術學, 기술학'으로 번역되었고, art가 '기술, 예술, 기량 伎倆'으로 번역되었다는 점이다. 20세기 초까지도 일본어사전에서는 art도 technology도 여전히 기술과 예술을 포함했고, 오늘날과 같은 개념적 구분이 아직 이루어지지 않았던 것을 알 수 있다.

특히 '공예학'은 오랫동안 technology의 번역어로 사용되었다. '공예'라는 어휘는 근대 이전에 이미 존재했지만, 그 뜻은 주로 다른 분야의 사람들이 종사하는 일·직분의 의미였다.[31] 그런데 19세기 일본에서는 '공예'가 오늘날의 미술 분야에 해당하는 회화, 조각 등은 물론, 생산이나 제조업, 기계업을 중심으로 한 근대적 산업화를 지칭하는 개념으로, 즉 공업과 거의 같은 의미로 사용되기도 했다. 따라서 당시 '공예가'라는 명칭도 제조업이나 기계업과 같은 공업 분야에 종사하는 사람을 가리켰다. 아마도 technology가 사전에서 '공예학'으로 번역된 것은 그런 공업으로서의 공예 개념이 오랫동안 남아 있었기 때문일 것이다.

그러나 1889년 도쿄미술학교에 미술공예과가 설치된 것을 계기로 공예는 공업과 점점 다른 개념으로 한정되기 시작했다. 즉, 공예는 전통적 수공 제작의 의미이자 예술이나 미술의 한 장르를 가리키게 된 것이다. 그 반면 공업은 그대로 근대적 의미의 기계적 산업을 가리키는 어휘로 남게 되었다. 비록 사전류에서는 technology가 오랫동안 공예학으로 번역되기는 했지만, '공예'라는 어휘가 미술의 한 장르이자 수공 제작의 의미로 한정되어 가면서 technology도 공예학이 아니라 '기술'로 점점 번역되기 시작했다고 말할 수 있다. 물론 사전에 따라서는 오늘날까지도 technology가 기술과 더불어 공예학으로 번역되는 경우도 있다. 참고로 1948년《집약 영화사전集約英和辭典》(제7판, 三省堂)에서조차 technology는 공예학으로 번역되었다.

1998년 한국과학기술한림원에서 간행한《영한·한영 과학기술 용어집》에 따르면, technology는 "[국토] 기술, 공예기술, [의학] 기술학, 공예학, [화공] 기술"로 분야에 따라 기술과 공예가 함께 사용되고 있다. 개념의 흔적은 아주 꼬리가 긴 듯하다.

한편, 일본 사회에서 기술이 종래의 장인적 기술과는 다른, 과학기술이자 산업기술이라는 의미로 완전히 정착한 것은 결국 산업구조의 변화 때문이었다.[32] 즉, 일본의 산업구조는 제1차 세계대전 후인 1920년대 무렵부터 농업 중심형에서 공업 중심형으로 이행했다. 이 무렵 산업의 주요 동력원 또한 증기력에서 전력으로 전환했고, 대규모의 자본주의적 공장들이 국가의 생산력을 대표하게 되었다. 일찍이 니시 아마네가 말했던 기계기술mechanical art로서의 기술이 1920년대 일본의 산업구조 재편을 통해 가시적으로 확실한 뿌리를 내리게 된 것이다. 아울러 이 시기 국제 교류가 증가하면서 과학(이론)과 기술(실천)의 결합이 촉진되었고, 이때 생산기술은 자연과학의 응용applied science이라는 생각 또한 급속하게 정착하게 되었다.

산업기술을 의미했던 유길준의 '기술' 개념

한국에 근대적 기계기술이나 산업기술로서의 '기술' 개념이 들어온 것은 근대 일본을 통해서였다. 그런데 기술이라는 어휘 이전에 '공예'라는 어휘가 먼저 수입되었다. 앞서 말한 대로, 19세기 일본에서는 공예가 공업과 비슷한 의미로 사용되었기 때문이다. 최공호에 따르면, 한국에 '공예'라는 어휘는 1881년 신사유람단의 일원으로 일본에 파견된 이헌영이 쓴 《일사집략》에 소개된 나카다 다케오中田武雄라는 일본 관리의 편지에 처음 나타났다. 이후 '공예'는 몇 차례 더 사용되었는데, 그 뜻은 대부분 인공으로 만든 물산, 즉 공업 또는 산업 같은 개념이었다.[33]

그러나 '공예'에 이어서 곧 '기술'이라는 어휘도 등장했다. 1895년 유길준은 《서유견문》 제19편 〈영길리英吉利의 제대도회諸大都會〉에서 영국 켄싱턴에 세워진 박람회관을 소개하면서 "이 관을 세우고 국민들을 격려하여 기술공업의 진보에 힘을 쏟은 지 수년이 지나지 않아 제반 공업 기술이 다른 나라를 압도하여[此館을 建ㅎ고 衆民을 奬勵ㅎ야 技術工業의 進善ㅎ는 道에 謨를 協ㅎ며 力을 合ㅎ야 數年에 不出흠애 諸般工技가 諸國을 壓倒ㅎ야]"[34]라고 썼다. 유길준이 사용한 '기술공업'이라는 말에서 유추할 수 있듯이, 여기서의 기술은 근대적 공업이자 산업기술을 의미했다. 1898년 7월 22일자 《독립신문》에는 〈쳘도샤관〉이라는 항목이 나오는데, "뎌 수쬬 기쟈는 감독과 샤쟝의 지휘를 이으며 기슈는 샹관의 명을 이어 쳘도에 관계된 기슐에 죵스흠이라"[35]라고 나온다. 철도는 당시 서양문명을 대표하

는 과학기술의 집약체로, '철도에 관계된 기술'은 과학기술이자 근
대적 기계공업이었다고 볼 수 있다.

1907년《태극학보》제6호에 장홍식이 쓴 〈국가國家와 국민 기업
심企業心의 관계關係〉에는 "이 혁명이 침잠하게 되자 1830년경에 이
르러서는 기술진보와 신용교통이 발달하여 대자본의 기업이라 칭
하는 자가 유력한 조합을 성립하게 되었다[此 革命이 沈潛홈이 一八三
〇年頃에 至ㅎ야 技術進步와 信用交通이 發達ㅎ야 大資本의 企業이라 唱ㅎ
는 者-有力흔 組合을 成立홈이라]"[36]라고 나온다. 이처럼 한국에서 '기
술'이라는 어휘는 재능이나 솜씨 등의 전통적 개념에 더하여, 서양
문명을 소개하면서 점차 산업기술이자 과학기술의 의미로 사용되
었던 것이다.

한국어사전에 보이는 technology와 art의 번역어들

20세기 초까지 한국의 사전류에서는 일본과 마찬가지로 대부분
'기술'이 art의 번역어로, '공예학'이 technology의 번역어로 사용되
었다. 한국의 사전류에서 technology라는 어휘가 처음 등장한 것
은 1914년 존스의《영한ᄌ뎐》에서였다. 이 사전에서는 art가 '기술
技術'로 번역되었고, fine arts는 '미술美術', mechanical arts는 '예술藝
術'로 번역된 반면, technology는 '공예학工藝學'으로 번역되었다.

1924년 게일의《삼천ᄌ뎐》에서는 art가 '기술技術, 미술美術'로, arts
가 '미술, 예술'로, artist가 '예술가, 화가, 화공, 화ᄉ畵師' 등으로 번
역되었고, technique이 '기술技術'로, technical expert가 '기술가技術

家’로 번역되었다. Art가 오늘날의 기술과 예술, 미술을 포괄했음을 알 수 있다.

1925년 언더우드의 《삼천즈뎐》에서는 art가 ① ‘지조才操, 기예技藝’, ② ‘기술技術, 미술美術’, ③ ‘미술품美術品’의 번역어로 나오고, technology는 ‘공예학工藝學, 실업학實業學’으로, technical이 ‘학술뎍學術的, 기예뎍技藝的, 기술의技術, 전문의專門’로 번역되었다.

1928년 김동성의 《최신 선영사전》에서 ‘기술技術’은 skill, talent의 번역어로 나오고, ‘공예’는 technology, technics, the industrial arts의 번역어로, ‘공예학’은 technology의 번역어로 등장한다. ‘예술藝術’은 arts, an accomplishment의 번역어로 나온다.

1931년 게일의 《한영대즈뎐》에서 technology는 ‘공예학工藝學’으로 번역되었다.

1937년 이종극의 《선화양인 모던 조선외래어사전》에서는 technology가 ‘공예학工藝學, 학문學問의 응용應用’으로 번역되었다. 한국의 사전류에서도 일본과 마찬가지로 art가 오랫동안 ‘기술’로, technology가 ‘공예학’으로 번역되는 경우가 많았던 것이다.

공예, 공업, 기술, 예술의 구분

Technology가 오늘날처럼 ‘기술’로 번역된 것은 우선 ‘공예’의 개념이 오늘날처럼 미술의 한 분야로 한정되면서부터였던 것으로 보인다. 근대화 시기 한국에서 ‘공예’는 공업과 같은 산업기술을 의미했는데, 1907년 관립 공업 전습소의 설립과 이듬해 이왕직 미술품 제작소의 설립을 계기로 두 개념이 분화되기 시작했다.[37] 즉, 관립 공업 전습소는 구한말 산업화와 문명화를 이끌 전문 공업기술자를 양성하기 위해 설립된 기관으로, 산업기술과 관련된 분야를 공예와 구분하여 공업으로 쓰기 시작했다. 아울러 이왕직 미술품 제작소는 미술공예의 개념을 적극적으로 도입한 점에서 기계공업 및 신기술이 수공예에 기초한 공예로부터 분리된 계기가 되었다.

'공예'가 수공업이자 미술의 한 장르로 점차 인식되면서 technology를 '공예'로 번역하는 용법에 변화가 나타난 것이다. 아울러 종래 기술과 예술을 포괄하던 art가 예술로 고착되면서 technology는 기술로 번역되는 과정을 겪었던 것으로 보인다.

1940년 《인문평론人文評論》 제7호의 〈모던 문예사전〉에는 '기술'이라는 어휘가 소개되고 있다. 즉, '기술'이란 광의의 기술 개념과 협의의 기술 개념으로 크게 나눌 수 있는데, 여기서 광의의 기술 개념이란 인간이 어떤 목적에 도달하기 위해 사용하는 모든 수단과 방법을 의미한다. 이러한 기술 개념은 흔히 스포츠의 기술, 독서의 기술, 전투의 기술 등의 표현처럼 인간이 가진 솜씨를 의미한다. 반면, 협의의 기술 개념은 인간이 물적 수단을 매개로 하여 일정한 목적에 도달하기 위한 이른바 도구적 기술을 의미한다. 이러한 도구적 기술을 더 구체적으로 말하자면, 모든 도구를 생산하는 수속 또는 일반적으로 물질적 생산에 필요한 수단, 즉 물질적 생산수단 또는 그 물질적 생산수단의 체계를 가리킨다. 그러면서 "오늘날 경제학상에서 말하는 기술이란 좁은 의미의 생산기술을 의미하는 것이며, 경제가 모든 사회생활에서 가장 중요한 지위를 점하는 현대에는 생산기술이 고유한 의미의 기술로 간주된다[오늘날 *經濟學上*에 말하는 *技術*은 이 *最狹意*의 *生産技術*을 *意味*하는 것이며 *經濟*가 *百般*의 *社會生活*에 있어서 *優位*를 *占*하는 *現代*에 있어서는 *生産技術*이 *固有*한 *意味*의 *技術*로 *看做*된다]"[38]라고 말한다. 즉, 여기서 '기술'이라는 어휘가 생산기술임을 명확하게 밝히고 있다.

한편, art는 오늘날 보통 '미술'이나 '예술'로 번역되지만, 그것이 과거에 '기술'로 번역되었던 흔적은 쉽게 지워지지 않는다. 인류의 영원한 주제인 사랑에 대해 쓴 에리히 프롬의 책 *The art of loving*은 현재까지도 '사랑의 예술'이 아니라 '사랑의 기술'로 번역되는 것이 대표적이다.

과학기술

科學技術 / Science and Technology

오늘날 과학과 기술을 구분하는 것은 별 의미가 없을 정도이다. 그만큼 과학과 기술은 떼려야 뗄 수 없는 관계를 맺고 있기 때문이다. '과학기술'은 동아시아에서 이미 하나의 어휘로 사용되고 있고, 과학과 기술의 융합 상황을 표현하기 위해 '테크노사이언스 technoscience'라는 어휘가 만들어지기도 했다.[1]

그런데 '과학기술'을 영어로 하면 science and technology이다. 즉 science와 technology 사이에는 반드시 'and'가 들어간다. 바꿔 말하면, 영어 'science and technology'가 한국어로 번역되면서, 그 사이에 있던 'and'의 번역어 '과'가 슬쩍 빠져버린 것이다. 영어에는 science와 technology 사이에 반드시 'and'가 들어가는데, 왜 '과학기술'은 그 사이에 '과'라는 접속어 없이 하나의 어휘가 되어버린 것일까?

영어로 science and technology가 '과학기술'로 번역된 것은 동아시아가 서양과학을 도입한 근대의 시대적 상황과 깊은 연관이 있다. 즉, 19세기 후반 동아시아가 서양의 과학을 수입할 때, 과학은 서양에서도 기술과 막 결합하는 중이었다. 그것은 한마디로 '과학에 기초를 둔 기술science based technology',[2] 또는 '과학적 기술scientific technology'[3]이 출현하기 시작했다는 것을 의미한다. 예를 들어, 전기학은 과학의 여러 분야 중에서도 비교적 뒤늦게 출발했지만, 19세기에 들어 전등, 전신, 전화와 같은 눈부신 기술적 발명으로 이어졌다. 화학도 18세기 무렵부터 새로운 과학 분야로 등장했지만, 곧바로 각종 인공 염료나 화학 비료의 탄생 등 근대인의 삶을 획기적으로 바꾼 기술적 성과를 이루어 냈다.[4] 이런 이유로 19세기 무렵 서양의 과학과 기술을 전폭적으로 수용했던 당시의 일본인들은 과학과 기술을 딱히 구분하지 않았으며, 그것은 '과학기술'이라는 단일한 어휘의 등장에도 영향을 미쳤던 것이다.

1940년대 일본의 전시 동원 체제하에서 등장한 '과학기술'이라는 어휘

그런데 '과학기술'이라는 어휘는 언제부터 등장한 것일까? '과학기술'이라는 어휘의 등장과 확산에는 단지 과학과 기술이 뗄 수 없을 정도로 결합했다는 사실 이외에도, 20세기 전반기 전시체제 일본의 특수한 정치 상황이 자리 잡고 있었다. 제2차 세계대전이 치열하게 전개되던 무렵인 1940년 일본에서는 중국, 조선, 대만 등 식민지 지배 지역에서의 생산력 확충을 위해 과학과 기술을 어떻게 이용할 것인가를 놓고 치열한 격론이 벌어졌다. 일본의 교육학자 오요도大淀는 당시 기획원 소속의 한 기술관료의 발언을 다음과 같이 소개했다.

> 기술은 과학에 기반을 두지 않으면 안 된다는 과제와, 또 과학은 순학술적인 것이 아니고, 또 인문과학도 아니며 기술에의 응용을 목표로 한 것이 아니면 안 된다는 과제, 이 두 과제를 종합하여 과학기술이라고 한다.[5]

기술은 반드시 과학의 힘을 빌리지 않으면 안 된다는 것, 그리고 반대로 과학은 기술적 성과로 이어지지 않으면 안 된다는 것, 이 두 가지 과제를 '과학기술'이라는 하나의 어휘로 표현했다는 것이다.

한편, 같은 해 7월 제2차 고노에 후미마로近衞文麿 내각의 발족 당시, 흥아원興亞院의 기술부장 미야모토 다케노스케宮本武之輔(1892~1941)라는 인물은 일본 정부 내에서의 기술관료들의 지위 향상과 정치적 영향력의 확대를 위해 제안서를 정부에 제출했다. 흥아원이라는 단체는 중일전쟁의 결과, 중국 대륙 내에 일본의 점령지가 확대되면서 그 지역에 대한 통치와 개발사업을 지휘하려는 목적으로 설립된 단체였다. 즉, 미야모토는 당시 일본의 영향력 있는 기술자 단체인 일본기술협회日本技術協會, 공정회工政會, 산업기술연맹産業技術聯盟 등 세 단체를 대표하여 〈과학기술행정쇄신에 관한 신청서科学技術行政刷新=関スル申合〉라는 제안서를 정부에 제출했다. 이 제안서는 정부 조직 안에 과학, 기술 전문가들을 고용할 것, 아울러 과학과 기술에 대한 획기적인 정책을 확립할 것 등을 요구하는 내용이 담겨 있었다. 일본에서 공문서 안에 '과학기술'이라는 어휘가 사용된 것은 이것이 최초의 용례였다.[6] 또 같은 해 8월에는 일본의 과학, 기술 단체들을 총망라한 '전일본과학기술단체연합회全日本科學技術團體連合會'가 설립되었다. 여기서도 '과학기술'이라는 어휘가 사용되었다. 그리고 이듬해인 1941년 5월 27일에는 마침내 〈과학기술신체제확립요강科學技術新體制確立要綱〉이라는 지침이 내각 회의에서 결정되었는데, 그 요강의 제1방침은 다음과 같은 것이었다.

> 고도 국방 국가 완성의 근간인 과학기술의 국가 총력전 체제를 확립하고 과학의 획기적 진흥과 기술의 약진적 발달을 꾀함과 동시에 기초적인 국민의 과학정신을 진흥시켜 대동아공영권의 자원에 기반을 둔 과학기술의 일본적 정확성正確에 완성을 꾀한다.[7]

전시체제에 대비하고, 국가 총력전 체제의 완성을 위해 과학기술을 어떻게 활용할 것인가, 그리고 식민지 지배 지역의 자원들을 일본 과학기술의 발전에 어떻게 활용할 것인가, 이러한 목적의식이 분명하게 드러나 있다. 이 밖에도 요강에서는 과학기술의 동원을 위한 기본적인 방침들, 즉 과학기술 연구의 진흥에 대한 구체적 방책, 과학기술 관련 행정기관의 설치 및 운용 등이 자세히 정리되어 있다. 이처럼 '과학기술'이라는 어휘는 1940년대 일본이 전시체제, 즉 총동원체제의 강화를 꾀하던 당시, 일본 정부 내에서 기술관료들의 권한과 지위를 향상시키기 위한 목적으로 탄생한 어휘였던 것이다.

그러나 이처럼 과학기술을 총동원해서 전쟁에 임했던 일본은 결국 패전을 맞이했다. 하지만 '과학기술'이라는 어휘는 전후에도 일본에 여전히 살아남았다. 과학사 연구자 가네코金子는 태평양 전쟁 전후의《아사히신문朝日新聞》에서 '과학기술'이라는 어휘가 얼마만큼 사용되었는지를 조사한 적이 있는데, 그에 따르면, 이 어휘는 1940년 10회, 1941년 54회, 1942년 54회, 1943년 70회 등으로 서서히 증가하다가, 태평양 전쟁의 종료 후인 1951년에는 0회로 그 사용 빈도가 확연히 줄어들었다. 그러다가 1956년 과학기술청科學技術廳이 발족한 이듬해에는 228건으로 어휘의 사용 빈도는 다시 급격히 증가하기 시작했다고 한다.[8] 1940년에 처음 등장한 '과학기술'은 일본의 전시 총동원체제와 함께 중요한 어휘로 자리 잡았고, 전후에 과학기술청이 발족하면서 대중화의 길을 걸었다고 볼 수 있다.

한국에서 먼저 등장한 '과학기술'이라는 어휘

일본에서 '과학기술'이라는 어휘는 1940년 무렵에 등장하여 전후 과학기술청의 발족과 함께 일본에 널리 퍼져나갔다. 그러면 이 어휘는 한국에서는 언제부터 사용되었을까? 흥미롭게도 이 어휘는 일본보다는 한국에서 더 일찍 그 용례를 찾아볼 수 있다. 1907년 9월 24일《태극학보》제13호에 실린 장응진의 〈교수敎授와 교과敎科에 대하여〉라는 논설은 시대에 따른 교육의 중요성, 그리고 그 교육을 실현시키기 위한 교과의 유연성에 대해 설명한다.

즉, 이 논설에서는 오늘날의 교과는 국민 개화의 전 범위를 포함한 총요소를 선택할 필요가 있고, 교수의 재료는 국민 개화적 생활의 전 범위에서 선택할 필요가 있다고 하면서, 그런 요소는 "대개 오늘날 소위 과학과 기술로 포괄할 수 있지만 이러한 과학기술도 학교에서 직접 교수하는 교과와 직접 교수하기 어려워[大槪今日所謂科學과 技術에 包括ᄒᆞᆷ을 得ᄒᆞ깃스ᄂᆞ 此等科學技術도 學校에셔 直接으로 教授ᄒᆞᄂᆞᆫ 教科와 直接으로 教授키不能ᄒᆞ야]"[9] 각자 자유롭게 습득해야 하는 과목이 없지 않기 때문에, 각국이 당시의 상황을 판단하여 적절하게 취사선택할 필요가 있다는 것이다.

이 글에서 보면, 앞 문장의 '과학과 기술'이 뒤에서는 '과학기술'이라는 줄임말로 사용되고 있음을 볼 수 있다. 다음 해인 1908년 2월 25일 《대동학회월보大東學會月報》의 발간을 축하해서 이중하李重夏가 쓴 축사에도 '과학기술'이라는 어휘가 등장한다. "각종 과학기술이 발전할수록 기괴해진다. 우월한 사람이 이기고 열

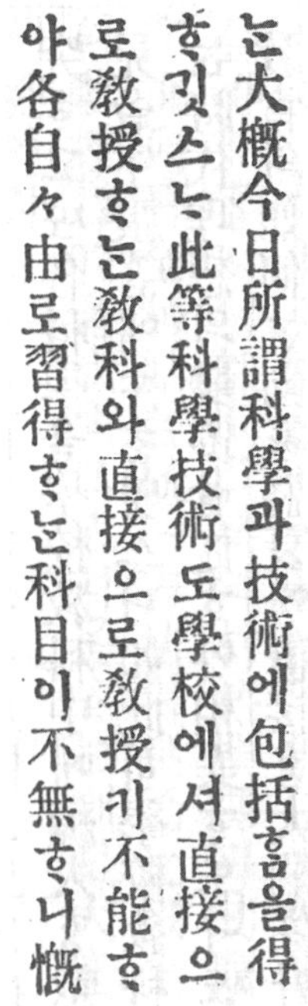
ᄂᆞᆫ大槪今日所謂科學과技術에包括ᄒᆞᆷ을得ᄒᆞ깃스ᄂᆞ此等科學技術도學校에셔直接으로教授ᄒᆞᄂᆞᆫ教科와直接으로教授키不能ᄒᆞ야各自々由로習得ᄒᆞᄂᆞᆫ科目이不無ᄒᆞ니慨

그림 7-1
1907년 9월에 발행된 《태극학보》 제13호, 장응진, 〈교수와 교과에 대하여〉에 나오는 과학기술科學技術이라는 어휘. 현재 필자가 확인한, 한국에서 '과학기술'이라는 어휘가 처음 나오는 문헌이다.

등한 사람은 패한다各種科學技術愈出愈奇優者勝劣者敗"[10]라는 내용이다. 물론 이때의 '과학기술'이라는 어휘는 한자어 표기상 붙여 썼다고 볼 수도 있을 듯하다. 그러나 어찌 되었든 당시 과학과 기술은 딱히 구분할 필요가 없을 만큼 밀접하거나 유사한 학문으로 인식되었음을 확인할 수 있다.

'과학기술'이라는 어휘는 그 뒤로는 한동안 한국의 문헌에 나타나지 않았다. 그러다가 1940년대에 들어서 이 어휘는 한국의 문헌에 본격적으로 등장한다. 1942년 《대동아大東亞》 제14권 제3호(5월호) 〈아세아주의와 동아 신질서 건설, 손문 왕정위 외 중국 정객의 아세아론을 기조로 하여〉라는 상하이 홍아원문화국 소속의 히라타平田在福(구명舊名 장세복張在福)가 중국 명사들의 아시아에 대한 생각을 정리한 논설에는 다음과 같이 나온다.

일본과 중국과의 관계에서는 일본은 무력, 문화, 과학기술 등이 아세아에서 가장 발달한 국가임에 따라 중국의 천연부원天然富源을 개발하여 실업을 발달시키는 데는 일본의 기술과 자본의 원조를 받음쌓이 무관한 일無關之事이고, 이此는 공존공영, 평등호혜가 되는 것이요 결코 일국이 타국에 ○○되는 것이 아니다. 周○의 《대아세아주의》[11]

《대동아》는 잡지 《삼천리》에서 출발하여 나중에 친일 잡지로 전락한 것으로 알려져 있다. 일본의 아시아에 대한 지도적 역할을 강조하는 이 내용에서 '과학기술'은 무력, 문화와 함께 일본에서 가장 발달한 것 중 하나로 언급된다.

아울러 경성제국대학에서 마지막 총장을 역임한 야마가 신지山家信次가 1944년 1월 조선총독부가 발행한 잡지 《조선》 제344호에 쓴 〈전력 증강과 조선과학기술의 사명戰力增强と朝鮮科學技術の使命〉이라는 일본어 글에서도 '과학기술'이라는 어휘가 사용되었다.

이처럼 한국에서는 1907년 무렵 장응진의 논설에서 '과학기술'이라는 어휘가 사용된 이후 한동안 자취를 감추었다가, 1940년대에 이르러 잡지를 중심으로 다시 사용되기 시작했음을 알 수 있다.

해방 이후 한국에서 '과학기술'이라는 어휘

일본의 식민 지배를 벗어난 뒤, '과학기술'이라는 어휘는 해방 후의 잡지에 자주 등장하는 어휘가 되었다.

먼저 1947년 7월 《조선교육》 통권 3호에 안동혁安東赫이 쓴 글 〈과학기술교육科學技術敎育의 당면과제當面課題〉를 들 수 있다. 1948년 10월 《백민白民》 통권 16호 안동혁의 글 〈과학기술科學技術에의 긴급대책緊急對策(제언提言)〉도 마찬가지였다. 1950년 1월 《신천지》 통권 42호 D·E·릴이엔탈의 글 〈원자시대原子時代의 과학기술科學技術과 인간정신人間精神(특집特輯·원자력문제原子力問題)〉에도 '과학기술'이라는 어휘가 사용되었다.

'과학기술'이 대중적인 어휘로 자리 잡은 것은 훗날 한국과학기술원의 모태가 되는 한국과학기술연구소가 1966년에 설립되면서부터였던 것 같다. 1973년에는 제4공화국이 시작되면서 과학기술처가 정부의 공식 기관으로 발족했다. 1996년 문민정부의 출범과 함께 대통령 직속 경제과학기술자문회의가 구성되었다. 이제 '과학기술'은 완전히 한국에 정착한 것을 넘어 중요한 국가적 사업이 된 것이다.

그런데 '과학기술'이라는 어휘가 보여주듯이, 과학과 기술이 떼려야 뗄 수 없이 결합한 것은 자연스러운 현상일까? 근래 일본에서는 '과학기술'을 '과학·기술'로 쓰자는 운동이 일어난 적이 있다.[12] 즉, 과학과 기술 사이에 가운뎃점(·)을 넣자는 것이다. '과학기술'이라고 하면, 아무래도 과학보다는 그 결과로서의 기술을 중시하기 쉬운데, 그것은 기초과학의 성장 없이는 현대적 산업과 기술이 있을 수 없다고 믿는 과학자들에게는 결코 반가울 리가 없다. 반대로 기술자 진영에서도 1970년대 이후부터는 기술을 단순히 '과학의 응용'이 아니라, '지식으로서의 기술'로 보아야 한다는 관점이 대두하기 시작했다.[13]

과학기술이든 과학과 기술이든 뭐가 그리 중요하냐고 반문할지도 모르지만, 현대사회에서 과학과 기술에 투입되는 막대한 예산을 생각하면 이 같은 논쟁을 수긍하지 못할 바도 아닌 듯하다.

08

원자

原子 / Atom

고대 그리스의 압데라라는 도시에 살던 데모크리토스(기원전 460~ 370)는 원자론을 구상했다. 기원전 400년 무렵의 일이다. 원자론은 세계가 더는 쪼갤 수 없는 작은 입자들로 이루어졌다는 이론이다.

원자는 영어로 아톰atom이라고 한다. 이 어휘는 그리스어로 '~하지 않다'는 의미의 접두어 '아a'와 '자르다'라는 의미의 '템네인 temnein'이 합쳐진 '아토모스atomos', 즉 '더는 자를 수 없다'는 의미에서 유래했다.[1]

그런데 원자론은 단지 원자만이 아니라, 원자들 사이의 '진공'을 반드시 필요로 했다. 데모크리토스 이전에 '만물이 변화하는가, 변화하지 않는가'라는 문제는 그리스 철학자들에게 중요한 논쟁거리였다. 엘레아학파의 대표자 파르메니데스(기원전 6~5세기)는, 표면적인 세계는 환상에 지나지 않고, 실재는 영원 불변하다고 주장했다. 반면, 헤라클레이토스(기원전 540?~480?)는 "만물은 유전流轉한다"
라고 하여 세상에 변화하지 않는 것은 아무것도 없다고 반박했다.
데모크리토스 시대에 앞서 이 불변과 변화의 대립이 격렬하게 벌어
지고 있었던 것이다. 데모크리토스는 원자론을 통해 이 대립을 해결
하고자 했다. 그는 먼저 이 세상에는 크기와 모양이 다양하고 영원
히 '불변'하는 원자들이 있다고 생각했다. 한마디로 원자들은 시작도
끝도 없이 존재한다는 것이다. 그리고 이 원자들은 뭉쳤다가 흩어지
기를 반복하면서 서로 다른 사물로 변화해 간다. 목수가 낡은 나무
책상을 부수어 부엌에서 쓸 도마를 만든다면, 책상이 도마로 변하더
라도 나무의 원자 자체는 불변한다는 이치이다. 책상을 구성하는 원
자들이 해체되어 도마의 형태로 재결합한 것일 뿐이기 때문이다. 그
런데 이때 원자들이 흩어지고 재결합하기 위해서는 그것들이 움직
일 최소한의 빈틈(진공)이 필요하다. 출근길 지하철 안은 가끔 사람
으로 꽉 차서 옴짝달싹할 수가 없다. 사람들이 자리를 바꾸려면 약
간이라도 틈이 있어야 하는 것처럼, 원자들이 흩어져 재결합하기 위
해서는 진공이라는 틈이 필요하다는 것이다. 그렇게 원자론은 영원
히 불변하는 원자와, 변화를 가능케 하는 진공의 개념을 통해 불변
과 변화의 원리를 그 안에 모두 포함할 수 있었다.

영어로 '진공'을 뜻하는 '배큠vacuum'은 '비어 있다'는 뜻의 라틴어
'바쿠스vacuus'에서 유래한 어휘이다. 한자어 '진공眞空'은 '진짜로 텅
비어 있다'는 뜻이고, 공기 따위의 물질이 전혀 존재하지 않는 공간
을 가리킨다. 현대 과학에서는 우주의 대부분이 진공이지만, 한편
으로는 완벽한 진공이 존재하는지를 두고 논쟁이 있다.

데모크리토스의 원자론은 이후 플라톤(기원전 428~347)과 거의 동시대에 아테네에서 활약했던 철학자 에피쿠로스(기원전 341~270), 그리고 로마의 시인 루크레티우스(기원전 99~55) 등을 거쳐 조금씩 수정되면서 후대에 전승되었다.

그러나 중세 유럽은 기독교가 휩쓴 사회였다. 세상이 원자에서 비롯되었다는 원자론은 신이 이 세상을 창조했다고 믿는 기독교와는 결코 공존할 수 없는 철학이었다. 원자론이 사실상 역사 속으로 자취를 감추게 된 이유이다.

"자연은 진공을 혐오한다"라고 주장했던 그리스 철학자 아리스토텔레스(기원전 384~322)의 진공 부정론도 원자론과는 어울릴 수가 없었다. 아리스토텔레스가 진공의 존재를 부정한 것은 그 나름의 논리가 있었다. 그의 저서 《자연학Physica》에 따르면, 물체의 속도는 매질의 밀도에 반비례한다. 공기 중에 던져진 물체가 물속으로 던져진 물체보다 더 빠르게 나아가는 것은 공기가 물보다 밀도가 낮기 때문이다. 그렇다면, 매질이 전혀 없는 진공은 밀도가 0인 공간이라 볼 수 있다. 따라서 진공 안에서 물체의 속도는 매질의 밀도 0과 반비례하기 때문에 무한대가 되어야 한다. 아리스토텔레스는 그런 일은 결코 있을 수 없다고 생각했다. 진공의 부정을 주장한 이 아리스토텔레스의 생각을 원자론을 거부했던 기독교가 받아들이면서 근대에 이르기까지도 이 생각은 유럽에서 막강한 영향력을 발휘했다.

오랫동안 자취를 감췄던 원자론이 다시 부활한 것은 15세기 무렵이었다. 1417년 독일의 한 수도원에서 고대 원자론을 노래한 루크레티우스의 시《사물의 본성에 관하여De Rerum Natura》사본이 발견되었다. 이후 원자론은 데카르트(1596~1650), 가상디(1592~1655) 등 근대 초기의 프랑스 철학자들을 통해 부활을 맞이했다. 물론 그들은 대부분 기독교도였기 때문에 고대 그리스의 원자론을 그대로 수용할 수는 없었다. 따라서 그들은 원자를 신이 우주를 설계하기 위해 만든 재료 정도로 한정했다. 특히 데카르트는 고대 원자론에서는 필수적이었던 진공 개념을 없애고, 그 대신 무한히 분할 가능한 원자를 상상했다. '진공이 정말로 아무것도 존재하지 않는 텅 빈 공간이라면, 전지전능한 신은 이 진공 안에 있을 수 있는가?'라는 의문이 제기될 수밖에 없는데, 진공이 없다고 하면 이런 의문도 자연스럽게 해소될 수 있기 때문이다.

17세기 중엽에 이르면 진공은 실험과학의 탄생과 함께 종래의 관념적 차원을 넘어서 논의되기 시작했다. 당시 광산의 개발에는 지하에 고인 물을 퍼 올리기 위한 배수펌프가 사용되고 있었다. 그런데 광산 기술자들은 펌프가 약 10미터보다 깊은 지하의 물은 끌어올릴 수 없다는 것을 경험적으로 알고 있었다. 대기압이라는 개념이 아직 등장한 것은 아니었지만, 이것은 결국 대기압에 관한 이야기이다. 1642년 갈릴레오의 임종을 지켜봤던 이탈리아의 수학자 에반젤리스타 토리첼리(1608~1647)는 곧 물보다 13.6배가량 무거운 수은에 주목했다. 그는 아래가 막힌 약 1미터가량의 유리관에 수은을 가득 채워 수은 그릇 안에 거꾸로 담그면, 약 76센티미터 지점까지 수은 기둥이 내려온다는 사실을 발견했다. 유명한 토리첼리의 수은주 실험이다. 우리는 수은을 그 지점까지 떠받치는 공기의 압력을 1기압으로 부른다. 그런데 '유리관 안에 가득 차 있던 수은이 내려오면서 만들어진 빈 공간이 진공인가 아닌가'는 곧 사람들의 비상한 관심을 끌어모았다.

토리첼리의 실험 소식을 들은 독일의 과학자 오토 폰 게리케(1602~1686)는 진공을 직접 만들 수 있는 펌프를 제작했다. 게리케는 맥주통 안에 물을 가득 채운 뒤 공기가 들어가지 않도록 맥주통의 빈틈을 메우고, 안의 물을 뽑아내면 통 안의 공간이 진공이 될 것이라고 생각했다. 실험은 시행착오를 겪었지만, 결국 그는 진공 펌프를 만드는 데 성공했다. 진공 펌프로 공기를 뽑아낸 반구를 말 16마리가 양쪽에서 끌어당기는 마그데부르크에서의 실험은 지금도 멋진 그림으로 전해진다. 영국의 철학자 로버트 보일(1627~1691)은 투명한 진공의 유리 컨테이너 안에서 각종 실험이 가능하도록 진공 펌프를 개량했다.

한편, 지금까지가 원자론의 한 측면인 진공에 관한 이야기라면, 원자가 구체적인 실체로서 연구되기 시작한 것은 19세기에 이르러서였다. 영국의 물리학자 J. J 톰슨(1856~1940)은 원자보다 더 작은 입자인 전자electron를 발견했고, 뉴질랜드 출신의 물리학자 어니스트 러더포드(1871~1937)는 원자 한가운데에 매우 작지만 원자 대부분의 질량을 차지하는 원자핵이 있다는 사실을 발견했다. 이후 제임스 채드윅(1891~1974)은 원자핵이 양성자와 중성자로 이루어졌다는 것을 알아냈다. 제2차 세계대전 이후에는 입자가속기의 개량이 눈부시게 진행되면서 종래까지 알려지지 않았던 각종 소립자들이 새롭게 모습을 드러냈다.

그 결과 오늘날에는 쿼크를 비롯한 작은 기본입자가 원자를 구성한다고 믿는 시대로 접어들었다. 고대 원자론은 현대에 이르러 마침내 화려한 부활을 맞이한 것이다.

시즈키 다다오의 '속자'와 '진공'

원자론은 동아시아에서 매우 생소한 철학이었다. 그러나 atom에 대한 기록만큼은 일찍부터 등장한다. 1595년 일본 예수회 천초학림天草學林에서 간행한 《라포일대역사서》[2]를 보면, atom에 해당하는 라틴어 '아토무스atomus'는 Migin(미진微塵), Xetna(찰나刹那), Fitotcuno cazu(하나의 수數)로 번역되어 있다. '미진'이란 아주 작은 티끌을 뜻했다.

그러나 서양의 원자론이 일본에 본격적으로 전해진 것은 18세기 말의 난학자 시즈키 다다오(1760~1806)에 이르러서였다. 시즈키는 《기아전서暦児全書》라는 책을 통해 뉴턴 과학을 일본에 가장 먼저 소개한 인물이다. 《기아전서》의 '기아暦児'란 아이작 뉴턴의 열렬한 지지자였던 영국인 존 케일John Keill(1671~1721)을 일컫는다. 케일은 1701년 옥스퍼드대학에서 강의한 내용을 담은 저서 《진실의 물리학 입문Introductio ad veram Physicam》을, 그리고 1712년 새빌리언 천문학 교수직에 임명된 후에 《진실의 천문학 입문Introductio ad verum Astronomiam》(1718)이라는 뉴턴 물리학 주석서를 라틴어로 출판했다. 1741년 네덜란드 라이덴 대학의 교수 루롭스Johan Lulofs(1711~1768)가 케일의 그 두 저서를 모아 *Inleidinge tot de waare*

Natuur-en Sterrekunde(Leiden, 1741)라는 네덜란드어 번역본을 출간했는데,《기아전서》란 시즈키가 이 루롭스의 번역본을 일본어로 다시 번역한 것이다.

《기아전서》는 총 6부작으로 이루어졌다. 그중에서도 뉴턴의 입자론을 다룬 《구력법론》(1784)은 케일이 스코틀랜드의 의사 윌리엄 콕번William Cockburn(1669~1739)에게 보내는 편지 형식을 취하고 있다. 시즈키는 케일의 책을 루롭스가 번역한 것을 다시 한문으로 번역함과 동시에, 번역 도중에 한문과 가타가나를 섞어 자신의 의견을 각주로 덧붙였다.[3]

《구력법론》첫머리에는 물리학이 근본으로 삼는 삼기三基가 등장한다. 즉, 삼기란 물리학의 세 가지 바탕을 일컫는 것으로, 첫째 가분위무량수可分爲無量數, 둘째 진공眞空, 셋째 만물구력萬物求力이라는 것이다.[4] 여기서 '가분위무량수'란 크기가 있는 물체는 무한히 분할 가능하다는 뜻이다. 그러나 이것은 물질이 크기가 완전히 사라질 정도로 분할 가능하다는 것을 의미하지는 않는다. 그렇게 되면, 삼기의 한 구성요소인 진공이 불필요해지기 때문이다. 따라서 '가분위무량수'란 수학적으로는 무한히 분할 가능할지라도, 물리적으로는 분할물이 크기를 가진 최소 단위에 도달한다는 것을 전제로 한다. 그것은 곧 원자 개념에 다름 아니었다. 아울러 만물구력이란 입자들 상호 간에 끄는 힘을 가리켰다.

시즈키는 "우주 사이에는 항상 진공眞空과 실소實素 두 가지가 있다. 서로 섞여서 만물을 생성한다"[5]라고 썼다. 여기서 그는 네덜란드어 ydel(라틴어 spatium inane)를 불교 용어인 '진공'으로 번역했다.[6] 불교에서 '진공'이란 '일절의 현상은 공空'이라는 것을 의미하는데, 시즈키는 진공과 함께 '충허沖虛, 공규孔竅' 등의 어휘를 사용하기도 했다. 반면, 네덜란드어 stof(라틴어 materia)를 번역한 '실소'란 인간이 감각으로 느낄 수 있으며 운동의 속성을 지닌 것으로 곧 물질을 의미했다. 시즈키는 "속자屬子라는 것이 모여서 실소를 이룬다"[7]라고 썼는데, '속자'는 네덜란드어 deelen을 번역한 어휘였다. 즉, 속자는 곧 원자를 가리켰다. 시즈키는 속자들이 모여 실소를 이루는 원리를 다음과 같이 설명했다.

일체一體의 속자屬子, 극미극강極微極剛하여 전혀 충허沖虛가 없는 것이다. 이것을 최초합성의 속자라고 부른다. 많은 미속자微屬子를 모아서 미괴微塊가 되는데 이것을 제2합성의 속자라고 부른다. 또 이 속자를 모아서 미괴가 되는 것을 제3합성의 속자라고 부른다. 이렇게 합성하여 마침내 본질本質(물체의 궁극적 구성)이 되는 것이 최후합성의 속자이다.[8]

다시 말해 진공沖虛이 없는 최초의 속자들이 서로 결합하여 큰 속자를 이루고, 이 속자들이 모여서 더 큰 속자를 이룬다는 것이다. 이런 단계적 합성을 거쳐 마침내 실소, 즉 물질을 구성하는 최후의 속자에 도달하는데, 이때 최초의 속자는 진공을 갖지 않는 것이지만, 그것들이 모인 상위의 속자부터는 진공이 들어간다는 것이다. 즉, 진공이 없는 최초의 속자가 진공과 함께 상위의 속자들을 구성한다는 것이다. 여기서 진공이 없는 최초의 속자란 더는 분할이 불가능한 원자라는 것을 알 수 있다.

원자를 기氣로 재해석하다

시즈키는 원자를 '속자'라고 번역했지만, 사실 시즈키가 말한 속자는 고대 원자론, 나아가 뉴턴의 입자론에서 말하는 아톰atom과는 본질적으로 다른 것이었다. 그것은 천지자연과 만물이 기氣로 이루어졌다는, 전통 동아시아의 기 사상에 대한 시즈키의 믿음 때문이었다.

고대 중국의 고전 《회남자淮南子》에 따르면, 기에는 가볍고 맑은 것과 무겁고 탁한 것이 있는데, 가볍고 탁한 기는 상승하여 하늘이 되고, 무겁고 탁한 기는 가라앉아 땅이 된다고 했다. 즉, 기는 승강과 하강을 하고 그 사이에서 물物이 이루어진다는 것이다. 아울러 신유학의 창시자 주희朱熹(1130~1200)는 기를 두 가지로 구분했다. 형形과 질質을 갖는 기와, 그것들을 갖지 않는 기이다. 형질을 가진 기는 가시적이지만, 형질을 갖지 않는 기는 불가시적이다. 이 같은 주희의 기 사상은 우주론에도 반영되었다. 맨 처음 회전운동을 시작한 기가 점차 속도를 높이면서 무겁고 탁한 기는 중심에 모이고, 가볍고 맑은 기는 하늘을 이룬다는 것이다. 따라서 하늘은 기이고 땅은 질이다. 형은 응집된 기의 가시성을 뜻하고, 질은 만질 수 있는 성질을 뜻한다.[9] 기가 뭉쳐서 질을 이루면 물物이 되고, 물이 흩어지면 다시 기로 되돌아간다. 그런데 기는 진공을 전제로 한 뉴턴의 입자론과는 달리, 어떠한 작은 틈새에라도 들어가는 것이다. 뉴턴의 원자론을 일본에 소개하기 이전에 시즈키는 동아시아 전통의 기 사상에 충실한 인물이었다. 따라서 시즈키는 이 같은 기의 사상으로 원자를 재해석했던 것이다.

《구력법론》첫 부분에서 시즈키는 책에서 사용한 약 23개의 일본어 번역어를 소개했다. 시즈키는 여기서 네덜란드어 deelen을 '속자'로 번역했는데, 그것에 덧붙여 '위기야謂氣也'라고 썼다. 시즈키는 뉴턴적 물질관에서 더는 쪼갤 수 없는 물질의 최소 단위로 여겼던 '속자', 즉 원자를 기氣의 응집으로 재해석한 것이다. 아울러 그는 네덜란드어 ydel을 번역한 '진공'은 뉴턴적 입자론에서 말한 것처럼, 아무것도 없는 텅 빈 공간이 아니라 박기薄氣, 즉 '희박한 기'가 가득 찬 공간이라고 이해했다. 다시 말해 기가 모여 '속자'를 이루고, 속자와 속자 사이에는 '희박한 기'를 의미하는 '박기'가 들어차 있다는 것이다.

> 모든 물物은 유물중流物中에 없는 것이 없다. 금속과 돌멩이 안의 작은 구멍微竅 같은 것을 충허沖虛라 부르더라도 그 안에는 박기薄氣가 있다. 다시 말해서 그 안에 지박至薄의 기氣가 있음에 틀림없다.[10]

충허, 즉 진공 안에 '지박의 기', 즉 박기薄氣가 가득 차 있다는 이 같은 시즈키의 생각은, 최소입자와 진공을 전제로 한 고대 원자론은 물론 뉴턴의 입자론과도 전혀 다른 것이었다. 시즈키는 뉴턴의 원자와 진공을 기의 개념으로 재해석함으로써, 전통적 기 개념을 폐기하지 않고, 뉴턴적 입자론을 동아시아의 기 사상 안에 흡수하고자 했던 것이다.

시즈키가 《구력법론》을 번역한 것이 1784년이었고, 뉴턴 물리학에 대한 본격적인 번역서 《역상신서曆象新書》 상편이 나온 것은 1798년이었다. 두 번역서 사이에는 약 14년의 시간 간극이 있었다. 시즈키는 《구력법론》에서 원자의 뜻으로 사용했던 '속자'를 《역상신서》에서는 '분자分子'라는 어휘로 바꿔 썼다. 원래 분자라는 어휘는 고대 중국에서 수학의 분수를 나타내는 분자分子, 분모分母 개념으로 사용되던 것이다. 《역상신서》 중편 하권(1800)에서는 '분자, 소분자小分子, 최소분자最小分子, 최후분자最後分子' 등의 어휘가 등장한다. 시즈키는 '속자'를 바꿔 쓴 '분자'를 최소입자의 개념에 가깝게 사용했던 것이다.

근대 이전의 동아시아인들은
'원자'와 '진공'을 어떻게 번역했나?

시즈키가 뉴턴적 물질관의 원자와 진공 개념을 동아시아 전통의 기 개념으로 재해석했다면, 그의 문인이자 에도(현재의 도쿄)의 의사였던 아오치 린소青地林宗(1775~1833)는 뉴턴적 원자 개념에 한 발 더 다가갔다. 린소는 네덜란드인 물리학자 보이스Johannes Buijs의 교과서 *Natuurkindig Schoolboek*(1798)를 비롯한 물리학 저서들을 참고로 《기해관란氣海觀瀾》(1827)이라는 편저서를 집필했다.[11] 린소는 이 책에서 원자를 불교에서 유래한 어휘인 극미極微로, 진공을 기공氣孔으로 번역했다.

물物의 체體를 이루는 원질미세原質微細, 모여서 이것을 이룬다. 그 질質, 이것을 극미極微라고 한다. 그 지미지세至微至細의 극極, 다시 말해 더는 나눌 수 없는 것에 도달한 후에 일극미一極微를 이룬다. 때문에 체를 쪼개면 곧 천 개, 만 개로 끝없이 갈라진다. 하나의 나무를 쪼개면 갈기갈기 나눠져 셀 수가 없다. (중략) …극미는 매우 세미細微하지만, 그 질을 잃지 않는다.[12]

린소는 '극미'라는 것이 물物의 체體를 이룬다고 말했는데, 여기서 극미란 '극히 미세한 입자'라는 의미로, 오늘날의 물리학에서 보자면 소립자에 가까운 개념이다. 분할이 더는 불가능한 최후의 입자를 뜻하는 이 '극미'라는 어휘는 원래 인도 철학에서 파생한 것으로, 일본에 불교가 전래될 때 함께 수용된 것이다.[13] 이처럼 극미한 원질이 모여서 물物의 체를 이루고, 또 매우 극미하지만 결코 질을 잃지 않는다는 생각은 사실상 원자론에 대한 설명에 다름 아니다. 아울러 린소는 진공眞空에 대해서는 이렇게 설명했다.

극미가 모여서 체體를 이룬다. (중략) … 그 부접附接의 사이에 반드시 공극孔隙이 있는데 수면상水綿狀과 같다. 물物로서 이렇게 되지 않은 것이 없다. 이것을 기공氣孔이라고 부른다. 금은과 같은 것은 질質이 매우 치밀하고, 공孔도 매우 작다. 육안으로는 볼 수 없지만, 그 공이 조밀한 것은 체 구멍篩眼과 같다. 현미경으로 그것을 볼 수 있다.[14]

극미가 모여 체體를 이룰 때, 그 사이에는 반드시 공극孔隙(빈틈)이 생기는데, 린소는 그것을 기공氣孔이라고 불렀다. 이때 기공은 원자론에서 말하는 '공허'나 '진공'에 다름 아니었다.

그렇다면, 이 원자와 진공으로 이루어진 세계에서 기氣는 어떻게 설명되었을까? 린소에 따르면, 기氣는 "미세微細의 유동질流動質로, 질을 가진 유체流體"와 흡사하다. 아울러 이 "기氣는 무게를 가지기 때문에 땅을 누르는" 성질이 있다. 기가 무게를 가진다는 것을 설명하기 위해 린소는 토리첼리의 수은주 실험을 소개했다. 린소는 기를 한마디로 공기라고 생각했던 것이다. 린소는 기, 즉 공기에 질소窒氣, 산소淸氣, 수소水質는 물론 호흡吸氣, 전기越列吉的爾 등 다양한 형태가 존재한다고 설명했다.

17세기 무렵 중국에 들어왔던 예수회 선교사들이 기로부터 신성神性을 제거하고, 그것을 공기로 한정하려고 했던 것은 잘 알려져 있다.[15] 기 안에 스스로의 활동성과 생명력을 부여한 전통적 기 개념은 원자를 신이 만든 우주의 재료로 한정하고자 했던 기독교적 신앙과 조화되기 힘들었기 때문이다. 따라서 그들은 기로부터 활동성과 생명력을 제거하고, 그것을 공기로 한정할 필요가 있었고, 그 같은 과정은 자연계로부터 질적 감각을 배제하고, 그것을 수량화하고자 했던 근대과학적 자연관과 일맥상통한다.

이 같은 린소의 생각은 무엇보다 시즈키와도 다른 것이었다. 시즈키가 뉴턴적 입자론을 '기' 개념으로 재해석했다면, 린소는 반대로 '기' 개념을 뉴턴적 입자론으로 재해석했다고 볼 수 있다. 즉, 린소는 극미란 가장 작은 물질의 단위이지만, 결코 그 질을 잃지 않는다고 보았다. 기氣 또한 질을 잃지 않는 유동질이라는 것이다. 이것은 린소가 사실상 형질을 갖지 않는 기의 존재를 포기한 것이었다. 린소는 극미와 극미 사이에 틈새, 즉 기공이 있다고 보았는데, 그것은 진공에 다름 아니었다. 즉, 극미가 아무리 작아도 결코 형질을 잃지 않는다면, 그 극미가 물체를 이룰 때, 거기에는 반드시 작은 틈새가 생길 수밖에 없다. 이 같은 생각은 주자학의 물질관과는 물론, 기가 모여서 물物을 이루고, 진공 또한 박기로 가득 차 있다는 시즈키의 물物 이해와도 구별되는 것이다.

최소입자를 '분자'라고 번역한 19세기 일본 난학자들

린소의 원자론은 그의 사위이자 문인이며, 에도 시대 의사였던 가와모토 고민川本幸民(1810~1871)에게로 계승되었다.[16] 고민은 장인의 책《기해관란》을 약 7년간에 걸쳐 증보, 가필하여《기해관란광의氣海觀瀾廣義》(1851~1856)라는 제목으로 편찬했다. 고민은 이 책에서 원자를 분자分子(혹은 실질實質)로, 진공을 기공氣孔으로 번역했다.

　　물체를 분석分析하는 것은 반드시 기공氣孔에서부터다. 이미 분석
할 수 없는 것에 이르러 이것을 분자分子 혹은 실질實質이라고 한다.
즉, 기공이 없는 것이다. 이 분자는 지세지미至細至微의 작은 구小球로,
모든 체體는 이것으로부터 집성集成할 때는 지구의 실질도 미소微少이
다. 단, 조물주가 이 지구를 만들 때에 실질을 불과 한 움큼만 사용했
지만, 기공의 공극이 있기 때문에 이처럼 크게 된 것이다.[17]

가와모토 고민에 따르면, 물체란 분자와 기공의 조합이라는 것
이다. 1856년 고민은 《병가수독사밀진원兵家須讀舍密眞源》[18]이라는 책
을 출판했는데, 여기서도 돌턴의 원자deelen를 분자分子로 번역하고,
atoom은 '아다모亞多母', 그 복수형인 atomen는 '아다멘亞多綿'이라고
음역했다. 나아가 1860년 《화학신서化學新書》에서는 atomen을 '아다
멘亞多面'으로 음역하고, 동시에 '분자分子'라는 어휘를 atomen을 가리
키는 어휘로 사용했다. 즉, 고민이 생각하는 '분자'는 돌턴의 atom과
오늘날의 molecule에 해당하는 compound atom을 둘 다 가리키는
어휘였던 것이다.

이 밖에도 난학자 호아시 반리는 《궁리통》(1836)에서, 더는 쪼갤
수 없는 입자를 '분자'라고 불렀다. 또 히로세 겐쿄는 《이학제요》
(1854)에서 '극미極微'라는 어휘와 함께, '분자(네덜란드어 deelen)'를
사용했다.

이처럼 19세기 중엽 상당수의 난학자들은 분자라는 어휘를 최소
입자의 개념으로 사용했다.

사전류에서도 비슷한 것을 말할 수 있는데, 호리 다쓰노스케堀達
之助의 《영화대역 수진사서》(1862)에서 atom은 '극미의 분자極微/分
子', corpuscle은 '분자, 극미極微', particle은 '소분자小分子' 등으로 번
역되었다. 무라카미 히데토시村上英俊의 《불어명요佛語明要》(1864)에서
는 atome는 '분자', molecule은 '소분자', particle은 '소부분小部分'으
로 번역했다.

한편, 1870년대까지는 중국에서도 최소입자가 다양한 어휘로 번
역되었다. 1870년 미국 선교사 존 글래스고 커John Glasgow Kerr가 간

행한《화학초계化學初階》에서는 atom을 '미점微點'이라는 어휘로 번역했다. 또 1872년 간행된 서수의《화학감원化學鑑原》에서는 원자를 '질점質點'으로, 분자를 '잡점雜點'으로, 원소元素를 '원질原質'로, 그리고 화합물을 '잡질雜質'로 번역했다.[19] 여기서 점點이라는 어휘가 사용된 것은 돌턴의 원자처럼 더는 쪼갤 수 없는 원자의 성질이 기하학의 점point과 같다는 데에서 온 것이다. 즉, 유클리드의《기하학 원론》에서 점이란 "부분이 없는 것", 다시 말해 무한히 분할 가능한 것이라는 의미였기 때문이다.

'원자'라는 어휘는 누가 언제 만들었을까?

그렇다면 '원자原子'는 대체 누가 언제 만든 어휘일까? 19세기 중엽까지는 일본의 사전류에서도 '원자'라는 어휘가 등장하지 않는다. 1867년 호리 다쓰노스케 등이 편찬한《영화대역 수진사서》(1862년 판의 개정증보판)에서는 atom이 극미분자極微分子로 나오고, vacuum은 공허空虛로 번역되었다.

그런데 1870년 이시구로 다다노리石黑忠惠가 역술한《화학훈몽化學訓蒙》전편 권1에는 다음과 같은 구절이 나온다.

문: 무엇을 원자原子라고 하는가?
답: 제반諸般 물체는 모두 원소元素가 취합聚合하여 이루어지는 것으로,
　　그 원소는 또 무수한 원자原子가 취합한 것이다. 그 원자라는 물物
　　은 가령 기계적器機的이든 화기적化機的이든 분할할 수 없는 지미극

세至微極細한 물질로서, 63 각종 원소元素의 원자는 각종 성질이 다른 것은 물론 무게도 크게 다르다.[20]

여기서 원자란 돌턴이 말한 '분할이 더는 불가능한 입자로서의 atom'이라는 것이 분명하다. 그러나 책의 저자인 이시구로 본인이 '원자'라는 어휘를 최초로 만들었는지는 확실하지 않다. 《화학훈몽》의 서언에는 이 책이 화학 전문료의 교정을 받았다고 나오는데, 화학 전문료라는 것은 훗날 도쿄대학 의학부가 된 대학동교大學東校 화학 분과를 가리켰다. 그렇다면, 현재로서는 1870년 무렵 대학동교의 화학 분과 교수들이 함께 상의해서 '원자'라는 어휘를 만들었다고 추정할 수 있을 뿐이다.

어찌되었든 '원자'라는 어휘는 늦어도 1870년까지는 일본에서 만들어졌다는 것을 확인했지만, 그 후로도 한동안은 앞서 소개한 다양한 어휘들이 최소입자로서의 명칭을 놓고 '원자'와 경쟁했다. 1873년 시바타 마사키치 등이 편찬한 《부음삽도 영화자휘》에서도 atom은 '극미분자極微分子, 극미물極微物'로, vacuum은 '공허空虛, 공소空所'로 번역되었다.

1881년(메이지 14) 이노우에의 《철학자휘》에는 atom이 '미분자微分子'로, atomism이 '분자론分子論'으로 번역되었다. 아울러 vacuum은 '공허空虛'로 번역되었다. 당시의 일본 문헌에서도 '원자元子, 미분자微分子', 그리고 일본어 음역으로 '아토무アトム' 등이 다양하게 사용되었다. 그러나 1870년에 '원자原子'라는 어휘가 등장하면서 atom을 '분자'로 번역하는 경우는 점점 사라져 갔다. 예를 들어, 일본에 아보가드로 이론을 처음 소개한 책은 1872년 이치가와 세이자부로市川盛三郎가 번역한《이화일기理化日記》였는데, 이 책의 제2편 권3에서 이치가와는 가와모토 고민의 용례에 따라서 compound atom 즉 molecule을 '세분자細分子'라고 번역하고, atom은 '아토무ァ ト ム'라고 음역했다. 아보가드로 이론이 일본에 도입되면서 atom과 다른 molecule을 이치가와는 '세분자'라고 번역했던 것이다. 이후 atom 과 molecule을 구분할 필요성이 점점 제기되자, 세분자에서 세細 자가 사라지면서 원자와 함께 그에 대응하는 분자分子라는 어휘가 사용되기 시작한 것으로 보인다.

1870년《화학훈몽》을 역술한 이시구로도 1873년 그 책을 증보하여《증정 화학훈몽》을 썼을 때는 '원소元素' 대신에 '분자分子'라는 말을 사용했다. 즉, 이시구로는 "제반諸般 물체는 모두 분자가 취합하여 이루어지는 것으로, 그 분자는 또 무수한 원자가 취합한 것이다"[21]라고 썼다.

Atom의 번역어로 '원자'가 사실상 공식화된 것은 1883년 도쿄화학회 역어회에서 그 번역어가 의결되면서부터였다.[22] 도쿄화학회 역어회는 당시 난립하던 화학 번역어들을 통일하는 한편 화학 관련 표준 번역어들을 선정하기 위한 목적으로 만들어진 단체였다. 따라서 이 역어회에서 '원자'라는 번역어가 확정된 것은 중요한 의미를 갖는다고 볼 수 있었다.

이후 '원자'라는 번역어는 곧 사전에도 등재되었다. 1884년《철학자휘》 개정증보판에서는 1881년의 초판과 마찬가지로 atom이 '미분자'로, atomism이 '분자론'으로, 아울러 vacuum이 '공허'로 번역되었지만, 여기에 atomist가 새롭게 추가되어 '원자론자原子論者'로 번역되었다. 아직은 과도기적인 상태였지만, '원자론자'라는 어휘가 등장한 것은 주목할 만하다. 1887년 시마다 유타카島田豊 등이 편역한《부음삽도 화역영자휘附音插圖 和譯英字彙》에서 atom은 '극미분자, 극미물極微物, 원자'로, vacuum은 '공소空所, 공허, 진공眞空'으로 번역되었다.

그러다가 1912년《철학자휘》개정증보판에서는 atom이 '원자'로, atomism은 '원자론'으로, atomist는 '원자론자'로 번역되었고, vacuum은 '공허, 진공, 공소'로 번역되었다. 20세기 초 무렵에는 오늘날과 같은 번역어들이 거의 정착했음을 알 수 있다.

한국에서 '원자'와 '진공'은 언제부터 사용되었을까?

원자론에 대한 소개는 조선 후기의 사상가 최한기(1803~1877)가 1866년에 쓴《신기천험身機踐驗》에 등장한다. 이《신기천험》총 아홉 권은 중국에서 활약하던 선교사 벤저민 홉슨이 한문으로 출판한 네 권의 의서와《박물신편博物新編》을 참조하여 펴낸 것이었다. 원래 의학에 대한 내용이 대부분이지만, 제8권에서는 공기가 산소와 질소로 이루어졌고, 물은 수소와 산소의 화합물이며, 세상은 56개의 원소로 이루어졌다는《박물신편》제1권의 내용을 소개하고 있다.[23] 당시로서는 생소한 내용이었지만, 한국 최초로 원자론이 소개된 흔적이었다고 볼 수 있다.

그러나 원자, 분자, 진공 등의 개념이 구체적으로 소개되고 있는 것은 한국 최초의 물리학 교과서라고 볼 수 있는 1906년《신찬소물리학新撰小物理學》에서였다. 제1장 총론의 제4절에는 '분자급원자分子及原子'라는 항목이 나온다.

　물체의 분자는 물질의 최소 부분, 즉 겨우 눈으로 볼 수 있는 것을 다시 미세하게 분할하여 얻은 것이니 각 분자에는 이 물체의 성질이 여전히 남아 있으며 그 구성된 본래의 소질도 남아 있다[物體의 分子는 物質의 最小部分 곳 僅히 目視홀 者를 更히 微細케 分割ᄒ야 得ᄒ 者니 各分子는 該物體의 性質이 尙存ᄒ며 其構成된 素質이 各有ᄒ니라].
　원자는 분자를 더 쪼개어 얻은 것이다. 이 원자는 어떤 방법으로도 다시 쪼개지는 못한다고 한다. 예를 들어 물의 1분자는 산소 1원자와 수소 2원자가 서로 화합하여 이루어진 것이다[原子는 分子를 更히 分析ᄒ야 得ᄒ 者라 此原子는 何如ᄒ 方法이던지 更히 分析지 못ᄒ다 云ᄒᄂ니 例컨딩 水의 一分子는 酸素 一原子와 水素 二原子가 互相化合ᄒ야 成ᄒ 類니라].[24]

즉, 물의 분자가 산소 원자와 수소 원자가 결합하여 이루어지는 원리, 그리고 분자를 더 쪼개어 원자가 되는 원리 등을 구체적으로 설명한다. 나아가 책에는 당시까지 발견된 원자의 종류가 약 70여 종이라는 사실도 언급하고 있다.
　또 제5장 기체의 성질에서는 주로 대기에 대해 다루고 있는데, 여기서는 진공이라는 어휘도 등장한다. 즉, 공기氣를 빼낸 배기통排氣筒 안에 깃털과 동전을 함께 떨어뜨리면, 통 안에서는 기체의 부력이 없기 때문에 동시에 떨어진다고 설명하고 있다. 이것은 피사의 사탑으로 유명한 갈릴레오의 낙체 실험을 진공 펌프 안에서 재현한 실험이다. 그러면서 책은 "대기의 압력은 상하사방이 같으므로 특히 진공에서는 외압이 막대하다[大氣의 壓力은 上下四方이 同一홈으로 特히 中虛흔 器(眞空)에는 外壓이 著大ㅎ니라]"[25]라고 쓰고 있다. 진공을 '중허中虛흔 기器'와 같은 말로 사용하고 있고, 진공에서는 외부로부터의 압력이 크다는 것을 말하고 있는 것이다. 여기서는 진공 펌프를 배기통이라고 번역하고, 17세기 오토 폰 게리케에 의한 마그데부르크의 반구 실험도 소개하고 있다.

이후 '원자'라는 어휘는 1900년대 초에 주로 일본에서 활약했던 조선인 유학생들을 통해 본격적으로 소개되기 시작한다. 《대한유학생회회보》 제2호(1907년 4월 7일자)의 〈지구지과거급미래地球之過去及未來〉에서는 "원소대로 존재하고 단지 원소 중 원자량이 극히 적은 것은 수소이므로[元素되로 存在ㅎ고 且元素中原子量의 極經흔 것스 水素瓦斯인則]"[26]라고 하여, 수소가 가벼운 원자라는 것을 설명하고 원자량이라는 어휘를 사용했다.

이듬해인 1908년 2월 24일 《태극학보》 제18호 〈인조금人造金〉에는 "물질은 모두 극히 미세한 먼지로 이루어졌다는 학설이 오늘날에도 널리 유행하는데, 이 작은 먼지에 원자라는 명칭을 붙여 일원론을 주장하나 이것은 하나의 억설에 지나지 않아[物質은 皆是 極細흔 微塵으로 成出ㅎ엿다는 學說이 今日에도 橫行ㅎ는되 此微塵에는 原子라는 名稱을 付ㅎ야 一元論을 唱ㅎ나 此는 一箇臆說에 不過ㅎ야]"[27]라고 나온다. 원래 전통적 불교 용어였던 미진微塵을 여기서는 원자의 의미로 사용하면서 원자론이 낭설일 뿐임을 말하고 있다.

1909년 6월 25일《기호흥학회월보》제11호에 백운제가 쓴〈화학문답化學答問〉에는 "물질의 분할 불가능한 것을 원질 원자라고 하고, 원자와 원질이 화합한 것을 화합물이라 하니[凡物質의 可分키 不能혼 者를 原質 原子이라 ㅎᄂ니 原子와 原質이 化合혼 者가 化合物이니]"[28] 라고 나온다.

'진공'이라는 어휘도 사용되고 있었다. 1907년 7월 24일《태극학보》제12호에 이규영이 쓴〈위생담편衛生談片〉에는 "루드비히씨의 설과 같이 진공 상태의 폐혈관 속에 동맥혈을 주입하면 그 혈액 안의 산소를 감소시키고[루-쏘우이히氏의 說과 加히 眞空을 成혼 肺臟의 血管 中에 動脈血을 注入ㅎ면 其血液中酸素를 減少ㅎ야]"[29]라고 나온다. 또 1908년 4월 25일 간행된《대동학회월보》제3호〈화학化學〉에는 "유리관의 중량과 마개를 닫은 진공병의 중량을 먼저 정밀하게 측정한 뒤에 이 두 기구를 서로 이어 붙이고[琉璃管의 重量과 活栓을 具혼 眞空 瓶의 重量을 先爲精密秤量혼 後에 此二器를 互相連接ㅎ고]"[30]라고 나온다.

이처럼 20세기 초에 원자와 진공이라는 어휘가 본격적으로 등장했는데, 이것은 사전류에서도 확인할 수 있다. 1890년 언더우드의《한영ᄌ뎐》에는 atom도 vacuum도 나오지 않는다. 그것들이 처음 등장한 것은 1891년 스콧의《영한ᄌ뎐》에서였지만, 여기서 atom은 '틔끌, 츄호'로 번역되었고, vacuum, to create a가 '긔운빼다'로 번역되었다. 그러다가 1914년 존스의《영한ᄌ뎐》에 이르자, atom은 '미분ᄌ微分子, 원ᄌ原子'로, vacuum은 '진공, 공허'로 번역되었고, atomic theory는 '원ᄌ설'로 번역되었다.

1920년대에는 원자론이 대중적으로도 알려졌다. 예를 들어,

1920년 6월 25일《개벽》제1호에 박용준이 쓴〈우주개벽설宇宙開闢說의 고금古今〉에서는 "데모크리토스의 학설에 따르면, 우주의 처음에는 분할이 더는 불가능한 원자가 있었다[데모크리타쓰의 說에 從하면 宇宙의 처음은 分割키 不能한 原子가 有하엿다]"[31]라고 나온다.

1921년 4월 1일자《개벽》제10호에는〈각各 전문학교專門學校 졸업생卒業生과 그 입론立論〉이라는 글이 나오는데, 여기서는 "데모크리토스가 우주 만물의 현상을 원자와 원자의 운동으로 귀납한 뒤에 지금에 이르기까지[데모크리터스Democuritus氏가 宇宙萬有의 現象을 原子와 原子運動으로 歸納한 뒤 只今에 이르기까지]"[32]라고 나온다. 이처럼 '원자'라는 어휘는 20세기 초 일본에서 유학했던 조선인 학생들에게 받아들여졌고, 이후 여러 잡지에도 소개되면서 한국에 퍼져나갔던 것으로 보인다.

09
중력
重力 / Gravity

영어 gravity는 우리말로 보통 '중력重力'으로 번역한다. 그리고 우리 는 '중력'을 간단히 인력, 혹은 만유인력이라고 부르기도 한다. 일 상적으로 이 어휘들은 거의 같은 의미로 사용되지만, 물리학적 의 미에서 중력과 (만유)인력은 사실 같은 힘이라고 볼 수는 없다.

인력引力은 한자어 그대로 물리적·공간적으로 떨어져 있는 물체 들이 서로를 '끌어당기는 힘'을 의미한다. 지구와 달이 서로를 끌어 당기고, 지구와 지구상의 물체가 서로 끌어당기는 힘이 바로 인력 이다. 반면, 중력은 인력과 원심력이 합쳐진 힘이다. 달은 지구를 중심으로 회전하고 있기 때문에 원심력을 갖게 된다. 지금은 거의 볼 수 없지만, 옛날이면 설날에 아이들이 쥐불놀이를 하곤 했다. 군 데군데 구멍을 뚫은 빈 깡통에 숯을 넣고, 철사 줄을 매달아 돌리 면, 숯이 이글이글 타오르면서 원을 그린다. 불 깡통은 원심력으로 밖으로 자꾸 튕겨 나가려고 하지만, 철사 줄 때문에 벗어날 수 없다. 달이 지구 둘레를 돌면서도 밖으로 튕겨 나가지 않는 이유도 지구와 달 사이에 보이지 않는 철사 줄이 있기 때문이다. 바로 인력, 즉 '끌어당기는 힘'이다. 이 원심력과 인력을 더한 것이 바로 중력이다. 따라서 중력은 지구의 위도에 따라 달라진다. 지구 적도에서 원심력은 인력과 반대 방향이 되기 때문에 중력이 작아지는 반면, 극지방에서는 원심력이 거의 사라지기 때문에 인력이 곧 중력이 된다.

물론 인류가 중력이라는 개념을 도입하여 행성의 궤도 운동을 설명하기 시작한 것은 17세기에 이르러서였다. 그럼 옛날에는 달의 운동을 어떻게 설명했을까?

고대 그리스인들은, 지상의 물체는 땅으로 떨어지는데 달은 왜 지구로 떨어지지 않는지 의문을 품었다. 그들은 달과 행성, 별들이 투명한 양파껍질 같은 천구에 박혀 원운동을 한다고 생각했다. 즉, 하늘에는 겹겹이 지구를 둘러싼 천구들이 포개져 있고, 그 안에 박힌 천체들은 천구와 함께 회전한다는 것이다. 이런 천구의 관념은 약 2천 년간 서양 천문학의 기본적 믿음이 되었다.

그러나 1543년 코페르니쿠스(1473~1543)가 지동설을 주장하면서 이런 믿음에 서서히 균열이 일어나기 시작했다. 16세기 말 덴마크의 천문학자 튀코 브라헤(1546~1601)는 하늘에 천구가 정말 존재한다면, 혜성이 어떻게 그것을 뚫고 움직일 수 있겠냐고 반문했다. 튀코 이후 천구의 존재를 믿는 사람은 점점 사라져 갔다. 그러나 천구 관념이 사라지자, 근대 유럽인들은 고대 그리스인들이 직면했던 그 질문과 또다시 마주해야 했다. 만약 하늘에 천구가 없다면, 달과 천체들은 어떻게 하늘에 떠 있을 수 있으며, 또 무슨 힘으로 궤도 운동을 할 수 있느냐는 것이다.

튀코의 말년에 그의 조수가 되었던 천문학자 요하네스 케플러 (1571~1630)는 1596년《우주의 신비Mysterium Cosmographicum》에서 태양계의 행성들은 태양에서 뿜어져 나오는 신비한 힘인 '운동령anima motrix'으로 인해 궤도 운동을 한다는 새로운 의견을 제시했다. 케플러가 말한 이 힘을 영어로는 보통 'motive soul'로 번역한다.

영국의 의사 윌리엄 길버트(1544~1603)는 1600년에 출간한 《자석에 대하여De Magnete》에서, 자석은 그 안에 내재된 어떤 영혼으로 인해 공간을 가로질러 쇠붙이를 끌어당긴다고 설명했다. 자석이 쇠붙이를 끌어당기는 것처럼, 지구가 지상계의 물체를 끌어당긴다는 점에서 지구는 일종의 '천연 자석'이라는 것이다.

케플러는 1609년《새로운 천문학Astronomia Nova》에서 그 힘을 라틴어로 '그라비타스gravitas'라고 부르고, '영적인 힘', '태양 본체에 있는 힘의 비물질적인 형상', '자력과 유사한 힘' 등으로 묘사했다. 이 gravitas는 원래 고대 라틴어 어근인 gravis(무거운)에서 온 것이다. 이 gravitas는 훗날 영어 gravity 혹은 gravitation의 어원이 되었다. 근대 이전의 영어 단어에서 levity가 가벼움, 경솔함 등을 뜻했다면, gravity는 무거움, 진지하고 엄숙한 분위기나 내적 본질을 뜻했다. 케플러가 그것을 여전히 '영적인 힘'으로 불렀던 것은 흥미롭다.

그러다가 1621년 케플러는《우주의 신비》개정판을 쓰면서, 초판에서 '운동령'이라고 불렀던 태양이 뿜어내는 신비한 힘을 '운동력vis motrix'으로 바꾸게 된다. 영어로는 이것을 'moving force' 또는 'motive power'로 번역한다. 케플러는 태양에서 뿜어져 나오는 힘을 어떤 영적인 힘보다는 물리적 힘으로 간주하고 싶었던 것 같다.

이후 천체 간에 당기는 힘이 존재한다는 생각은 영국에서 점점 상식이 되어갔다. 아이작 뉴턴(1643~1727)은 케임브리지 대학 학생이었을 때 기숙사 방을 함께 쓰던 친구 때문에 스트레스가 심했다고 한다. 하루는 정원을 거닐다가 우연히 같은 스트레스에 시달리던 한 동료 학생을 만나게 된다. 두 사람은 즉시 새로운 기숙사 룸메이트가 되기로 했는데, 그가 나중에 성직자가 된 존 윌킨스(1614~1672)이다. 윌킨스는 1638년 《달 세계의 발견The Discovery of a World in the Moone》에서 달에는 어떤 끌어당기는 힘이 있다고 주장했으며, 그 힘을 '어트랙티브 버추attractive virtue'라고 불렀다.

이처럼 천체들이 서로 끌어당긴다는 생각은 곧 로버트 훅(1635~1703), 크리스토퍼 렌(1632~1723), 에드먼드 핼리(1656~1742)를 비롯한 17세기 후반 영국의 자연철학자들에게 수용되었다.

그러나 그 힘의 크기에는 질량과 거리에 따른 일정한 수학적 법칙이 작용한다는 사실과, 그 힘으로 케플러가 주장했던 행성의 타원궤도 운동을 설명한 사람은 뉴턴이 최초였다. 1687년 라틴어로 쓴 뉴턴의 《프린키피아Principia》는 물체들을 지구 중심으로 향하게 하는 힘으로서 라틴어 gravitas를 다루었다. 뉴턴은 그 힘이 수학적 법칙대로 일정하게 작용한다는 사실에 주목했다. 즉, 그것은 물체의 질량에 비례하고 거리의 제곱에 반비례한다는 것이었고, 그 힘으로 케플러의 타원궤도 운동, 조석 운동 등 당시까지 풀리지 않았던 문제들을 새롭게 해결함으로써 코페르니쿠스가 시작한 과학혁명은 마침내 뉴턴에 의해 완성되었다.

그런데 뉴턴은 중력의 원인에 대해서는 거의 언급하지 않았다. 1704년 뉴턴이 영어로 출판한 《광학Opticks》에는 다음과 같은 구절이 나온다.

내가 당김attraction이라고 부르는 것은 일시적으로 일어나거나 내가 알지 못하는 어떤 다른 수단으로 일어나는지도 모른다. 나는 여기서 단지 일반적으로 두 물체가 그 원인이 무엇이든 간에 서로를 향해 끌어당기는 힘을 표시하고자 그 어휘를 사용했다. … 중력the attractions of gravity, 자기magnetism, 전기electricity에 의한 끌어당김은 그 범위가 우리가 감지할 수 있는 매우 먼 거리까지도 미치며, 그래서 보통 사람들의 눈으로도 그 끌어당김을 관찰할 수 있다. 그리고 어쩌면 미치는 거리가 너무 짧아서 아직은 관찰하지 못한 다른 끌어당기는 힘도 존재할지 모른다.[1]

뉴턴은 매우 먼 거리까지도 서로를 끌어당기는 힘에는 중력the attractions of gravity · 자기magnetism · 전기electricity 등이 있고, 그 밖에 우리가 아직 관찰하지 못한 힘이 더 있을 가능성도 있다고 역설했다. 그러나 뉴턴은 이런 당기는 힘attraction의 원인은 아직 알 수 없다고 고백했다.

반면, 뉴턴의 중력 이론을 접한 프랑스의 자연철학자들은 자국의 선배였던 데카르트(1596~1650)의 우주론을 더 신뢰했다. 특히 그들은 뉴턴이 중력의 원인에 대해서는 전혀 이야기하지 않는 점에 불만을 갖고 있었다. 그들 눈에는 뉴턴의 중력 개념이 중세 마술사들이나 연금술사들이 말하는 원격 작용력과 하등 다를 바 없이 느껴졌기 때문이다. 뉴턴 이전에 데카르트는 우주 공간을 가득 채운 미세 입자들의 소용돌이가 행성의 운동을 뒷받침하는 힘이라고 주장했다. 뉴턴에게는 그 힘의 원인이 무엇이든 간에, 그것의 크기를 계산할 수 있는 점이 중요했지만, 데카르트주의자들은 그 힘의 원인에 대한 설명을 요구했던 것이다.

1729년 앤드류 모토Andrew Motte가 《프린키피아》를 영어로 옮길 때 라틴어 gravitas는 영어 gravity로 번역되었다.[2] 이후 영어 gravity는 서로 떨어진 공간을 가로지르는 힘이자 행성 간에 끌어당기는 힘으로서 뉴턴 역학의 전파와 함께 전 세계로 퍼져나갔다. 바야흐로 뉴턴 역학 전성시대가 열린 것이다.

시즈키의 '구력'은 곧 중력을 의미했다

16세기 말 일본에서 간행된 《라포일대역사서羅葡日対訳辞書》는 이탈리아의 아우구스티노회 수도사 카레피노Ambrogio Calepino의 《라이사전羅伊辞典》(1502년 로마 간행)에 나오는 라틴어 항목에 일본어를 대응시킨 것으로, 라틴어를 포르투갈어로 해석하고, 거기에 일본어 유사어를 기재한 사전이다. 이 사전에는 Gravitas, Levitas라는 항목이 나오는데, 그것들은 Vomosaおもさ(무거움), Carusaかるさ(가벼움)라고 번역되어 있다.[3] 라틴어 Gravitas가 매우 이른 시기에 일본

에 전해졌다는 것을 알 수 있다. 그러나 Gravitas에 대한 그 이상의 설명은 아쉽게도 찾아볼 수 없다.

《메이지 어휘 사전明治のことば辞典》에는 "(중력은) 큰 힘의 의미였는데, 네덜란드어 Zwaartekracht의 번역어가 되었고, 나아가 영어 gravitation 또는 gravity의 번역어가 되어 정착했다"[4]라고 나온다. 중력은 네덜란드어의 번역어로 먼저 등장했다는 것이다.

일본에서 '중력'이라는 어휘를 처음 사용한 사람은 난학자 시즈키 다다오(1760~1806)였다. 시즈키는 뉴턴의 원자론을 전통적 기氣의 사상으로 재해석한 《구력법론求力法論》을 집필했는데, 이 책은 뉴턴의 원자론에 대한 존 케일John Keill의 해설서를 시즈키가 번역한 것이다. 여기에는 구력求力에 대한 소개가 다음과 같이 나온다.

이른바 실소實素에 구력求力이 있다. 미속자微屬子가 각각 다른 미속자를 원하고, 또 다른 미속자에게 원해지는 것, 아이작 뉴턴衛索柔鈍이 현상을 보고 이것을 발명했다.[5]

작은 입자를 의미하는 미속자들이 서로를 끌어당겨 '실소', 즉 물질을 이루는데, 이때 미속자들끼리 '끌어당기는 힘'이 바로 '구력求力, aantrekkende kragt'이라는 것이다. 아울러 시즈키에 따르면 케일은 제4명제에서 다음과 같이 말했다.

구력求力은 행성諸曜과 혜성欀掐을 그 궤도行輪에 유지시키는 것 이외에도 물질實素의 성중性中에 있는 힘이다. 이것에 의해 속자屬子가 각

각 서로 원하고 또 서로 원해진다.[6]

다시 말해 '구력'이란 천체 운동에 작용하는 힘을 가리킴과 동시에, '속자'라고 불리는 작은 입자들이 서로를 끌어당겨 물질을 이루는 힘이기도 하다는 것이다. 이 같은 케일의 설명에 대해 시즈키는 다음과 같은 각주를 덧붙이고 있다.

> (위에서 말한) 처음의 구력求力은 중력重力을 의미한다. 행성諸曜에서는 middelpunt-zoekende kragten(구심력求心力)을 말한다. 뒤에 말하는 것은 이 책에서 계속 언급해 왔던 구력이다. 이것은 곧 실소성중實素性中에서 나오는 것으로 모든 힘의 근본이다.[7]

즉, 앞에서 언급한 구력, 다시 말해 "행성과 혜성을 그 궤도에 유지시키는" 힘은 오늘날로 보자면 '중력'을 의미하는데, 그것은 원운동에서 운동의 중심 방향으로 작용하여 물체의 경로를 바꾸는 힘인 구심력과 같은 힘이라는 것이다. 시즈키는 '중력'이라는 어휘를 구심력, 구력과 같은 개념으로 사용했다.

하지만 뒤에서 언급한 "물질의 성중性中에 있는" 구력求力이란 곧 입자 간에 끌어당기는 힘을 일컫는다. 시즈키는 '구력'이라는 어휘를 행성 간에 끌어당기는 힘인 '중력'과, 입자 간의 끌어당기는 힘을 포괄하는 개념으로 사용했음을 알 수 있다.

'구력'을 '중력'과 '인력'으로 바꿔 쓰다

시즈키는《구력법론》을 펴낸 지 약 14년 뒤에 뉴턴 역학을 집대성한 책《역상신서曆象新書》의 번역을 완료했다. 전 3권으로 이루어진《역상신서》는 코페르니쿠스의 지동설, 뉴턴의 세 가지 운동법칙, 그리고 케플러의 타원궤도 법칙 등 근대과학의 주요 법칙들을 자세히 설명한 책이다.

그런데 일찍이《구력법론》에서 천체 간의 끌어당기는 힘인 '중력', 그리고 입자 간의 끌어당기는 힘까지를 포괄해서 사용했던 '구력'을 시즈키는《역상신서》에서는 '중력'과 '인력引力'으로 바꿔 썼다. 잠시 그 부분을 인용해 보면 다음과 같다.

> 중력重力이란 대지大地가 만물을 끄는 것인데, 대지가 만물을 잘 끌어당길 뿐만 아니라, 만물 또한 대지를 잘 끌어당긴다. 사실인즉 만물의 실기實氣와 지地의 실기가 서로 끌어당기는 것이다. 단, 작은 물체는 인력引力이 작으며 움직임은 크고, 큰 물체는 인력이 크며 움직임은 작다. 이로 인해 대지는 금목金木으로 떨어지지 않고, 금목은 대지로 떨어진다. 사실은 대지와 금목이 서로 떨어지지만, 대지의 작은 움직임은 느낄 수가 없다.[8]

중력이란 대지와 만물이 서로 끌어당기는 힘이라는 것이다. 예를 들어, 돌멩이가 지구를 향해 떨어질 때, 지구도 돌멩이를 향해 떨어진다. 물론 돌멩이가 지구로 떨어지는 것은 쉽게 알 수 있지만, 지구가 돌멩이를 향해 떨어지는 것은 사실상 알 수 없다는 것이다.

한편 시즈키는 여기서 '인력'을 '끌어당기는 힘' 정도로 쓰고 있다. 그는 "인력引力과 중력重力이 두 가지로 사용되지만, 그 실實은 하나이다. 땅地에 떨어지는 데서는 중력이라 하고, 정기미질精氣微質 위에서는 인력이라 한다"[9]라고 말했다. 중력과 인력이 기본적으로 같은 것이지만, 천체 간에 끌어당기는 힘을 '중력'이라고 부른다면, 인력은 기와 질이나 '입자 간의 작용하는 힘'과 같은 보다 미세한 영역에 한정해서 사용한다는 것이다.

그런데 시즈키는 이 '중력'의 원인을 무엇이라고 보았을까? 앞서 말한 대로 뉴턴의 중력 개념은 마술사들의 신비한 원격 작용력과 흡사하다는 비판을 받아왔다. 뉴턴 스스로도 중력의 원인이 무엇인지 언급하지 않았다. 그러나 《역상신서》에서 시즈키는 뉴턴의 중력과 인력을 전통적 기氣의 개념을 통해 재해석하고자 했다. 즉, 시즈키는 우주 안에는 기가 가득 차 있는데, 기가 뭉칠 때는 실기實氣가 되어 물체를 형성하고, 기가 흩어질 때는 허기虛氣가 되어 공간에 충만하게 된다고 말한다. 기가 뭉친 상태는 실實, 즉 실기實氣이고, 흩어진 상태는 허虛, 즉 허기虛氣이다. 기의 뭉침은 질質을 이룰 수 있는 상태로 질은 실기로부터 만들어지고, 기가 흩어지면 질을 이루지 못한 허기가 공간에 충만하게 된다는 것이다. 물체가 실기로부터 만들어지는 것처럼, 중력 또한 실기로부터 생겨나는 힘이라는 것이 시즈키의 주장이다. 그는 다음과 같이 말한다.

중력은 실체에 속한다. 그렇기 때문에 형색形色이 만수萬殊라 해도 실기實氣의 소밀疏密이 다르다. 질質이 밀굴密屈한 것은 실기가 배倍가 되고 중량重量도 배가 되며, 실기가 절반이 되면 중량도 절반이 된다. 따라서 실기의 다소多少는 중량을 측정하면 알 수 있다.[10]

즉, 물체의 중량은 실기가 뭉쳐지는 정도에 의해 차이가 난다는 것이다. 실기가 많아지면 중량이 커지고, 실기가 적어지면 중량도 작아진다. 물체의 중량은 질량에 비례한다고 볼 때, 실기의 많고 적음은 질량의 크고 작음과 관계되고, 그것은 곧 중력의 크기와 연관된다는 것이다. 이처럼 시즈키는 중력의 크기를 기가 뭉쳐지는 정도로 환원했다.

중력의 크기를 기에 의해 설명한 것과 마찬가지로, 시즈키는 입자 간의 끌어당기는 힘, 즉 인력도 기에 의해 설명했다. 동아시아의 전통적 물질관에서 기氣와 질質의 차이는 기의 희박함과 농밀함의 차이일 뿐이었다. 즉, 기가 농밀하게 모이면 질을 이루고, 그것이 희박해지면 다시 기로 되돌아간다는 것이다. 그러나 기가 뭉쳐 질을 이루고, 질이 흩어져 기로 되돌아가는 원리에 대해 제대로 설명한 적은 없었다.

시즈키에 따르면, 분자分子는 곧 질이고, 질은 기가 뭉쳐서 만들어진다. 기가 질을 이루고 질이 기로 되돌아가는 현상은 곧 인력과 탄력彈力에 관계된다는 것이다. 시즈키는 다음과 같이 말한다.

만약 하나의 분자가 지금 두 분자 사이에 있다면, 중간의 분자와 좌우 분자는 서로 당기고, 또 좌우의 분자는 중간의 분자를 끼고 서로 당긴다. … 그렇기 때문에 중간의 분자는 이로 인해 수축한다屈. 이것을 기氣가 인력引力으로 수축한다고 한다. 좌우 분자가 없어지면, 중간 분자는 펴진다伸. 이것을 질質이 탄력으로 펴진다고 한다.[11]

즉, 기가 희박해질 때는 질의 탄력이 작용하여 그 질을 해체시켜 기로 되돌아가고, 기가 뭉쳐 농밀해질 때는 기의 인력이 왕성하여 기를 모아 질이 된다는 것이다. 다시 말해 부드러운 유질柔質의 경우는 그 질이 가볍고 실기도 적기 때문에 인력이 약한 반면, 딱딱한 강질剛質의 경우는 실기가 많기 때문에 인력도 강하다. 기의 양에 따라 인력의 크기가 정해진다고 보았던 것이다. 이처럼 시즈키는 중력은 물론 뉴턴의 원자론을 통해 받아들인 탄력과 인력 개념을 전통적인 기와 질의 관계를 통해 재해석했던 것이다.

메이지 시대의 '중력'과 '만유인력' 개념

'중력'은 다른 근대과학 어휘들과 비교했을 때도 꽤 이른 시기부터 일본어 사전들에 등재되었다. 1867년 호리 다쓰노스케 등이 편찬한 《영화대역 수진사서》(1862년판의 개정증보판)에서 attraction은 '당기는 것引寄ル一, 인력引力, 마음을 빼앗는 것心ヲ奪フ可キコト'으로 번역되었고, gravitation은 '중력'으로, gravity는 '무거움重サ, 중력, 위중威重' 등으로 번역되었다. 이미 시즈키 등 메이지 이전의 난학자들이 사용했던 어휘들이 에도 시대 말기의 사전에 반영되었던 것으로 보인다.

이 같은 중력, 인력 개념은 1868년 메이지 유신 이후에 서양 천문학의 본격적인 도입과 함께 빠르게 뿌리내렸다. 니시 아마네는 《백학연환》 제2편 제2 Physical Science 물리상학의 제1 격물학 Physics에서 "인력이라는 것은 만유萬有가 서로 끌어당기는 힘으로, 예를 들어 지구에 만유가 모두 떨어지는 것과 같다"[12]라고 썼다. 또 그는 "뉴턴은 영국의 Lincolnshire라는 곳에서 태어나, inflection, gravitation 중력重力을 발명하고, 또 Philosophia Naturalis Principia Mathematica 수학상數學上의 격물론이라고 번역하는 책을 집필했다"[13]라고 썼다. 오늘날 보통 《자연철학의 수학적 원리》로 번역하는 뉴턴의 저서를 《수학상의 격물론》이라고 번역한 것은 흥미롭다. 니시는 인력을 만유 즉 자연계의 끌어당기는 힘으로, 그리고 중력을 gravitation의 번역어로 사용했음을 알 수 있다. 만유란 근대 이전에 자연계를 의미하는 대표적인 어휘였다. 따라서 만유인력이란 곧 '자연인력'이라는 의미와도 비슷하다고 볼 수 있다.

1880년대의 사전들에는 이미 중력과 인력이 대표적인 번역어로 정착했다. 예를 들어, 1881년 이노우에의 《철학자휘》에는 attraction이 '인력引力'으로 번역되었고, gravitation은 '중력重力'으로 번역되었다. 1886년 세키 신파치尺振八가 펴낸 《메이지 영화자전明治 英和字典》에서 gravity는 '중력重力, 지구地球의 인력引力'이라고 나오고, gravitation은 '중력重力, 중심을 향하는 것中心ヘ向フコト'이라고 되어 있다.

'중력'은 한국에 어떻게 등장했나?

뉴턴의 만유인력을 조선에 본격적으로 소개한 인물은 조선 후기의 사상가 최한기(1803~1877)이다. 그는 1867년 천문학 저서인 《성기운화星氣運化》라는 책을 집필하여 뉴턴의 만유인력을 소개했다.[14] 이 《성기운화》는 영국의 천문학자 윌리엄 허셜William Herschel(1792~1871)이 쓴 *Outlines of Astronomy*를 중국인 이선란李善蘭(1811~1882)과 영국인 선교사 와일리Alexander Wylie(1815~1887)가 한역한 《담천談天》(1859)이라는 책을 바탕으로 집필한 것이다. 허셜의 책은 뉴턴 역학을 기초로 코페르니쿠스의 태양중심설과 칸트의 성운설 등의 천체 이론들을 소개한 것으로, 《담천》에는 뉴턴의 만유인력을 '섭력攝力'으로 번역했다. 최한기도 이 '섭력'이라는 어휘를 빌려 만유인력을 표현했다. 단, 그는 중력의 발생 원인에 대해서는 어떤 설명도 하지 않았던 뉴턴과는 달리, 거기에 기륜氣輪이라는 독특한 이론을 도입했다. 최한기는 〈기륜섭동氣輪攝動〉에서 다음과 같이 말한다.

> 만약 기륜이 없다면 멀리 떨어져 있는 별들을 무엇으로 당기고 밀고 하겠는가? 바로 기륜이 있어서 그런 것이니 표면이 서로 문지르고 접하게 되면 풀무질을 하는 것과 같이 되어 운화運化에 이른다.[15]

기륜이란 수레바퀴처럼 겹겹이 쌓인 기를 의미하는데, 최한기에 따르면 섭력이 발생하는 원인은 이 기륜의 섭동攝動, perturbation 때문이라고 말하는 것이다. 조선 후기의 대표적 기학자氣學者였던 최한기는 어디까지나 기학의 입장에서 뉴턴 물리학을 새롭게 해석하려고 시도했다. 물론 그 시도가 결과적으로 성공적이었다고 볼 수는 없다. 하지만 앞서 살펴본 대로 뉴턴 역학의 발표 당시에 만유인력은 가장 큰 논란을 불러왔던 개념 중 하나였다. 따라서 조선에 살던 최한기도 그 만유인력이라는 개념을 쉽게 받아들이지 못했고, 그것을 자신이 믿었던 기학적 세계관을 통해 이해하려고 했던 것은 어쩌면 당연한 일이었다.

그러나 역설적이게도 뉴턴의 중력 개념을 완전히 수용한다는 것은 뉴턴이 남긴 문제점까지도 있는 그대로 수용한다는 것을 의미했다. 19세기 후반에 이르러 그것은 본격화된다.

1895년 유길준이 쓴 《서유견문》에는 '인력'이 천문학의 어휘로 등장한다. 즉, 〈태서학술泰西學術의 내력來歷〉이라는 글에서는 "학술이 날로 새로워지는 시대에 태어나 24세 무렵에 태공과 대지의 인력을 탐구했으며, 광선의 공용과 물체의 색의 근원을 규명했고[學術의 日新ᄒᆞ는 世界에 生ᄒᆞ야 時年二十四에 太空과 大地의 引力을 窮究ᄒᆞ며 光線의 功用과 物色의 根元을 論究ᄒᆞ고]"[16]라고 나온다. 여기서 '태공'이란 우주를 뜻하고, 대지란 지구를 뜻하기 때문에 태공과 대지의 '인력'이란 우주와 지구 간의 끌어당기는 힘을 뜻했다.

최초의 근대 물리학 교과서인 1906년 《신찬소물리학》에서는 인력과 중력이라는 어휘가 나온다. 먼저 인력은 다음과 같이 소개되고 있다.

각 물체는 거리의 원근을 막론하고 서로 끌어당기는 힘이 있으니 무릇 물체를 구성하는 각 분자는 다른 분자를 끌어당기기 때문에 이 인력은 우주 간에 널리 미친다. 두 물체가 서로 끌어당기는 힘은 그 두 물체를 구성하는 분자의 인력의 총량이니 그 강약은 분자의 전체수와 분자의 질량에 관계된다[各物體는 距離의 遠近을 勿論ㅎ고 互相 牽引ㅎ는 力이 有ㅎ느니 大凡物體를 構成흔 各分子는 他의 分子를 牽引 ㅎ는 故로 該引力은 宇宙間에 普及ㅎ는지라 二物體가 互相牽引ㅎ랴는 力은 其兩物體를 構成흔 分子의 引力의 總量이니 其强弱은 分子의 總數 와 分子의 質量에 關흠이니라].[17]

즉, 물체는 분자들로 이루어지는데, 분자들은 서로 끌어당기는 속성을 지녔으며, 두 물체가 서로 끌어당기는 인력의 총량은 두 물체를 구성하는 분자들의 인력의 총량이라는 것이다. 그리고 지구가 인력을 갖는 것도 그런 원리에서 기인한다.

지구는 여러 물질이 모여서 큰 원형의 구를 이룬 것으로, 그 표면에 작용하고 있는 힘도 매우 크며, 각 물체가 모두 구의 표면에서 중심을 향해 접착하며, 각 물체도 또한 지구를 당기고자 하는 힘이 있다[地球는 衆物質이 集合ㅎ야 重大히 圓形의 球를 成흔 故로 其表面에 發ㅎ는 力도 强大ㅎ며 各物體가 다 球의 表面에서 中心을 向ㅎ야 接着 ㅎ며 各物體도 또한 地球를 引揚코져 ㅎ는 力이 有ㅎ니라].[18]

아울러 《신찬소물리학》은 물체가 서로 끌어당기는 힘을 인력이

라 하고, 그 인력 중에서도 지구와 물체가 끌어당기는 힘을 중력이
라고 표현했다.

　물체의 중력은 어떤 물체와 지구가 서로 끌어당기는 힘에서 비롯
된 것이니, 이 인력을 우주 간에는 보통 중력이라 부른다. 무릇 물체
는 지구 표면을 떠나면 수직으로 낙하하는 힘이 있으니, 이것을 붙들
어 놓으려면 서로 같은 힘이 필요하다[物體의 重力은 該物體와 地球가
互相 牽引ᄒᆞᄂᆞᆫ 力에 基因ᄒᆞᆷ이니 此引力을 宇宙間에 普通重力이라 云ᄒᆞ
ᄂᆞ니라 凡物體ᄂᆞᆫ 地球表面을 離ᄒᆞ면 垂直으로 下落ᄒᆞᄂᆞᆫ 力이 有ᄒᆞ니
此를 支拄ᄒᆞ랴면 相適ᄒᆞᆫ 力을 需ᄒᆞᄂᆞ니라].[19]

　이후 인력과 중력은 20세기 초 조선인 일본 유학생들의 잡지에
천문학의 용어로 자주 등장하기 시작했다. 1906년 10월 24일《태
극학보》제3호에 김태진이 쓴〈월급은하月及銀河〉에는 "우주 간의 만
물이 모두 인력을 갖고 있기 때문에 달도 인력이 있어서 그 힘을 지
구에 미치니[蓋宇宙間의 萬物이 다 引力을 備存ᄒᆞ 故로 太陰도 ᄯᅩᄒᆞᆫ 引力
이 有ᄒᆞ야 其力을 地球의 及케 ᄒᆞᄂᆞ니]"[20]라고 나온다. 태음 즉 달과 지
구가 인력으로 서로를 끌어당긴다는 것이다. 1908년 9월 25일《기
호흥학회월보》제2호에 박정동이 쓴〈지문약론地文略論〉에서도 "(태
양의) 그 인력은 다른 행성을 끌어당기고자 하지만, 태양이 자전하
는 힘으로 다른 행성들을 그 주위로 돌게 함으로[且其 引力은 他遊星
을 引付코자ᄒᆞ나 太陽이 自轉ᄒᆞᄂᆞᆫ 勢를 因ᄒᆞ야 他星을 其 周圍로 旋回ᄒᆞᆷ으
로]"[21]라고 나온다. 또 1909년 7월 1일《서북학회월보》제14호에 죽

포생이 쓴 〈학문연구學問研究의 요로要路〉에는 "돌을 던져도 지상으로 낙하하고, 탄환을 쏘아도 지상으로 낙하하는 실험으로 인해 지상의 모든 물체가 지구의 인력 때문에 낙하한다는 진리를 발견했다고 한다[石을 投ᄒ야도 地上으로 落下ᄒ고 彈丸을 發ᄒ야도 地上으로 落下ᄒᄂ 實驗으로 因ᄒ야 地球의 引力으로 地上諸物은 皆 落下ᄒ다 ᄒᄂ 眞理를 발견ᄒ얏다 ᄒᄂ도다]"[22]라고 지구의 인력을 설명하고 있다.

'인력'에 더하여 '만유인력'이라는 용어가 등장한 것은 1907년 7월 24일《태극학보》제12호에 김낙영이 쓴 〈동몽물리학 강담童蒙物理學 講談(二)〉에서이다. 즉, "나중에는 우주 간에 인력이 있어서 서로 끌어당기는 줄을 명백히 알게 되었으니 소위 뉴턴의 만유인력이 이것이다[나종에ᄂ 宇宙間에 引力이 有ᄒ야 서로 吸引ᄒᄂ 줄을 明白히 解析ᄒ엿ᄉ니 此 所謂 뉴톤의 萬有引力이 是로다]"[23]라고 나온다.

'중력'이라는 용어가 사용된 것도 비슷한 시기이다. 위 글을 쓴 김낙영은 "고로 지구면에 작용하는 인력을 제한하여 중력이라 합니다[고로 地球面에 作用ᄒᄂ 引力을 制限ᄒ여 重力이라 ᄒ옵ᄂ다]"라고 썼다. 또 1907년 3월 3일《대한유학생회회보》제1호에 최남선이 쓴 〈혜성설彗星說〉에는 "즉 물리적 성질도 또한 지금같이 확실히 알 수는 없으니 대개 일면으로는 중력의 법칙을 따르는 듯하고[卽 物理的 性質도 또한 至今ᄉ디 確定티 못ᄒ니 大蓋一面으론 重力의 法則을 從ᄒᄂ 듯 ᄒ고]"[24]라고 나온다. 1908년《대한학회월보》제2호에 강전姜荃이 쓴 〈물리학物理學의 적요摘要〉에서는 "만유인력 및 중력: 우주에 존재하는 물체는 떨어진 거리에 상관 없이 서로 끌어당기는 힘을 가지고 있음[萬有引力 及 重力: 凡宇宙間에 在ᄒ 物體ᄂ 其 離의 遠近을 勿論ᄒ고 互相

히 牽引ᄒᆞᄂᆞᆫ 力이 有홈]"[25]이라고 중력과 만유인력을 같은 힘으로 소개하고 있다.

사전류에서도 gravity나 gravitation이 중력으로 번역된 것은 20세기에 이르러서였다. 1890년 언더우드의 《한영ᄌᆞ뎐》에는 gravity가 나오지 않지만, 1891년 스콧의 《영한ᄌᆞ뎐》에는 gravity가 '즁ᄒ다, 무게, 무겁다'로 번역되었다. 그러다가 1914년 존스의 《영한ᄌᆞ뎐》에서는 gravity는 나오지 않지만, gravitation이 '즁력重力'으로 번역되었다. 하지만 1924년 게일의 《삼천ᄌᆞ뎐》에는 gravitation이 '인력引力, 흡력吸力'으로 번역되었다. 아직 번역어로서의 불완전함은 남아 있었지만, 존스의 《영한ᄌᆞ뎐》 이후로는 대체로 gravity나 gravitation이 '중력'으로 번역되었다.

이처럼 조선에서는 1900년대 초에 인력, 만유인력, 중력이라는 어휘들이 모두 사용되고 있었음을 확인할 수 있다.

화학

化學 / Chemistry

화학의 뿌리가 연금술이라는 것은 널리 알려진 사실이다. '화학'을 뜻하는 영어 '케미스트리Chemistry'가 연금술을 뜻하는 '알케미 Alchemy'에서 유래했다는 것으로부터도 그 흔적을 엿볼 수 있다. 당초 '알케미'는 아랍어 al- kimiya에서 온 것으로, 여기서 al은 영어의 정관사 the에 해당하고, kimiya는 그리스어로 '금속을 주조하다'는 뜻의 '키미야khemia'에서 온 것으로 추정된다. 연금술의 뿌리는 고대 이집트인들이 약 1000년간 이어왔던 마법, 신화, 사체 방부 처리법, 유리 제조, 야금학 등이었다. 이 고대의 비술들이 그리스 문화와 결합하면서 기묘하고 복잡한 기법인 연금술이 탄생한 것으로 여겨진다. 따라서 그리스어 '키미야'가 약 4세기 무렵에 등장했을 때, 그것은 황동을 금과 은으로 바꾸는 금속 작업을 가리켰다. 훗날 아랍인들이 여기에 al을 붙이면서 alchemy라는 어휘가 출현하게 된 것이다.

이슬람 과학자 자비르 이븐 하이얀Abu Musa Jabir ibn Hayyan(721~
815)은 아랍어로《검은 땅의 책Kitab al-Kimya》을 집필했는데, 여기서
검은 땅Kimya이란 이집트를 가리켰다. 해마다 나일강의 범람으로
만들어진 비옥한 땅이 검은색을 띠었기 때문에 붙여진 이름이다.
이 책은 12세기 무렵 라틴어로 번역되어 유럽에 알려지게 된다.[1]

연금술이 화학으로 탈바꿈한 시기를 정확히 특정하는 것은 쉽지
않은 일이다. 단, 어휘적으로 보면, 17세기에 들어 chemistry라는
어휘를 표제에 담은 책들이 출판되기 시작했다. 독일의 증류사 요
한 포프Johann Popp는 1617년《화학적 의약Chymischen Medicin》이라는
책을 펴냈고, 영국의 화학자 로버트 보일(1627~1691)은 1661년에
《회의적인 화학자The Skeptical Chymist》라는 책을 집필했다. 그러나
당시 '화학'이라는 어휘를 썼다고 해서 그 내용이 연금술과 완전히
단절된 것은 아니었다. 근대 화학의 대표자로 일컬어지는 보일조
차도 중세의 연금술사들이 찾아 헤맸던, 모든 금속을 황금으로 바
꾸는 '철학자의 돌Philosopher's stone'을 구하고자 노력했다.[2] 또 아이
작 뉴턴의 연금술 문서들을 분석한 경제학자 존 메이너드 케인스
John Maynard Keynes(1883~1946)는, 뉴턴을 이성의 시대를 연 최초의
인물이 아니라 바빌로니아인이자 수메르인이었으며 최후의 마술
사였다고 평가하기도 했다. 그러나 프랑스 화학자 라부아지에
Antoine-Laurent de Lavoisie(1743~1794)가 화학에 대한 명명법을 새롭게
주장하고, 실험과 증명에 기반을 둔 본격적인 계량 화학의 길을 열
면서 화학은 마침내 근대과학으로서의 길을 내딛기 시작했다.

'화학'이라는 어휘는 중국에서 처음 출현했다

화학化學은 중국 기원의 어휘라는 것이 지금까지의 정설이다. 현재
로서는 아편전쟁 이후, 외국인 선교사들이 활동하던 상하이에서
이 어휘가 처음 사용되었다는 설이 가장 유력하다.[3] 물론, 중국에
서 '화학'이라는 어휘가 등장하기 이전에 중국인들은 chemistry라
는 어휘를 먼저 접했고, 그 어휘를 '단조지사丹竈之事, 연용법煉用法, 연
법煉法, 연물지학煉物之學, 연물지리煉物之理' 등 다양한 어휘로 옮겼다.
'단조지사'의 '단조'란 도사가 단약을 만드는 부뚜막을 뜻했고, 나머
지 어휘들에도 한자어로 금속을 정련한다는 의미의 연煉 자가 사용
된 것을 볼 때, 서양의 화학을 접한 중국인들은 chemistry가 고대 중
국의 도사들이 불로장생의 약을 만들거나 금속을 재련하는 것과 유
사한 학문이라고 인식했음을 보여준다. 이런 번역어들은 19세기까
지도 빈번하게 사용되었다. 1855년 홍콩에서 선교사들이 발행한 월
간지《하이관진遐邇貫珍》제10호에서는 화학을 '서국련화지법西國鍊化之
法', 즉 "서양에서 말하는 연화의 방법"이라고 번역했다.

현재까지의 연구에 따르면, '화학'이라는 어휘가 가장 먼저 등장
한 문헌은 상하이 묵해서관에서 중국 측 협력자로 활약했던 중국
인 왕도王韜의 일기이다. 즉, 1855년 2월 14일자 왕도의 일기에는 다
음과 같이 쓰여 있다.

대군戴君이 서양 기계를 특별히 꺼내어, 액체를 잔에 섞자 곧바로
색이 변했다. 대군은 이것을 화학化學이라고 불렀다. 상상해 보건대,

황산磺强水이 관계되어 있을 것이다[戴君特出奇器, 盛水于栝, 交相注, 曷
頓复变色, 名曰化学, 想系磺强水所制].[4]

여기서 대군이란 당시 상하이에 와 있던 영국 출신의 선교사 제
임스 허드슨 테일러James Hudson Taylor(1832~1905)를 일컫는다. 묵해
서관은 상하이에 있던 서양인 선교사들이 교류하던 대표적 장소였
고, 왕도는 그 묵해서관에서 있었던 한 일화를 기록한 것으로 보인
다. 일기의 내용으로 볼 때, 왕도는 허드슨이 말한 화학을 아마 처
음 들어봤던 것 같다. 물론, 이것만으로는 그 어휘를 만든 사람이
허드슨이라고 단정할 수는 없다. 당시 상하이의 선교사들 사이에
서 사용된 어휘를 허드슨이 언급했을 가능성 또한 배제할 수 없기
때문이다.

또 영국인 선교사 와일리Alexander Wylie(1815~1887)가 중심이 되어
편찬한 월간지《육합총담六合叢談》(1857~1858)에도 '화학'이라는 어휘
가 등장한다. 이 잡지는 서양의 종교, 과학, 문학, 신문 기사를 소개
한 것인데, 1856년 12월 창간호《소인小引》에서 다음과 같이 말하고
있다.

대강과 세목을 든다면 그중 하나가 화학이다. 각 물질은 제 나름대
로 성질을 갖고 있다. 지성至誠한 사람이 열심히 분석하여 64가지 원소
가 있다는 것을 알게 되었다. 원소는 물질이 이루어지기 전의 존재들
이다[請略擧其綱: 一爲化學, 言物各有質, 自有變化, 精誠之士, 條分縷析,
知有64元, 此物未成之質也].[5]

'화학'은 물질의 성질을 논하고 변화시키는 학문이라는 것이다. 심국위沈國威는 1858년 5월에 종간되기까지 총 15호가 발행된 이 《육합총담》에 '화학'이라는 어휘가 열한 차례 등장한다고 조사했다.[6] 《육합총담》은 당시 매호 수천 부가 인쇄될 만큼 중국에서 인기를 끌던 잡지로, 상하이 이외에도 중국 각지에 배포되었고, 1859년 무렵에는 일본에도 전해졌다. 따라서 '화학'이라는 어휘도 이 잡지를 통해 중국 전역과 일본으로 퍼져나갔던 것으로 추정된다.

이 밖에도 19세기 중국에서 활동했던 스코틀랜드의 선교사 알렉산더 윌리엄슨Alexander Williamson(1829~1890)의 대표적 저서 《격물탐원格物探原》(1856)에도 '화학'이 등장한다.[7] 또 묵해서관에서 활약하던 영국인 선교사 조지프 에드킨스Joseph Edkins(1823~1905, 중국명 艾約瑟)가 이선란李善蘭과 함께 1859년에 번역한 역학 입문서 《중학重學》 제19권에도 '화학'이라는 어휘가 등장한다. 이 어휘는 에드킨스의 1856년 저서 《중서통서中西通書》에도 이미 나온 것으로 추정되지만, 그 책은 아쉽게도 소실되었다.

이처럼 '화학'이라는 어휘는 1855년에 중국에서 처음 등장한 이후 주로 서양인 선교사들의 저서에 사용되었고, 곧 공식적인 중국어 안에 편입되었다. 1866년 외국어를 가르치던 경사동문관京師同文館에서는 천문, 산학, 화학, 격치 등 서양과학 관련 교과목을 개설했다. 1868년에는 강남제조국 번역관이 설치되었고, 1870년 《화학감원化學鑒原》, 1871년 《화학분원化學分原》, 1873년 《화학지남化學指南》, 1875년 《화학감원속편化學鑒原續編》 등 화학이 책 제목에 등장하기 시작했다. 이처럼 1855년 중국에서 처음 등장한 '화학'은 1870년대 무렵에는 이미 중국에 상당히 정착한 어휘가 되었던 것이다.

'사밀'이라는 일본제 번역어의 반격

19세기 중엽 일본에서도 화학은 서양 학문의 중요한 한 분야로 인식되었다. 다른 학문과 마찬가지로 화학도 네덜란드를 통한 서양 학문, 즉 난학을 통해 유입되었는데, 여기에 흥미로운 번역어인 사밀舍密이 등장한다. '사밀'이란 네덜란드어 chemie를 일본어로 발음한 '세이미'에 한자어를 대응시킨 것이다. 이 어휘를 만든 사람은 에도 시대의 난학자이자 오늘날 일본 근대 내과 의학의 선구자로 일컬어지는 우타가와 요안宇田川榕庵(1798~1846)이었다. 그는 1834년 《식학계원植学啓源》이라는 책을 집필했는데, 여기서 '식학'이란 오늘날 식물학을 의미하는 botany를 가리켰다. 다만, 이 책은 단순히 식물학에 관한 소개에 머물지 않고, 서양에 일본의 본초와는 다른 유형의 식물학, 즉 식물 성분을 물질로 취급하는 학문인 사밀舍密이 있다는 사실을 소개했다.

네덜란드어로 '화학'을 가리키는 어휘에는 시케이쿤드scheikunde와 헤미chemie가 있다. Scheikunde는 scheiden(나누다)+kunde(학)의 조합으로, '분리하는 학문'이라는 뜻을 가진다.[8] 한편 chemie는 chijmie라고도 하는데, 라틴어 chijmia, 이슬람어 al-kimia에서 유래한 것이다. 요안은 이 chijmie를 일본어로 '세이미'라고 음역하고,[9] 세이미가舍密加를 '이합지학야離合之學也'라고 설명했다. 이른바 화학은 분리離와 합성合의 학문이라는 것이다.

이후 난학자들은 화학이 분리와 합성의 학문이라는 요안의 설명에 대체로 동의했다. 그리고 그들은 주로 chemie를 '세이미セイミ'로 발음하고, 그 발음에 따라 한자어 '사밀'을 붙이는 전통을 따랐다. 그러다 보니 화학을 단순히 '이합離合'이나 '분합分合', 혹은 '제련製鍊'이라는 어휘로 번역하는 경우도 있었다. 예를 들어, 쓰보이 신도坪井信道(1795~1848)의 《제련발몽製鍊發蒙》(1829), 후지바야시 후잔藤林普山(1781~1836)의 《이합원본離合源本》 등은 제목에 그런 어휘를 사용하고 있다.

1867년 호리 다쓰노스케 등이 편찬한 《영화대역 수진사서》(1862년판의 개정증보판)에서도 chemistry는 '분리술分離術'로 번역되었고, chemist는 '분리가分離家'로 번역되었다.

또 난학자 가와모토 고민(1810~1871)은 이 어휘들을 더 자세히 설명했다. 그는 1856년 포술가를 위한 실천적 화학 서적인 《병가수독사밀진원兵家須讀舍密真源》이라는 책을 출판했는데, 이 책의 범례에서 다음과 같이 말하고 있다.

> 사밀은 세이미라고 읽는다. 이합離合의 뜻이다. 때문에 분합학分合學이라고 번역하는 것도 가능하다. 네덜란드에서 이것을 시케이쿤드シケキュンデ라고 한다. 분리술分離術의 뜻으로 합合의 의미는 없다. 이책에서 사밀이라고 쓰는 것은 근래의 통칭에 따른 것이다.[10]

고민은 네덜란드어 '시케이쿤드'를 '사밀, 이합, 분합학' 등으로 번역할 수 있지만, 당시 일반적인 번역어인 '사밀'에 따른다고 쓰고

그림 10-1

영국인 화학자 윌리엄 헨리가 쓴 《실험 화학의 정수》의 네덜란드어 번역본을 우타가
와 요안이 일본어로 번역하여 출간한 책 《사밀개종》.

있다. 한편, 《식학계원》에서 화학을 '사밀'로 번역했던 요안은 이후
영국인 화학자 윌리엄 헨리William Henry(1774~1836)의 저서 《실험 화
학의 정수Epitome of Experimental Chemistry》의 네덜란드어 번역본을
《사밀개종舍密開宗》(1837~1847, 내편 18권, 외편 3권 총 21권)이라는 일
본어로 번역했다. 사밀, 즉 '세이미'는 난학자들에게 상당히 널리
사용된 어휘였던 것이다.

'화학'이라는 중국제 어휘가 일본에 전해지다

'화학'이라는 중국제 어휘가 일본에 전해지기 전에 '사밀'이라는 어휘가 일본의 난학자들 사이에서 이미 널리 사용되고 있었다. 그렇다면 화학이라는 중국제 어휘는 언제 어떻게 일본에 전해졌던 것일까? 중국에서 간행된 《육합총담》이 일본에 들어온 것은 1859년 무렵으로, 이 서적을 통해 '화학'이라는 어휘도 자연스럽게 일본에 소개된 것으로 보인다.

'화학'이라는 중국제 어휘를 일본에서 처음 사용한 사람은 난학자 가와모토 고민이었다. 그런데 그는 앞서 소개한 대로, 1856년의 《병가수독사밀진원》, 1857년의 《사밀독본舎密読本》등에서는 '사밀'이라는 어휘를 사용했다. 그러다가 1860년대에 들어 그는 '사밀' 대신에 '화학'이라는 어휘를 사용하기 시작했다. 최종적으로는 출판에 이르지 못했지만, 고민은 1860년 3월 《만유화학萬有化學》이라는 화학 서적을 집필했다는 기록이 남아 있다. 당시 '만유'란 자연계를 의미하는 어휘로, '만유화학'이란 곧 자연계의 화학을 뜻했다. 또 고민은 독일의 율리우스 아돌프 스퇴크하르트Julius Adolf Stöckhardt (1809~1886)의 명저 《화학의 학교Die Schule der Chemie》(1846~1920, 전 22판)의 네덜란드어 번역본을 역술한 《화학신서化學新書》를 1860년에 완성했고,[11] 또 1871년에는 《화학통化學通》이라는 책을 출판했다.

고민은 종래 사용하던 '사밀' 대신에 왜 '화학'이라는 어휘를 사용하게 되었던 것일까? 정확한 이유는 알 수 없지만, 아마 그가 에도 시대 말기 외국 서적의 번역 업무를 담당한 번서조소蕃書調所에서 일했던 것과 관련이 있는 것 같다. 즉, 이 기관에서 그는《육합총서》를 비롯한 중국어 과학서적들을 가장 먼저 접할 수 있었고, 그것이 '화학'이라는 어휘를 사용하게 된 계기가 아닌가 생각된다. 이처럼 1850년대 말 중국에서 사용되던 '화학'이라는 어휘는 1860년 이후에는 고민을 통해서 일본에서도 사용되기 시작했다.

이후 '화학'이라는 어휘는 일본에 빠르게 퍼져나갔다. 1861년 도쿠가와 막부는 번서조소 안에 실험 제조 분야로서 정련방精鍊方을 설치했는데, 4년 뒤인 1865년에 정련방은 화학방化學方으로 개칭되었다. '화학'이 일본에서 공식적인 명칭으로 사용된 것은 이것이 최초였다.

아울러 1862년에는 번서조소가 양서조소洋書調所로, 1863년 양서조소는 개성소開成所로 개칭되었는데, 이 개성소의 교수 가쓰라가와 호사쿠桂川甫策(1832~1890)는《화학통람化學通覽》,《화학문답》을, 그리고 우쓰노미야 사부로宇都宮三郎(1834~1902)는《화학제요化學提要》를 각각 번역하여 출판했다.

1868년 메이지 유신 이후에는 화학이 정규 교육 과정의 공식 명칭으로 사용되기 시작했다. 1872년(메이지 5) 학제에서 화학은 상등소학, 중학의 한 교과명으로 채택되었다. 1877년(메이지 10), 도쿄대학 이학부理学部 안에는 화학과化學科라는 명칭이 사용되기 시작했다.[12] 이 밖에도 1878년(메이지 11)에는 당대 일본의 화학자들을 총망라한 도쿄화학회東京化學會가 창립되었다.

화학이라는 어휘를 사용한 각종 화학 관련 서적들도 출판되었다. 대표적인 것은 1874년 문부성에서 간행한《소학화학서小學化學

書》(1874)였다. 이것은 영국인 헨리 로스코Henry E. Roscoe의 저서를 이치가와 세이자부로市川盛三郞(1852~1882)가 번역한 것으로, 당시의 상등소학교칙上等小學敎則에는 화학化學 분과에 이 책을 교과서로 채택했다.

나카무라 마사나오는 1871년에 편역한 《서국입지편西國立志編》에서 제1편에 제련가製鍊家, 제3편에 제련술製鍊術이라고 썼다가, 제5편에서는 '화학'으로 바꿔 썼다. 후쿠자와 유키치도 《학문의 권유》, 《문명론지개략》에서 '화학'이라는 어휘를 사용했고, 《서양사정》초편 권1에서는 '화학'을 "만물의 성질을 탐색하여 이것을 분석하고 조합하는 학과"[13]라고 설명했다.

이로써 '화학'이라는 중국제 어휘는 1860년대 가와모토 고민을 통해 일본에 소개된 이후, 1870년대에는 일본에서 각종 서적과 교육계의 공식 명칭으로 이미 광범위하게 정착했음을 알 수 있다.

니시 아마네의 '화학'

역사상 화학은 서양에서 물리학과 유사한 학문으로 인식되었다. 따라서 화학이 오늘날과 같이 하나의 독립된 과학 분야로 자리 잡기 위해서는 물리학을 비롯한 인접 학문과의 경계가 그어질 필요가 있었다. 니시 아마네의 《백학연환》은 화학과 물리학 사이의 공통점과 차이점을 일본에서 처음으로 명확히 구분한 저술이었다. 니시는 물리학을 '격물학'이라고 칭했는데, 화학과 격물의 차이점을 다음과 같이 말했다. 즉, 두 학문은 "모두 matter物를 논하는 것이지만, 격물이 물질의 더 일반적인more common 것을 논한다면, 화학은 물질의 더 특별한more particular 것을 논한다".[14] 아울러 화학은 "experience to observation으로, 시험을 먼저하고 경험을 나중에 하는 것인데, 이때 시험이란 스스로 사실을 구하는 것을 말하고, 경험이란 그로부터 오는 것"을 말하는 반면, 격물학은 "observation to experience로 화학과 반대로 경험을 먼저하고 시험을 나중에 한다". 다시 말해, "화학은 molecule(분자) or particle to particle로, 물物의 분자를 더 소분자小分子로 하여, more interior(내부)에 천착하여 논하는 것"이라면, 격물학은 "body to body로, 물物에서 물物까지 more exterior(외부)에 대해 논하는" 것이다. 즉, 니시는 격물학을 물物의 외부, 즉 물과 물 사이의 관계를 규명하는 학문으로 이해한 반면, 화학은 물의 내부를 규명하는 학문으로 이해했던 것이다.

끈질기게 살아남은 어휘 '사밀'

1868년 메이지 유신 이후 '화학'은 자연과학의 대표적인 한 분야를 가리키는 어휘로 자리 잡았다. 그런데 당시에는 일본의 난학자들이 만든 어휘 '사밀舍密'도 아직 살아남아 있었다. 흥미로운 것은 메이지 유신 전후로 정부 기관의 공식 명칭으로 '사밀'이 여전히 사용된 적이 있었다는 것이다. 예를 들어, 1869년(메이지 2)에는 오사카사밀국大阪舍密局이 설립되었고, 1870년에는 교토사밀국京都舍密局이 설립되었다.[15] 이 '사밀국'들은 서양의 새로운 화학기술의 연구와 교육 등을 목적으로 설립된 것이었다. 앞서 살펴본 대로 메이지 이후 정부 주도의 기관들이 대부분 '화학'이라는 어휘를 채택했지만, 그럼에도 '사밀'을 여전히 신정부 관계자들이 사용하고 있었던 것이다.

그리고 1885년(메이지 18) 도쿄화학회 내부에서 벌어진 한 논쟁은 '사밀'을 여전히 선호한 사람들이 메이지 중기까지도 상당수였음을 엿보게 한다.[16] 이 논쟁의 발단은 1878년 11월에 열린 도쿄화학회에서 당시 도쿄대학 화학과에 재학 중이던 고가 요시마사甲賀宜政(1860~1935)가 했던 '화학명명론'이라는 강연이었다.[17] 그는 당시 일본에서 사용하고 있던 화학 원소명들의 난립이 심각함을 지적하고, 그것을 어떻게 통일해야 할지 문제를 제기했다. 이 강연을 계기로 화학 관련 번역어들을 통일하고 정비해야 한다는 분위기가 확산되었고, 결국 그 일을 담당할 기관으로 도쿄화학회 산하에 화학 역어위원회가 꾸려졌다.

그런데 1884년(메이지 17) 역어위원회 회원 중 일부가 '화학'이라는 명칭을 '사밀학'으로 바꾸자는 주장을 제기하기 시작했다. 이미 도쿄화학회라는 명칭이 사용되고 있었음에도, 일부 회원들이 그 같은 이의를 제기한 것은 굉장히 당혹스러운 사건이었다. 고심 끝에 이 안건은 결국 화학회 소속 총회원 중 3분의 2 이상의 찬성을 통해 결정하기로 했다. '화학'이라는 어휘의 명칭 변경은 매우 중대한 사안이므로, 과반이 아니라 3분의 2를 기준으로 했다고 한다. 그리고 이듬해 2월 투표의 결과, 총회원 73명 중에서 '화학'을 '사밀학'으로 바꾸는 안에 찬성한 인원은 35명이었다. 찬성이 3분의 2에 이르지 못했기 때문에 결과적으로 '화학'이 살아남은 것이다. 비록

'사밀학'이 퇴출되기는 했지만, 여전히 '사밀학'에 미련이 있거나, '화학'이라는 어휘에 만족하지 못했던 사람들이 상당수였다는 것을 알 수 있다.

'사밀'은 이렇게 도쿄화학회에서 공식적으로 퇴출되었지만, 민간 영역에서는 여전히 끈질긴 생존 본능을 발휘했다. 1889년(메이지 22) 7월에는 일본사밀제조회사가 야마구치현에 설립되었다. 또 1891년(메이지 24), 도쿄화학회에서 출판한 《화학역어집化學譯語集》에서 chemistry라는 항목을 보면, '화학'과 함께 '사밀학'이 여전히 대응하고 있었음을 볼 수 있다.

그렇다면 '사밀'에 대한 애착이 왜 이렇게 오랫동안 남아 있었던 것일까? 히로타는 이념적인 색채가 강한 '화학'보다, 뭔가 실용적이고 실학적 학문을 원했던 메이지인들에게 '사밀'이 더 친숙한 어휘로 받아들여졌기 때문이라고 지적했다.[18] 즉, '화학'이 주로 물질 변화의 이론적 측면을 다룬다면, '사밀'은 연금술적인 기원을 갖는 어휘로 인식되었다는 것이다. 연금술이란 서양의 연금술사들이 지하실 같은 어두운 공간에서 신비한 물질을 신비한 방법으로 처리하여 비약이나 황금을 얻으려고 노력한 데서 시작되었다. 그들의 노력은 결과적으로 목표를 이루지는 못했지만, 당시 부산물로 탄생한 방대한 지식이 결국 '화학'의 출발점이 되었던 것이다. 그런 점에서 일본에서 이 '사밀'이라는 어휘가 탄생한 것도 이 같은 연금술의 역사와 무관하지 않았다. 즉, 일본의 난학자들은 집을 의미하는 사舍와 비밀을 의미하는 밀密이라는 한자어를 결합시킴으로써 '사밀'이라는 새로운 어휘를 만들었다. 더군다나 이 어휘의 발음이 네덜란드어 '세이미'와 유사한 것은 '사밀'이 매력적인 번역어가 될 수 있었던 이유였다.

그러나 이 같은 '사밀'에 대한 애착은 서양에서 종래의 응용화학과는 다른, 순수화학을 비롯한 이론 중심의 화학이 발달하고, 그것을 배운 일본인 유학생들이 귀국하면서 점점 희미해져 갔다. 그런 점에서 도쿄화학회를 중심으로 벌어진 '사밀'과 '화학' 사이의 논쟁은 결국 양 진영의 화학관의 차이, 즉 화학을 실용적인 학문으로 볼 것인지 이론적 학문으로 볼 것인지에 대한 인식의 대립과도 관련이 있었고, 시간이 지나 이론적 화학이 주류를 차지하면서 '사밀'은 역사 속으로 사라져 갔다고 볼 수 있을 것이다.

'화학'은 언제 어떻게 한국에 유입되었을까?

임려는 '화학'이라는 중국제 어휘가 언제 어떻게 조선에 수용되었는지를 조사했다.[19] 그는 한국에서 '화학'이라는 어휘의 도입은 중국 서적을 통해서였지만, 화학의 실질적인 내용과 의미는 일본의 영향을 통해 그 이해가 깊어졌다고 지적했다.

'화학'이 한국에서 처음 등장한 것은 청말의 개혁주의자 정관응鄭觀應(1841~1923)의 《이언易言》이 유입된 1880년 무렵이었다. 정관응이 1870~1871년에 편찬한 《이언》은 중국의 개화정책을 소개한 저서로 1880년 홍콩에서 출판된 책이었다. 같은 해 수신사로 일본에 건너갔던 김홍집은 이 책을 주일 청국 공사관 참찬관 황준헌에게서 선물받았다. 조선에 들여온 이 책은 그 후 조선 지식인들에게 읽했고, 1883년에는 총 4권으로 언해되어 출판되기까지 했다. 여기에 '화학化學'이라는 어휘가 새로운 학문 분야로 소개되어 있었던 것이다. 이언의 언해본에 '화학'이라는 어휘는 총 네 차례 등장하는데, 단순히 "조화지리를 배우는 것이라"라고 나오는 등 '화학'에 대한 자세한 설명은 부족했다.

1881년 신사유람단이 일본에 파견되었을 때, 그 일원으로 참가한 이헌영은 귀국 후에 《일사집략日槎集略》(1881)이라는 보고서를 집필하는데, 여기서도 '화학'이라는 어휘가 다섯 차례 등장한다. 여기서 "이학과 화학의 신기한 실험을 보니, 그것은 기구를 만드는 기계라고 하는데, 사람의 눈을 현혹하게 하여, 매우 괴이하였다"[20]라고 쓰고 있다. '화학'이라는 어휘를 사용하고 있지만, 이 역시 짧은 설명에 머물렀다.

1884년 3월 8일 《한성순보漢城旬報》 제14호의 〈태서문학원류고泰西文學源流考〉에는 "화학은 원래 중국에서 방사들이 화로를 설치하고 화로통을 붉게 하여 단약을 조제하는 것이었다",[21] 또 "건륭乾隆조에 이르기까지 연단가들의 비술은 유학자들이 배우는 학문으로 되었다. 학명은 사밀舍密이라고 하다가 화학化學으로 바뀌었다"[22]라는 말이 나온다. 아울러 "미세한 물질들이 안 보이지만 은밀하게 변화하는 것을 '화학'이라 한다"라고도 나온다.

1884년 제5차 수신사 종사관으로 일본을 방문한 박대양은 《동사만록》(1884~1885)이라는 수신기를 썼는데, 여기서도 '화학'이라는 어휘가 등장한다. 1885년 1월 21일에 화학소를 방문 견학한 그는 "화학化學의 법은 오로지 물과 불 두 가지의 기氣가 서로 신기한 작용을 일으키는 것이니 변환이 끝이 없다"[23]라고 썼다.

유길준은 《서유견문》(1895)에서 '화학'이라는 어휘를 사용했다. 즉, 그는 화학이란 "만물의 근원이 되는 바탕을 추구함으로써 흩어지거나 변환하는 오묘한 이치를 연구하는 학문[萬物의 本元을 推究ᄒ야 離散變幻ᄒᄂ 妙理를 學홈]"[24]이라고 설명하고, 세상의 물체는 70여 종의 원소가 혼합되어 형성된다고 말했다. 아울러 화학은 원소의 화합과 분해 등을 통해 물질이 변환하는 원리를 파악한다는 점에서 '격물학(물리학)'과도 밀접한 표리관계가 있다고 설명했다.

1895년 7월 23일 학부에서 한성사범학교 칙령 제79호를 선포했는데, 제3조는 "한성사범학교 본과학원이 담당할 학과목은 수신, 교육, 국민, 학문, 역사, 지리, 수학, 물리, 화학, 박물, 습자, 작문, 체조로 한다"[25]라고 나온다. 《대한자강회월보》 제1호(1906년 7월 31일) 〈대한자강회세칙〉에는 "화학의 근원은 '알케미'이다. 영어로는 금화학이다[化學의 根源은 「알케미라」 英語 ᄒᄂ 金化學이라]"[26]라고 나온다. 알케미, 즉 연금술이 주로 금속을 금으로 바꾸는 것을 목표로 했기 때문에 여기서 '금화학'이라는 어휘로 번역했던 것 같다.

사전류를 살펴보더라도, 화학은 비교적 일찍부터 조선에서 등장한 것으로 보인다. 1890년 언더우드의 《한영ᄌ뎐》에는 chemistry가 다른 경쟁 어휘들이 없이 '화학'으로만 번역되었다. 이후, 1897년 게일의 《한영ᄌ뎐》에서는 '화학'이 chemistry, natural philosophy의 번역어로 나온다.

1911년 게일의 《한영ᄌ뎐》에서도 '화학'이 chemistry, natural philosophy의 번역어로 등장한다. 이 밖에도 '화학공업chemical industry, 화학명명법chemical nomenclature, 화학분석chemical analysis' 등의 어휘들이 나오는 등, '화학'이 이미 상당히 일반적인 어휘로 자리 잡았음을 알 수 있다.

이처럼 '화학'이라는 중국제 어휘는 일본을 경유하여 1880년대에 한국에 처음 들어왔고, 이후 일본의 화학 관련 서적을 통해 더 깊은 이해가 가능해졌으며, 1890년대에는 벌써 각종 사전들에 등장함으로써 한국에 빠르게 정착했음을 알 수 있다.

11

진화

進化 / Evolution

《옥스퍼드 영어 사전Oxford English Dictionary》에 따르면, 진화를 의미하는 영어 어휘 evolution은 '책을 펼친다'는 뜻의 라틴어 evolutionem에서 유래했다고 한다.[1] 이 evolutionem의 동사형에 해당하는 라틴어 evolvere도 '(책을) 펼친다, 열다, 전개하다'와 같은 뜻으로, 1600년대부터 서양의 문헌에 나타나기 시작했다.

물론, 우리는 진화에 대한 라틴어 이전의 용례도 찾아볼 수 있다. 2세기 무렵 로마에 살던 그리스 군사 작가 아일리아누스Aelianus Tacticus(일명 Aelian)가 그리스어로 쓴 논문 《전술과 훈련에 관하여 On Military Tactics and Drill》에 '진화εξελιξη'라는 그리스어가 등장하기 때문이다. 그러나 당시의 그리스어 진화 또한 오늘날 우리가 주로 생물학에서 말하는 '진화'와는 그 의미가 달랐다. 즉, 그 어휘는 군사적 기동이나 대형의 변화를 의미했는데, 훗날 아일리아누스의 작품을 번역한 텍스트들 안에서 라틴어 evolutio와 그 파생어인 프랑스어 évolution도 그런 뜻을 갖게 되었다. 우리에게 익숙한 영어 evolution이 처음 등장한 것도 1616년 존 빙엄John Bingham이 아일리아누스의 책을 영어로 번역한 *The Tacticks of Aelian*에서였는데, 그 의미는 마찬가지로 군사적 기동을 의미했다.[2]

라틴어 evolutio는 1600년대 이후 다양한 종류의 움직임, 예를 들어 춤이나 체조에서 종종 돌거나 회전하는 느낌을 표현하는 데에도 사용되었다. 17세기 초까지 영어 단어 evolution도 종종 '풀기, 펼치기 또는 드러내는 과정'을 의미했다. 즉, evolution은 무언가의 발전 과정이자 단순한 상태로부터 보다 복잡한 상태로 향하는, 점진적인 변화를 뜻했다. 따라서 이것이 훗날 진화론에서 종species의 점진적 변이를 표현하는 어휘로 사용된 것은 어휘적으로는 대체로 무리는 아니었다.

모두가 알다시피 생물진화론의 역사는 1859년 찰스 다윈Charles Robert Darwin(1809~1882)이 집필한 《종의 기원On the Origin of Species》과 함께 시작되었다. 그러나 다윈 이전에 진화에 대한 생각이 없었던 것은 아니다. 진화론의 핵심적인 생각은 생물 종들이 고정된 것이 아니라, 한 종에서 다른 종으로 변화가 가능하다는 것이고, 몇몇 자연철학자들은 다윈 이전에 이미 종의 변화 가능성을 언급했다.[3] 프랑스의 과학자 피에르 루이 모페르튀이Pierre Louis Maupertuis(1698~1759)는 생물의 자연 발생과 멸종을 포함한 생명의 기원에 관한 이론을 발표했고, 에티엔 조프루아 생틸레르Étienne Geoffroy Saint-Hilaire (1772~1844)도 진화를 언급한 최초의 유럽 박물학자 가운데 한 사람으로 기억된다. 가깝게는 찰스 다윈의 할아버지인 이래즈머스 다윈Erasmus Darwin(1731~1802)도 종의 변화 가능성을 예상한 것으로 유명한데, 그는 동물학 저서 《주노미아Zoonomia》(1801)에서 evolution이라는 어휘를 직접 사용하기도 했다.

그(데이비드 흄)는 세계 자체가 창조되었다기보다는 생성되었을 수도 있다고 결론지었다. 즉, 전능한 불에 의해 돌연 전체가 진화a sudden evolution한 것이 아니라, 고유한 원칙의 활동에 의해 아주 작은 시작에서부터 점진적으로 생성되었을 수도 있다는 것이다.[4]

스코틀랜드의 철학자 흄의 진화 사상을 소개하면서 이래즈머스 다윈은 evolution이라는 어휘를 생물진화론의 어휘로 사용하고 있음을 볼 수 있다. 비록 그가 진화의 구체적인 작동 원리를 말한 것은 아니었지만, 생물의 진화가 점진적 과정일 것이라는 생각은 그의 손자 찰스 다윈에게 상당한 영향을 주었으리라 여겨진다.

훗날 지질학 분야에서의 명성은 물론, 다윈의 조력자 중 한 사람으로 기억되는 영국의 지질학자 찰스 라이엘Charles Lyell(1797~1875)도 1832년 《지질학 원리Principles of Geology》(제2판, 1832)에서 "우선 해양에 생식하던 생물testacea이 존재하고, 그 일부가 점진적 진화gradual evolution를 거쳐 육상에 생식하는 것으로 개량되었다"[5]라고 썼다. 그러나 라이엘보다 더 급진적인 인물은 에딘버러 출신의 작가 로버트 체임버스Robert Chambers(1802~1871)였다. 그는 1844년 익명으로 《창조의 자연사적 흔적Vestiges of the Natural History of Creation》

이라는 책을 집필했는데, 이 책 안에서 생명의 진화는 순전히 자연적인 과정이고, 인간은 다른 생물보다 결코 뛰어나지 않다고 주장했다. 비록 다윈처럼 진화의 구체적인 작동 원리에 대해서는 거의 알지 못했지만, 체임버스의 주장은 다윈 이전에 생물 종의 진화 가능성에 대한 생각이 이미 유럽에 상당히 퍼져 있었다는 것을 보여준다.

그러나 당시까지 진화를 언급했던 그 누구도 종의 변화라는 호기심의 영역을 넘어서, 과연 무엇이 진화를 일으키는가에 대한 생각에는 여전히 미치지 못했다. 그런 점에서 프랑스의 진화론자 라마르크Jean-Baptiste Lamarck(1744~1829)는 진화론의 역사에서도 꽤 특별했다. 그는 1809년《동물철학Philosophie Zoologique》에서 흔히 '용불용설'로 알려진 후천적 획득 형질의 유전을 주장했다. 즉, 자주 사용하지 않는 생식 기관은 퇴화하는 반면, 자주 사용하는 기관은 발달하여 다음 세대에 전해진다는 것이다. 예를 들어, 아프리카 내륙의 건조하고 메마른 토양에 사는 기린은 높은 나무 위의 나뭇잎을 먹으려는 반복적인 노력의 결과, 앞다리가 뒷다리보다 길어졌고, 뒷다리로 서지 않고도 6미터 높이에 도달할 정도로 목이 길어졌다고 한다. 이것이야말로 무엇이 진화를 이끌어 가는지에 대한 최초의 본격적인 이론이 아닐 수 없었다. 다만, 그는 진화evolution라는 어휘 대신에 transformisme(변이)나, transmutation(변환, 변성) 등의 어휘를 즐겨 사용했다. 이처럼 다윈에 앞서 진화에 대한 생각은 유럽 전역에서 이미 하나의 가설로 제기되고 있었다.

다윈의 명성을 드높인 것은 알다시피 1859년에 출간된《종의 기원》이었다. 이 책이 몰고 온 충격은 출간 당일 1250권이 모두 판매 완료되었다는 것만으로도 더 설명할 필요가 없을 정도이다. 다윈은 '자연선택'이라는 진화의 핵심 원리를 통해 생명체가 하나님의 개입 없이 어떻게 오늘날의 모습에 이르렀는지를 풍부한 자료에 근거하여 설득력 있게 주장했다. 그런데 정작 그를 유명하게 만든 이 책의 초판에서 다윈은 evolution이라는 어휘를 사용한 적은 없으며, 단지 'evolved'라는 어휘를 마지막 문장에서 딱 한 번 사용했을 뿐이다.

그토록 단순한 시작에서부터 가장 아름답고 경이로우며 한계가 없는 형태로 진화해 왔고 지금도 진화하고 있다From so simple a beginning endless forms most beautiful and most wonderful have been, and are being, evolved.

이후 다윈은 제6판까지 《종의 기원》 개정판을 출간하면서 매번 문장을 고쳐 쓰고 새로운 내용을 추가했다.[6] 하지만 다윈은 《종의 기원》 초판(1859)에서부터 제5판(1869)까지 역시 'evolution'이라는 어휘를 단 한 차례도 사용한 적이 없었다. 그는 오늘날 진화를 의미하는 생물학적 변화의 과정을 'transmutation(변환)'이라고 표현하기를 좋아했다. 예를 들어, 《종의 기원》 초판의 제9장에서는 'transmutation of species(종의 변환)'라는 표현이 나온다. 이 밖에도 그는 'slow modification through natural selection(자연선택을 통한 느린 변화)', 'descent with modification(변이를 수반한 대물림)' 등을

'진화'의 뜻으로 사용했다. 물론 초판에서 다윈은 evolution이라는 어휘를 아직 사용하지는 않았지만, 자신의 이론의 중심 키워드였던 struggle for existence(생존경쟁)[7]를 제3장 제목으로, natural selection(자연선택)을 원제목 안에는 물론 제4장 제목으로도 사용했다.[8]

다윈이 evolution이라는 어휘를 사용한 것은 1870년대에 들어서였다. 그는 1871년에 쓴 《인간의 유래와 성선택The Descent of Man, and Selection in Relation to Sex》에서 evolution, evolutionists, evolutionism 등의 어휘를 처음 사용했다. 그리고 이듬해 《종의 기원》 제6판에서는 evolution이라는 어휘를 총 여덟 차례나 사용했으며, 스스로의 이론을 '점진적 진화론theory of gradual evolution'이라고 표현하고, 이런 이론을 주장한 사람을 '진화론자들evolutionists'이라고 명확히 지칭했다.

그런데 19세기는 물론이고 오늘날까지도 많은 사람들이 여전히 오해하듯이, 다윈은 evolution이라는 어휘를 진보progress의 의미, 즉 어떤 정해진 목표를 향해 발전해 간다는 의미로 사용하지 않았다. 종의 변이라는 것은 철저하게 자연에 대한 적응의 결과로 나타난 것이고, 어떤 자연이 주어질지는 아무도 예측할 수 없다는 것이 다윈의 생각이었다. 따라서 다윈 진화론의 핵심이라고 볼 수 있는 '자연선택'이나 '적자생존'의 개념은 반드시 강한 자가 생존한다는 것을 의미하지 않았다.[9] 다시 말해, 신체적으로 강하다고 해서 반드시 자연에 의해 선택받거나 적응이 수월하지는 않다는 것이다.

그러나 일단 다윈 이론이 광범위한 논쟁과 찬사를 불러일으키면서 'evolution' 개념은 때마침 영국 빅토리아 시대(1837~1901)를 휩쓴 진보적 낙관론과 함께 어떤 종류의 상승이나 발전을 의미한다는 생각과 너무나 쉽게 연결되었다. 생물학적 진화의 개념이 사회적 진보의 개념과 결합하기 시작한 것이다.

원래 진보(영어 progress, 프랑스어 progrès, 독일어 Fortschritt)는 '앞으로 나아간다'는 의미의 라틴어 progredior에서 비롯되었다. 영국의 경험론자 프랜시스 베이컨Francis Bacon(1561~1626)은 선험적 지식으로써가 아니라 경험과 관찰로써 습득한 지식의 진보progression를 자신의 철학의 중요한 가치로 여겼다. 이 진보의 개념은 이후 프랑스의 베르나르 퐁트넬Bernard Fontenelle(1657~1757), 니콜라 드 콩도르세Nicolas de Condorcet(1743~1794) 등을 거쳐 오귀스트 콩트Auguste Comte(1798~1857)에 의한 과학적 진보 개념으로 이어졌다.

프랑스의 실증주의 철학자 콩트는 인간의 지적 발전은 신학적·형이상학적·실증적 단계를 거치며 성장하는데, 실증적 단계야말로 과학적 방식에 기반을 둔 지식의 최종단계라고 보았다. 콩트의 영향을 받은 영국의 사회진화론자 허버트 스펜서Herbert Spencer(1820~1903)는 《제1원리First Principles》(1862)에서 evolution을 동질적인 것에서 이질적인 것으로의 끝없는 분화라고 정의했다. 그는 이러한 동질성에서 이질성으로의 분화, 즉 단순성에서 복잡성으로의 발전은 지구, 지구 위의 생명체, 사회, 정부, 제조업, 상업, 언어, 문학, 과학, 예술에 이르기까지 진화의 본질적 구성 요소라고 생각했다.[10] 그는 생물학적 진화의 원리를 사실상 사회적 진화의 원리로 받아들였던 것이다. 그런 점에서 스펜서, 그리고 '다윈의 불독'

을 자처했던 토머스 헉슬리Thomas Henry Huxley(1825~1895) 등은 '진화'라는 어휘가 생물학을 넘어 당시의 사회 전반을 이해하는 어휘로 퍼져나가는 중요한 계기를 만들었다고 볼 수 있다.

아울러 이러한 개념의 연동은 19세기 당시의 사회적 분위기, 즉 무한 경쟁의 자본주의 사회가 출현한 시대적 배경과도 관련이 깊었다. 19세기를 전후로 서양 제국주의 세력이 식민지 약탈에 본격적으로 나서면서, 우월한 자는 살아남고 열등한 자는 먹잇감이 된다는 생각은 진화의 이론과 함께 자연스럽게 퍼져나갔던 것이다.

일본어 '진화'가 최초로 등장한 것은 1878년《학예지림》

오늘날 한국과 중국, 일본은 evolution을 모두 '진화進化'로 번역한다. 이 한자어는 사실 역사가 그리 오래지 않다. 19세기 후반에야 이 어휘는 일본에서 만들어져 한국 및 중국으로 전파된 것이다.

Evolution이 처음부터 '진화'로 번역된 것은 아니었다. 예를 들어 1873년 시바타 마사키치柴田昌吉 등이 편찬한《부음삽도 영화자휘附音插圖 英和字彙》를 살펴보면, evolution은 '전개展開, 개방開方[算術ノ語], 대오의 변화隊伍ノ變化'로 번역되었고, evolutionist는 '병의 운동법에 숙달한 사람兵ノ運動法=熟達シタル人'으로 나온다. 즉, evolution이라는 어휘가 일본에 처음 전해졌을 때는 그리스어 어원 본래의 의미가 그대로 수용되었던 것이다.

일본에서 다윈과 진화론이 최초로 소개된 것은 오카야마현 출신의 신궁 아오이가와 노부치카葵川信近가 1874년에 집필한《북향담北

贈談》이라는 저서에서였다. 이는 메이지 전후 기독교를 비롯한 서양 종교와 문화의 유입에 맞서 일본인들이 전통적 종교였던 신도, 유교, 불교의 교리를 어떻게 지킬 것인가를 논한 책이다. 책에는 다윈의 이름이 '태이문太爾文'으로 표기되었지만, 다윈 진화론에 대한 더 자세한 설명은 나오지 않는다.[11]

1876년 문부성이 발행한 《교육잡지》 제15호에 소개된 《헨네씨 저 근세문명사초ヘンネ氏著近世文明史抄》(金藤鎭三 번역)에는 evolution이 '변윤變胤'이라고 번역되었다. 변할 변變 자와 이을 윤胤 자를 합쳐 만든 '변윤'은 한자어 그대로 '변화를 이어간다'는 뜻이다.

그러다가 진화進化라는 어휘가 일본어로 최초로 등장한 것은 1878년 《학예지림學藝志林》 제3권(10월호)에 니시카와 데쓰타로西川銕太郎가 쓴 〈창세, 지질, 진화, 삼설의 귀일創世, 地質, 進化, 三說ノ歸一〉이라는 제목의 글에서였다. 이 글은 영국의 식물학자이자 라마르크주의자였던 조지 헨슬로George Henslow(1835~1925)가 1874년 《월간 대중과학Popular Science Monthly》(Vol. 4)에 쓴 글 "Genesis, Geology, and Evolution"을 일본어로 번역한 것이다. 헨슬로는 글에서 다양한 지질학적 예시를 들어가면서 창조론의 문제점을 지적하고, 진화론이 곧 세상에 널리 받아들여질 것이라고 주장했다.

한편, 그 사이에 evolution을 '진화'로 번역하는 사전도 등장하기 시작했다.

1881년 이노우에 데쓰지로가 편찬한 종합 학술 사전 《철학자휘哲学字彙》를 살펴보면, 당시 evolution은 '화순化醇, 진화進化, 개진開進'으로, theory of evolution은 '화순론化醇論, 진화론進化論'으로 번역되어 있다. '화순'이란 '변화하여 순수해진다'는 의미로 중국 고전에 전거를 갖고 있지만, 정작 중국에서는 진화를 가리키는 어휘로 채택된 흔적은 없다. 또 '개진'은 말 그대로 '열고 나아간다'는 뜻이다. 앞서 소개한 1873년 《부음삽도 영화자휘》에 나오는 번역어들과는 달리, 그 사이에 생물학적 진화의 개념이 일본에 들어왔음을 엿볼 수 있다.

1880년대 이후 출판된 사전들에서는 '진화'가 evolution의 번역어 중 하나로 등장하기 시작했다. 예를 들어, 1886년 세키 신파치尺振八가 펴낸 《메이지 영화자전明治 英和字典》에는 evolution이 '전개하는 것展開スルコト, 발달發達, 개방開方, 조련操鍊, 진화進化, 화순化醇' 등으로, evolutionism은 '진화, 화순'으로 번역되었다. 1888년 프레드릭 이스트레이크Frederick Warrington Eastlake와 다나하시 이치로柵橋一郎가 펴낸 《웹스타씨 신간대사서: 화역자휘ウエブスター氏新刊大辭書: 和譯字彙》에서 evolution은 '전개展開, (算)개방開方, (軍) 대오의 변화隊伍ノ變化, (哲) 화순, 진화, 개진開進'으로 번역되었다. 즉, 그리스에서 시작된 evlolution의 원래 어원적 의미에 더하여, 진화론의 유입을 통해 형성된 어휘가 함께 실려 있음을 볼 수 있다. 메이지 중기에 접어들면서 진화론 관련 서적들이 일본에 우후죽순으로 번역 소개되었고, 따라서 사전에서 evolution도 다양한 번역 어휘들로 등장했음을 엿볼 수 있다.

'진화'가 경쟁적 번역어들을 물리치고 evolution의 가장 유력한 번역어로 자리 잡은 것은, 당시 진화론으로 대중적 인기를 끈 서적들이 '진화'라는 어휘를 연달아 채택한 1880년대 이후였다. 예를 들어 1882년 가토 히로유키가 출판한 사회진화론을 일본에 본격적으로 소개한 책《인권신설》에서 '진화'라는 어휘를 사용했다. 또 1877년 6월 완족류 한 종을 연구하기 위해 일본에 입국한 미국의 생물학자 에드워드 모스Edward Sylvester Morse(1838~1925)는 막 설립된 도쿄대학의 초대 동물학 교수로 초빙되었고, 10월에는 도쿄대학에서 3회에 걸쳐 진화론 연속 강의를 진행했다. 이것이 일본에서 열린 최초의 진화론 강의였다. 그리고 두 번째 방문한 1879년에는 3월부터 도쿄대학 법리문학부 강당에서 총 9회에 걸쳐 진화론을 강의했는데,[12] 이때 모스 강연의 청강생이었던 이시카와 치요마쓰石川千代松는 그 강의를 노트에 필기하면서《동물변천론動物変遷論》이라는 제목을 붙였다. 그러나 그는 이 노트를 1883년에 출판하면서는 제목을《동물진화론動物進化論》으로 바꾸었다. '변천'이라는 어휘 대신에 '진화'라는 어휘를 사용한 것이다.

1883년 스하라 데쓰지須原鉄二는 스펜서의 이론을 번역 소개한《도덕지원리道徳之原理》에서 "행위의 진화를 논한다行為ノ進化ヲ論ズ"라는 챕터를 썼고, 아울러 아리가 나가오有賀長雄는 1884년《사회학》총 3권을 간행하면서 제1권을 사회진화론, 제2권을 종교진화론, 제3권을 족제진화론族制進化論으로 이름 지었다. 이 책들은 당시 일본에서 상당한 인기를 끌었다는 점에서 1880년대 이후 '진화'가 evolution의 번역어로 자리 잡는 데 중요한 영향을 미쳤다.

20세기 초반 무렵에는 일본에서 evolution의 번역어가 상당 부분 정리된 모습을 볼 수 있다. 예를 들어 1881년《철학자휘》(초판)에서는 evolution의 번역어로 '화순, 진화, 개진' 등이 나왔는데, 1912년

《철학자휘》(제3판)에서는 evolution이 '진화, 발달'로 번역되었고, evolutionism은 '진화주의進化主義, 진화론進化論'으로 번역되었다.

'천연'이라는 번역어를 선택한 중국의 엔푸

일본어 '진화'는 1900년대 초까지 중국에서는 본격적으로 사용된 흔적이 없다.[13] 진화론을 중국에 소개한 대표적인 인물은 엔푸嚴復 (1854~1921)였는데, 그는 중국 정부가 19세기 후반에 과학을 습득하기 위해 해외로 보낸 중국인 유학생들 중 한 명이었다. 엔푸는 1870년대 영국에서 공부하면서 다윈의 진화론을 접했던 것으로 보인다. 그러나 엔푸가 중국에 소개한 진화론은 생물진화론이라기보다는 사회진화론이었다. 그것은 당시 중국 사회가 처한 비관적 현실, 즉 일찍이 세계 최고의 대국이라고 믿어 의심치 않았던 자신의 국가가 서양 열강들에 처참하게 무너지는 현실에 깊은 좌절감을 느꼈기 때문이다. 한마디로 그에게 진화는 국가와 문명의 생존을 위한 필수 조건이었던 셈이다. 엔푸는 토머스 헉슬리의 《진화와 윤리Evolution and Ethics》(1894)를 1897년부터 '천연론天演論'이라는 제목으로 번역하여, 텐진天津에서 발행한 《국문휘편國聞彙編》에 연재했고, 이듬해인 1898년에는 그것을 《천연론》으로 출판했다. 물론, 엔푸는 《천연론》에서 '천연'과 함께 '진화'라는 어휘를 몇 차례 사용하긴 했지만, 제목에서 볼 수 있듯이 '천연'을 대표적 어휘로 생각했다.

엔푸가 '천연'이라는 어휘를 사용했음에도, 일본제 어휘 '진화'는 중국에서도 곧 대세적 번역어가 되었다. 그것은 동아시아에서 일본의 정치적 위상이 날로 강화된 것과 관련이 깊다. 청일전쟁에서 일본이 승리하면서 중국인들은 메이지 유신 이후 일본의 정치적 혁명과 사회적 개혁을 무시할 수 없게 되었다.

중국의 정치 개혁에 실패한 후 1899년 량치차오梁啓超(1873~1929)와 함께 일본에 망명한 청 말의 정치가 캉유웨이(1858~1927)는 1901년 무렵《대동서》를 집필했을 때 〈대동서성제사大同書成題詞〉라는 시를 지었는데, 이 시에는 "만 년 동안 진화가 없으면萬年無進化, 대지는 가라앉아 버리는 것大地合沈淪"이라는 구절이 나온다.[14] 량치차오 또한 일본에 망명하여 1912년까지 약 14년간 머물면서 일본의 사회진화론을 흡수함과 동시에, 옌푸의 번역어 대신 일본제 진화 관련 어휘들을 사용했다. 또 문학가 루쉰(1881~1936)도 1902년부터 약 7년간 일본에 유학했고, 진화를 비롯한 일본어 어휘들을 중국에 소개했다.[15] 이렇게 일본제 어휘들이 중국에 소개되자, 당초 '천연'이라는 어휘를 사용했던 옌푸도 1913년 〈천연진화론天演進化論〉이라는 글을 써서 자신이 고안한 '천연'과 함께 일본제 어휘인 '진화'를 결국 제목에 사용하지 않을 수 없게 되었다.[16]

19세기 후반 일본을 휩쓴 사회진화론

근대화 시기 동아시아 각국의 진화론 수용에는 사회진화론이 생물 진화론과 거의 동시에 수입되거나 오히려 더 먼저 수입되었고, 사실상 훨씬 더 인기를 끌었다는 공통점이 있다.[17] 그것은 당시 동아시아인들이 처한 위기의식에서 비롯되었다. 영국, 프랑스, 미국 등 서양 열강의 식민지 침탈이 몰고 온 이 같은 위기감은 강자가 약자를 잡아먹는 것이 자연의 섭리라는 '약육강식'의 논리와, 우수한 자는 승리하고 열등한 자는 패배한다는 '우승열패'의 논리를 앞세워 사회진화론 열풍을 불러일으켰기 때문이다. 홍미로운 것은 제국주의 열강의 경우 식민지 지배를 합리화하기 위해, 그리고 식민지 진영의 경우 제국주의의 침략에 맞서기 위해 모두 진화론의 필요성을 자연스럽게 받아들였다는 점이다. 즉, 양측 모두에게 약육강식과 우승열패는 결코 피해갈 수 없는 시대적 과제와도 같았다. 과학 사상가 무라카미는 이런 현상을 빗대어 일본에서 진화론은 미처 번역되거나 이해되기도 전에 "매우 자의적으로 많은 분야에서 자신이 선호하는 가치관, 이론을 보강하거나 지지하는 도구"[18]로 이용되었다고 말했다. 19세기 일본에서도 다윈의 생물진화론보다는 스펜서나 헉슬리의 사회진화론이 사람들의 관심을 더 끌었던 것은 당연했다. 미국의 미술사 연구자로, 도쿄대학 철학 및 정치경제학 교수로 부임했던 페넬로자Ernest Francisco Fenollosa (1853~1908)는 《사회학 원리社會學原理》 제1권(1876)을 참고로 1878년 도쿄대학에서 스펜서의 사회진화론을 강의했다. 1879년 이사와 슈지伊澤修二는 헉슬리의 저작 최초의 두 장을 《생종원시론生種原始論》이라는 제목으로 번역하여 출판했다. 모스의 서문이 있는 이 책에서는 진화進化라는 어휘가 사용되었다.

1882년 진화론 열풍을 불러일으킨 가토의 《인권신설》도 그 내용은 사회진화론이었다. 이 책은 가토의 사상적 변절로도 일본 사회에 큰 충격을 던져주었다. 가토는 원래 모든 사람은 태어나면서부터 그 누구에게도 침해받을 수 없는 기본적 권리를 하늘에서 부여받았다는 '천부인권론'의 열렬한 옹호자였다. 그는 천부인권론적 입헌 정치 사상에 입각하여 《입헌정체략立憲政體略》(1868), 《진정대의眞政大意》(1870), 《국체신론國體新論》(1874) 등을 써낸 대표적 민권론자였다. 그러나 그는 1879년 4월 돌연 과거의 책들에 대한 절판을 선언하고, 1882년 《인권신설》을 출간하면서 기존의 신념을 뒤집고 개인의 자유와 독립보다 국가의 독립을 우선시하는 국권론자로 화려한 변신을 선언했다. 가토에 따르면, 천부인권론은 안일한 자들의 망상일 뿐이며, 그것을 하루빨리 격파해야만 일본의 미래가 있다는 것이다. 이 같은 가토의 변신을 뒷받침한 것은 바로 생존경쟁, 자연도태에 기반을 둔 사회진화론이었다. 그는 "진화주의라는 것은 예컨대 동식물이 생존경쟁生存競爭과 자연도태自然淘汰의 작용에 의해 점차 진화進化함에 따라 고등종류高等種類를 만드는 이치를 연구하는 것"[19]이라고 규정하고, 자연도태를 통한 생존경쟁은 동식물의 세계뿐만 아니라 인간 세계에도 똑같이 필연적으로 적용된다고 선언했다. 이후 가토는 일본의 국권론에 끊임없이 정신적 에너지를 주입하는 대표적 이데올로그로 재탄생하게 된다.

한편, 사회진화론의 열풍은 상대적으로 생물진화론에 대한 뒤늦은 수용으로 이어졌다. 1877년(메이지 10) 모스가 도쿄대학에서 처음 생물진화론 강의를 했을 때, 당시 《종의 기원》을 읽은 일본인은 말할 것도 없고, 진화론을 아는 사람도 사실상 거의 없었다고 한다. 다윈의 《종의 기원》이 일본어로 처음 번역된 것은 1896년에 이르러서였다. 다치바나 센자부로立花銑三郎가 《생물시원 일명 종원론生物

始源 一名種源論》(경제잡지사)이라는 제목으로《종의 기원》을 초역했다. 이후 1905년 도쿄개성관東京開成館에서 번역하고 오카 아사지로丘淺次郎가 교정을 본 책이《종지기원種之起原》이라는 제목으로 출판되었다. 그리고 1914년에 이르러서야 오스기 사카에大杉栄가《종의 기원種の起原》을 마침내 완역하여 출판하기에 이르렀다.

동아시아 근대를 뒤흔든 어휘 '자연도태'와 '적자생존'

다윈 진화론의 가장 중요한 어휘를 들자면, 아마도 natural selection 과 survival of the fittest일 것이다. 이 두 어휘는 동아시아에서 어떻게 번역되었고, 받아들여졌을까?

다윈은《종의 기원》을 1859년 11월에 영국의 머레이 출판사에서 출간했다. 존 머레이가 운영하던 머레이 출판사는 원래 그의 할아버지 존 맥머레이 해군 대위가 1768년 은퇴한 후 서점과 출판사를 사들이면서 시작되었다. 이후 머레이 가문이 운영한 이 출판사는 영국의 낭만파 시인 바이런을 발굴하여 유명 작가로 만들었고, 런던의 사무실을 주요 작가들이 모이는 공간으로 제공하면서 인기를 끌었다. 다윈도 상당한 신뢰를 가지고 머레이 출판사에 원고를 맡겼던 것 같다.

그러나 출판 과정에서 존 머레이는 다윈의 원고에 나오는 몇몇 용어에 이의를 제기했다. 다윈 진화론의 핵심 어휘로《종의 기원》의 원제에도 등장하는 natural selection도 마찬가지였다. 1859년 3월 30일 찰스 라이엘에게 보낸 편지에서 다윈은 그 사실을 언급하고 있다. 다윈은 내가 "그 용어를 고집하는 이유는 품종 개량에 관한 연구에서는 널리 사용되고 있는 용어이기 때문입니다"라고 말하고, 머레이가 오랫동안 그 분야의 일을 해왔음에도, 그 용어에 익숙하지 않다는 사실이 오히려 놀랍다고 덧붙이고 있다. 머레이가 natural selection 대신에 어떤 어휘를 추천했는지는 알 수 없지만, 다윈이 머레이의 의견을 수용했더라면 우리는 natural selection이라는 어휘를 이렇게 자주 접하지는 못했을지도 모른다.

한편 survival of the fittest, 즉 '(최)적자 생존'이란 한마디로 '자연에 (가장 잘) 적응한 자가 살아남는다'는 뜻으로, 오늘날 다윈 진화론을 대표하는 어휘 중 하나이다. 이 어휘는 원래 다윈의 전도사를 자처했던 사회진화론자 허버트 스펜서가 다윈 이론을 대중에게 더 쉽게 소개하기 위해 대중화시킨 어휘였다.[20] 스펜서는 1864년 《생물학의 원리Principles of Biology》에서 "내가 여기서 기계적 용어로 표현하고자 한 최적자생존survival of the fittest은 다윈이 자연선택natural selection, 또는 생존을 위한 투쟁에서 유리한 종족의 보존the preservation of favoured races in the struggle for life'이라고 불렀던 것이다"[21] 라고 썼다. 그는 natural selection과 같은 의미로, 이 survival of the fittest를 처음 사용한 것이다.

흥미로운 것은 다윈 또한 1869년 《종의 기원》 제5판부터 스펜서의 'survival of the fittest'를 차용했다는 점이다. 《종의 기원》 초판부터 제4판까지는 제4장의 제목이 'Natural Selection'이었지만, 제5판 이후부터 다윈은 그것을 'Natural Selection; or The Survival of the Fittest'로 바꾸었다. 그리고 다윈은 "나는 유용하다면 약간의 변이 variation가 보존되는 이 원리를 인간의 선택 능력과의 관계를 표시하기 위해 natural selection이라는 어휘로 불렀다. 그러나 허버트 스펜서 씨가 사용하는 the survival of the fittest가 더 정확하고 때로는 똑같이 편리할 것이다"라고 덧붙였다. 앞서 머레이의 불만에 대해서도 언급했지만, 실은 다윈은 《종의 기원》 초판 이후 natural selection이라는 어휘에 대해 상당한 비판을 받았다고 한다. 다윈은 찰스 라이엘에게 보낸 편지에서, 만약에 이 어휘를 다시 고칠 수만 있다면 natural preservation으로 고치겠다고 말하기도 했다.[22] 따라서 다윈은 당시 이미 사회진화론자들 사이에 사용되고 있던 the survival of the fittest에 의지하여 자신의 natural selection 이론을 표현하는 것이 어쩌면 더 편리할 수도 있겠다고 생각했는지도 모른다.

그러면 'survival of the fittest'는 진화론 수용 초기에 동아시아에서 어떻게 번역되었을까? 다윈 스스로 natural selection과 the survival of the fittest를 동일한 개념으로 생각했음은 이미 지적한 대로이다. 일본의 경우, 1881년 초판 《철학자휘》에서 'survival of the fittest'는 '적종생존適種生存'으로 번역되었다. '적합한 종이 살아남는다'는 의미로, 생존경쟁의 단위가 개체者가 아니라 종種이라는 것이 흥미롭다.[23] 그러다가 1885년 재판에서는 '적종생존適種生存', '우승열패優勝劣敗'로, 1912년 제3판에서는 '적자생존適者生存', '우승열패優勝劣敗'로 바뀌었다.

가토 히로유키는 1882년의 《인권신설》에서, "동식물로부터 인간에 이르기까지의 진화과정을 우승열패優勝劣敗 적자생존適者生存의 금강대법金剛大法"이라고 썼다. 또 가토는《인권신설》의 표지 부분에 저자 본인의 글씨로 '우승열패시천리의優勝劣敗是天理矣', 즉 "우수한 자가 이기고 열등한 자가 패하는 것은 하늘의 이치다"라고 쓰기도 했다. 엄밀한 의미에서 전혀 다른 개념인 적자생존과 우승열패를 사실상 같은 개념으로 사용한 것은 가토의 사회진화론의 중요한 특징이었다.

한편, natural selection은 어떻게 번역되었을까? 1881년《철학자휘》초판에서는 natural selection과 artificial selection은 '자연도태自然淘汰'와 '인위도태人爲淘汰'로 번역되었다. 가토도 1881년《동양학예잡지》제1·2호에 〈인위도태에 의하여 인재를 얻는 기술을 논한다 人爲淘汰ニヨリ人才ヲ得ルノ術ヲ論ス〉라는 글에서 '자연도태'를 natural selection의 번역어로, '인위도태'를 artificial selection의 번역어로 사용했다. 또한 다윈의《종의 기원》의 초역인《생물시원 일명 종원론》(1896) 제4장의 제목은 '자연도태 즉 최적자생존自然淘汰即ち最適者生存'으로 번역되었다. 참고로, 지금도 '최적자생존'이 '적자생존'보다는 fittest라는 영어 원어에 더 충실한 번역이라는 지적이 제기되고 있지만,[24] 진화론 수용 초기 일본에서는 '최적자생존'과 '적자생존'이 함께 혼용되고 있었던 것이다. 이런 어휘들은 특히 사회학 분야의 저서들에까지 활발하게 침투했다. 예를 들어, 도토키 와타루十時弥(1874~1940)가 쓴《사회학촬요社会学撮要》(普及舍, 1902)에서는 '사회에서의 자연도태社会における自然淘汰'라는 챕터가 나온다.

아울러 이 '적자생존', '자연도태'와 함께 다윈 진화론을 대표하는 어휘인 '생존경쟁'도 이 시기 일본에서 사용되기 시작했다.[25] 가토는 1879년 도쿄의 청송사青松寺에서 열린 연설에서 'struggle for existence'의 번역어로 '생존경쟁'을 처음 사용했다.[26] 1881년 《철학자휘》 초판에서는 'struggle for existence'가 단지 '경쟁競爭'으로 번역되었는데, 1885년 재판에서는 '생존경쟁生存競爭'으로 번역되었다.

그러면, 중국에서는 어땠을까? 옌푸는 survival of the fittest를 '물경천택物競天擇'으로 번역했다.[27] 일본에서 '생존경쟁'으로 번역했던 struggle for existence를 '물경物競'으로, natural selection을 '천택天擇'으로 번역했고, artificial selection을 '인택人擇'으로 번역한 것이다. 따라서 '자연도태'를 중국에서는 '천연도태'로 부르기도 했다.

그 밖에 '약육강식'은 당초 중국 고전에 나온 것이 일본으로 수입된 어휘로 여겨진다. 중국 당나라 시대의 문장가 한유韓愈가 문창이라는 스님에게 보낸 〈송부도문창사서送浮屠文暢師序〉라는 편지에는 '약지육弱之肉, 강지식强之食', 즉 "약자의 고기는 강자의 먹잇감이다"라는 구절이 나온다. 명대에 이르러 유기劉基라는 정치가의 〈진녀휴행秦女休行〉에도 유생부행조난세有生不幸遭亂世, 약육강식관무주弱肉强食官無誅라고 나온다. 즉, "살면서 불행히도 난세를 만나면, 약육강식이 되어서 관에서 죽이지 않는다"라는 뜻이다. 약육강식의 세상에서는 굳이 관에서 죄를 묻지 않아도 서로 끼리끼리 잡아먹기 때문이라는 것이다.

메이지 시대 신문인 《아사히신문朝日新聞》에는 1885년 이후 계속해서 이 '약육강식'이라는 어휘가 사실상 '우승열패'와 같은 의미로 사용되었다.[28]

이후 '약육강식'이라는 어휘가 진화론과 관련해서 일본에서 퍼져

나갔고, 결과적으로는 중국으로 역수입되었던 것으로 보인다.

한국에서 '진화'라는 어휘

조선에서 진화론이 소개된 것은 1884년 3월 8일자 《한성순보》 제
14호의 〈태서의 문학원류고〉가 최초가 아닌가 싶다.

> 함풍 9년에 다윈씨達氏가 책을 써서 이 이치를 밝혔는데, 책의 이름
> 을 《물류추원物類推原》이라 하였다. 그 뜻이 매우 깊어서 각국에서 다
> 투어 번역, 널리 전해지고 있다. 지금의 학자는 흔히 그의 학설을 뿌
> 리宗로 삼고 있으니, 이것이 이른바 순화설醇化說이다.[29]

여기서는 다윈의 진화론을 '순화설'로, 다윈의 《종의 기원》을
《물류추원》으로 소개하고 있지만, 그 이상의 자세한 설명은 찾아
볼 수 없다.

진화론이 한국에 본격적으로 소개된 것은 20세기 초에 이르러서
였다. 그것은 특히 일본의 조선 지배가 점점 노골화되면서 스스로
국권을 지켜내기 위한 자강의 필요성이 강하게 대두된 결과였다.
따라서 한국에서도 사회진화론에 대한 관심이 먼저 나타난 것은 필
연적 수순이었다.

그러나 아이러니하게도 한국에서 진화론 관련 용어의 대부분은
그 경계의 대상이었던 일본을 통해서 수용되었다. 그것은 중국이
진화론 수용에서 일본보다 뒤처졌기 때문이기도 했지만, 20세기에

들어 조선인 학생들이 신학문을 배우기 위해 대거 일본으로 향했기 때문이다. 한마디로 '오랑캐로 오랑캐를 친다'는 이이제이以夷制夷와 같은 상황, 다시 말해 조선을 침략하려는 일본을 경계하면서도 그 일본으로부터 배울 수밖에 없는 역설적 상황이 벌어진 것이다.

어찌되었든 20세기 초에는 진화 관련 어휘들이 일본에서 어느 정도 정리가 된 상태였고, 따라서 한국은 그것을 상당수 거의 그대로 수입하게 된다. 이 같은 진화 관련 일본제 어휘의 수용은 처음에 진화 관련 어휘들을 중국어로 번역했다가, 훗날 일본제 어휘들을 수용했던 중국과도 다른 방식이었다.

진화와 관련한 일본제 어휘들은 조선인 일본 유학생들이 발행한 잡지를 통해 자연스럽게 조선에 수용되었다. 1906년 9월 24일 《태극학보》 제2호에 장응진이 쓴 〈인생의 의무〉에서는 "오늘날의 불완전한 사회상태로부터 점차 진화해서 완전한 아름다움의 영역으로 나아가게 함은 사회에 대한 의무이다[금일의 不完全호 社會狀態로 호여금 漸次 進化호야 完美의 域에 進케 홈은 社會에 對호 義務로다]"[30]라고 나온다. '진화'라는 어휘를 생물진화론이 아니라 사회진화론의 관점에서 사용하고 있다. 1906년 10월 25일 《대한자강회월보》 제4호에 설태희薛泰熙가 쓴 〈인족역사의 연원관념〉이라는 글에도 '진화'라는 어휘가 보인다.

모든 일반 동물이 직관적인 성질이 있지만, 오직 우리 인간 종족은 추상적 동물인 관계로 그 진화발전의 범위가 무한하기 때문에 만물 중에서 최고로 귀하고 영험한 지위를 점했다[蓋一般動物이 皆直覺性

이 有호딕 惟吾人族은 推想的 動物인 故로 其 進化發展의 範圍가 馳騁無限호야 萬物中最貴最靈호 位地를 占혼지라].[31]

생물진화론을 다루는 듯하지만, 여기서도 결국 인간의 진화 발전이라는 사회진화론이 글의 중심 내용을 이루고 있다.

1906년 11월 24일《태극학보》제4호에 장응진이 쓴 〈진화학상 생존경쟁의 법칙〉에는 "우승열패하여 적자생존하고, 부적자 멸망하는 자연도태는 생물진화의 일대 원인이니[優勝劣敗호야 適者生存호고 不適者滅亡호는 自然淘汰는 生物進化의 一大原因이니]"라고 하고, "경쟁의 단위는 단체 즉 국가이니, 이 단위로 생존하고 스스로를 보존할 것이요, 적응에 실패한 단체가 패망하여 소멸함은 고금 역사상의 명백한 사실이라[競爭의 單位는 團體卽國家니 此單位로 生存自保홀것시오 適合혼 性質이 無혼 團體는 敗亡衰滅홈은 古今歷史上에 照明혼 事實이라]"[32]라고 나온다. 생물진화론을 바탕으로 사회진화론을 이야기하는 것을 볼 수 있는데, 이 글에는 이미 '진화, 생존경쟁, 우승열패, 적자생존, 자연도태'는 물론 '퇴화' 등의 진화론 관련 어휘들이 모두 등장하고 있다.

《태극학보》제6호 〈위생문답〉(1907년 1월 24일)에서도 진화론을 소개하고 있다. 즉, "또 근래 진화론으로 유명한 다윈 씨의 설에 따르면, 모든 생물이 이 세상에 생존하는 자는 종속번식과 생활보속의 두 기능을 갖는 생존경쟁의 결과로 어떤 시대를 막론하고[또 近來 進化論에 有名혼 싸윈 氏의 說을 從호면 總生物이 此世에 生호는 者는 種屬蕃殖과 生活保續의 二機能을 俱有호느 生存競爭의 結果로 何時代를 勿論호고)"[33]라고 나온다. 여기서는 '진화론'과 '생존경쟁'이라는 어휘가 등장하고, 다윈의 생물진화론이 간략하게 소개되고 있다. 하지만 〈위생문답〉은 《태극학보》제8호(1907년 3월 24)에도 연재되었는데, 여기서는 "국민적 또는 사회적 및 박애적 정신을 기르지 아니하면, 결코 현재의 이 격렬한 생존경쟁, 우승열패, 적자생존의 현장에서 독립 안락한 생활을 얻지 못할지며[國民的 又는 社會的 及 博愛的 精神을 浩養치 아니ᄒ면 決코 現今 此 激烈흔 生存競爭 優勝劣敗 適者生存場裡에 獨立安樂흔 生活을 得지 못흘지며]"[34]라며 결국 사회진화론이 중요한 논제가 되어 있다. 아울러 이 글에서도 '생존경쟁', '우승열패', '적자생존' 등 일본제 어휘들이 모두 등장하고 있다.

1909년 3월 20일 《대한흥학보》제1호에 실린 김영기의 〈적자생존 適者生存〉에는 "적자는 생존하고 부적자는 멸망함이 이 진화적 필연의 원칙이라[適者는 生存ᄒ고 不適者는 滅亡홈이 此是 進化的 必然흔 原則이라]"[35]라고 나온다. 그 밖에도 이 시기의 많은 학술 잡지에는 진화 관련 내용이 쏟아져 나왔다.

1910년 조선이 일본의 식민지로 전락할 때까지 가혹한 국제정세 하에서 사회진화론은 대한제국의 국운을 건 마지막 자강의 몸부림과 뒤섞여 조선 사회를 휩쓸었다. 그러나 결국 조선은 일본의 식민지로 전락했다. 그리고 일본의 진화론 관련 어휘들은 별다른 저항 없이 한국에 수용되었다.

1910년대 이후 진화 관련 어휘들은 거의 대부분 오늘날과 유사해졌다. 1911년 게일의 《한영ᄌ뎐》에는 evolution이 '진화론'으로 번역되었다. 1914년 존스의 《영한ᄌ뎐》에서 evolution은 '(development)

발달發達, 진화進化'로, evolution theory가 '진화론'으로 번역되었다. 아울러 1914년 게일의 《한영ㅈ뎐》에는 '우승열패'가 The superior gaining, the inferior losing; the survival of the fittest의 번역어로 나온다. 1925년 언더우드의 《영선ㅈ뎐》에서는 survival of the fittest가 '우승열패'로 번역되었다. 1928년 김동성의 《최신선영사 전》에서는 '약육강식'이 the weak are prey to the strong. the stringer prey upon the weaker의 번역어로 나온다. 이처럼 1910년 대 이후 진화 관련 일본제 어휘들은 조선에 이미 대부분 정착했음 을 엿볼 수 있다.

12

전기

電氣 / Electricity

'전기'를 의미하는 영어 electricity의 어원은 그리스어 '엘렉트론 elektron', 즉 호박琥珀이다. 송진이 굳어서 만들어진 호박은 문지르면 정전기가 발생하고 가벼운 물체를 끌어당기는 성질이 있는데, 그 때 문에 '전기'의 어원이 되었다. 이후 고전 라틴어로 엘렉트럼electrum, 신라틴어로 엘렉트리쿠스electricus(호박과 같은)라는 어휘가 사용되 기 시작했고, 그것으로부터 영어 electricity가 파생했다.

그런데 서로 떨어져 있는 물체를 끌어당긴다는 점에서 예로부터 정전기는 자석이 가진 힘, 즉 자기와 큰 구분이 없었다.

일본의 과학사학자 야마모토 요시타카에 따르면, 전기를 자기와 구분하고 그것을 본격적으로 연구한 것은 근대에 이르러서였다.[1] 영 국의 의사 윌리엄 길버트William Gilbert(1544~1603)는 영어 electricity (라틴어 electricus)라는 어휘를 처음 사용하면서 전기와 자기가 서로 다른 것임을 명확히 했다. 즉, 길버트는 '베르소리움versorium'이라는 나침반과 비슷하게 생긴 금속 바늘을 이용하여 전기력을 테스트했다. 베르소리움은 일종의 검전기로서, 자화되지는 않는 성질을 지닌 장치이다. 1600년에 출판한《자석에 대하여De Magnete》의 제2권에서 길버트는 전기적 물질electricum과 자기적 물질magneticum을 나누면서, "습기에서 생기는 이 힘을 우리는 전기력vis electrica이라고 부르고 싶다"[2]라고 썼다. 이것이 '전기력'이라는 단어가 문헌에 최초로 등장한 용례이다. 아울러 길버트는 전기적electric이라는 어휘를 만들기도 했다.

한편, 오늘날과 같이 배터리나 발전소에서 안정적인 전기를 공급하기 전까지 전기는 사실상 정전기를 가리켰다. 순식간에 사라져버리는 이 정전기를 잡아놓으려는 시도는 근대에 이르러 본격적으로 시작되었다. 독일 마그데부르크의 시장이자 자연철학자였던 오토 폰 게리케Otto von Guericke(1602~1686)는 정전기를 발생시키는 장치, 즉 기전기를 만들었고, 네덜란드의 물리학자 뮈센부르크Pieter van Musschenbroek(1692~1761)는 정전기를 병에 담아둘 라이덴병을 고안했다. 미국의 정치가이자 과학자였던 벤저민 프랭클린Benjamin Frankiln(1706~1790)은 뇌우 속에 연을 띄운 실험으로 번개 또한 전기의 일종임을 밝혀냈다.

정전기와는 달리 지속적이고 안정적인 공급이 가능한 전기를 얻게 된 것은, 이탈리아의 물리학자 알레산드로 볼타Alessandro Volta(1745~1827)에 이르러서였다. 볼타 이전에 이탈리아 해부학자 루이지 갈바니Luigi Aloisio Galvani(1737~1798)는 개구리와 같은 동물의 근육에서 전기가 발생하는 것이라고 여기고, 그것을 '동물 전기'라고 명명했다. 그러나 1800년경 볼타는 묽은 황산 용액 속에 구리판과 아연판을 포개놓으면 전기가 발생한다는 것을 알아냈다. 인류 최초의 배터리가 발명된 것이다. 이후 19세기부터 본격적인 전기의 상용화 시대가 열리면서 인류 문명은 완전히 새로운 시대로 접어들었다. 어두웠던 밤거리는 가로등으로 반짝였고, 해가 지면 활동을 멈출 수밖에 없었던 사람들은 밤의 세계를 새롭게 맞이했다. 산업혁명 이후 증기력에 의존하던 인류 문명은 전기를 동력으로 완전히 새로운 시대에 접어든 것이다.

한자어 '전기'는 중국에서 만들어졌다

한자어로 '전기電氣'의 '전電'은 '천둥雷'의 별칭으로 알려져 있다. 따라서 전기는 '천둥의 근원'이라는 뜻이기도 하다. 그렇다면 이 '전기'라는 어휘는 언제 어떻게 만들어진 것일까? 일본의 과학사학자 야쓰미미는 미국의 의료 선교사 맥고원D. J. MacGowan(1815~1893)이 1851년에 쓴《박물통서博物通書》(真神堂)에 '전기'라는 어휘가 처음 등장했다고 조사했다.[3] 즉, 전기는 책에 나오는 '뇌전지기雷電之氣'라는 말의 줄임말이라는 것이다. 물론《박물통서》에 나오는 전기는 주로 마찰전기나 정전기의 의미로 사용되었기 때문에 엄밀한 의미에서는 현대적 전기 개념과 완전히 같은 것은 아니었다.

　뇌은조雷銀照도 '전기'라는 어휘가 등장한 가장 이른 중국어 문헌은《박물통서》라고 지적하고, 여기서 '전기'는 전電과 기氣라는 복합어인데, 유선 전보의 통신 기능이 전기 개념의 형성을 촉진시켰다고 보았다. 이후 '전기'라는 어휘는 1854년 영국의 선교사 윌리엄 뮤어헤드William Muirhead(1822~1900)가 상하이에서 간행한 《지리전서地理全志》에 재차 등장했고,[4] 1855년 선교사 벤저민 홉슨Benjamin Hobson(1816~1873)이 간행한 《박물신편》에는 '전기론'이라는 항목이 쓰여 있다. 1861년 미국인 선교사 엘리자 콜먼 브리지먼Elijah Coleman Bridgman(1801~1861)이 쓴 《대미연방지략大美聯邦志略》에도 '전기'라는 어휘가 등장한다. 이처럼 '전기'라는 어휘는 1850년대 중국에 이미 정착해서 사용되기 시작했던 것이다.

일본에서 네덜란드어 elektriciteit는
처음에 '그릇'의 의미였다

'전기'라는 중국제 어휘가 일본에 들어오기 전, 일본에서는 어떤 어휘가 사용되었을까? 전기는 네덜란드어로 '일렉트리시테이트 elektriciteit'라고 한다. 네덜란드어를 통해 서양학문을 접했던 에도 시대의 난학자들은 이 네덜란드어를 일본어 히라가나 표기인 '에레키테리세이리테이あれきてりせいりてい'로 표기하거나, 일본어 발음으로 '에레키'라고 읽는 한자어 '월력越歴'으로 썼는데, 그것은 처음에 의료용 그릇罨을 의미했다. 전기가 왜 의료용 그릇을 의미했는지는 다음과 같은 이유가 있다. 에도 중기의 박물학자이자 난학자였던 고토 리슌後藤梨春(1696~1771)은 네덜란드에 대한 이야기를 담은 《홍모담紅毛談》(하권, 1765)에서 네덜란드어 elektriciteit를 히라가나로

'에레키테리세이리테이ゑれきてりせいりてい'라고 쓰고, 그것은 "통증이 있는 병자의 환부에서 불을 빼는 그릇이다諸痛のある病人の痛所より火をとる器なり"라고 설명했다. 그리고 에레키테리ゑれきてり라는, "이 도구를 고안하여 만든 사람의 이름을 지금 이 도구의 이름으로 한다"라고 썼다. 또 에도 시대의 의사이자 소설가로 알려진 모리시마 주료森島中良(1756~1810)는 《홍모잡화紅毛雑話》(1787)라는 책의 제5권에서 "이 기器는 서양인이 전광電光의 이치를 밝혀 만들기 시작했다. 장난감器 중에서도 가장 진귀한 것이다"라고 썼다.[5]

현대의학에서도 전기를 이용한 치료가 사용되는 것을 종종 볼 수 있는 것처럼, 당시 서양에서 일본에 전해진 전기는 주로 환자의 치료를 위한 의료용 기구로 사용되었으며, 따라서 난학자들은 서양의 elektriciteit(越歷)을 의료용 치료 기구나, 전기를 발생시키는 신기한 장난감 정도로 생각했던 것이다. 1768년 히라가 겐나이平賀源内(1728~1779)가 소개한 '에레키테루エレキテル'는 전기를 일으키는 일종의 '기전기'로서 원래 서양에서는 오토 폰 게리케 등이 제작한 것이다. 유황의 구를 마찰시키면 정전기가 발생하는 이 기전기는 네덜란드 상관을 통해 일본에 들어왔고, 그것 역시 의료용 치료 기구로 사용되었다. 19세기 초 오사카와 교토 일대에서는 이 기구들이 당시 의료기구로 활발하게 사용되었다고 전해진다.

에레키테루는 그 뒤 난학자 하시모토 소키치의 《오란다시제에레키테루궁리원阿蘭陀始製エレキテル究理原》(1811)이라는 책에서 '호박琥珀', '호백虎魄'과 같은 것으로 설명되었다. 송진이 굳어서 만들어진 호박은 문지르면 정전기가 발생한다. 이처럼 정전기를 발생시키는 장

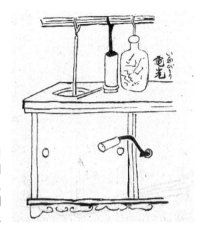

그림 12-1

하시모토 소키치의
《오란다시제에레키테루궁리원》에
나오는 정전기 발생 장치.
전광電光이라는 글씨 옆에
이나비카리いなびかり라고 씌어 있다.

치라는 점에서 에레키테루도 호박과 유사하다고 본 것이다. 또 같
은 책의 〈천기기 에레키테루 제조 및 명의의 변天気器エレキテル製造並名
義の弁〉이라는 글에서는 에레키테루가 '천기기天気器'라고도 번역되
었다. 한편 그는 전電 자에 '번개'를 뜻하는 '이나비카리いなびかり'라
는 탁음을 붙이기도 했다.

'전기'라는 중국제 어휘의 일본 수입

현재 조사된 바로는 '전기'라는 용어가 일본에서 가장 일찍 쓰인 용
례는 1854년에 등장한다. 1853년 7월 무렵, 푸차친 해군 제독이 이
끈 러시아 극동함대가 군함 네 척과 함께 나가사키에 나타나 개국
과 통상을 요구했다. 이 푸차친 함대와의 교섭을 위해 막부는 쓰쓰
이 마사노리筒井政憲와 가와지 도시아키라川路聖謨 등을 응접사로 임명

하고 나가사키로의 출장을 명령했다. 러시아 측과의 교섭은 별다른 결실 없이 끝나버렸지만, 당시 출장을 나갔던 도시아키라 등은 응접을 마치고 나가사키의 데지마에 있던 네덜란드 상관장의 저택을 방문했다. 이때 그들은 네덜란드 의사였던 얀 카렌 판 덴 브룩이 사용하던 전신기를 목격했고, 그때 함께 동행했던 고가 긴이치로古賀謹一郎는 그것을 '전신기電信機'로, 그리고 미쓰쿠리 겐포箕作玩甫는 그것을 '전기기기電氣機器 / 전기반면電氣盤面'으로 각각 자신의 일기장에 기록했다.[6]

한편, 그즈음 일본에서는 마침 전기에 대한 관심이 급격히 고조된 사건이 일어났다. 1854년 미 함대 사령관 페리의 두 번째 내항과 미일 동맹 당시의 일화이다. 1853년 일본을 방문했던 페리 제독은 통보했던 대로, 이듬해 2월 도쿄 인근의 우라가에 도착했다. 양측은 결국 이 두 번째 만남에서 화친조약을 체결하기에 이르렀는데, 그때 일본과 미국은 서로 간의 만남을 축하하며 각자 자신들이 자랑할 만한 것들을 선보였다. 일본 측이 선보인 것은 스모 공연이었다. 이에 대해 미국 측이 선보인 것은 작은 소형 증기기관차와 유선 전신기 등이었다. 이때 원거리에서도 정보의 전달을 가능하게 했던 전신기는 일본인들의 큰 관심을 끌어모으게 된다. 전기가 전신기라는 실용적인 도구로 활용될 수 있다는 깨달음을 얻게 된 것이다.

'전기'라는 어휘가 중국에서 일본으로 들어온 흔적은 일본 측의 문헌에도 등장한다. 난학자 가와모토 고민은 《기해관란광의氣海觀瀾廣義》(1857) 4편 권11에서 "네덜란드어 에레키테리시테이토越歷的里失帝多エレキテリシテイト 또는 에레키테이루越歷的児(약칭해서 越歷)를 중국인들은 근래 '전기電氣'라고 번역한다支那人近日電気ト訳ス"라고 썼다. 또 구와키 아야오桑木或雄는 1935년에 쓴《에레키테루 이야기ェレキテル物語》에서 "주지하듯이 전기라는 어휘는 후에 지나에서 도입되었다"[7]라고 썼다. 고민은 1859년에 간행한《원서기기술遠西奇器述》의 제2집에서는 일본어 '에레키ェレキ' 대신에 '전기電気'를 채택했다.

이처럼 '전기'는 중국에서 만들어진 것으로 알려지지만, 그것이 일본제 어휘라는 반론도 만만치 않다.[8] 중국의 언어학자 왕리王力는 '전电'이 접두어가 된 복합어는 일본어에서 유래했다는 점을 근거로, '전기' 어휘의 일본 기원설을 주장했다. 또 중국의 연구자 장후첸張厚泉은 19세기 전반에 중국 문헌에 등장한 '전기'는 현대의 물리적 에너지라는 의미로서의 electricity의 번역어와는 거리가 멀었다고 지적했다.[9] 그는 '전기'가 electricity의 번역어로 등장한 것은 그것을 '전기 / 전기지리電気/電気之理, 전기지도電気之道, 전학電学'으로 번역한 1884년 Lobsheid 편,《영화사전英華辞典》이 최초라고 조사했다. 그런 점에서 그는 '전기'가 electricity의 번역어로 나타난 것은 일본이 최초였고, 구체적으로는 니시 아마네가 1870년에 쓴《백학연환》을 그 첫 출처로 제시하고 있다.[10]

어쨌든 '전기'라는 어휘는 메이지 시기를 전후로 빠르게 일본에 정착했다. 일본의 사전들에도 이것을 확인할 수 있다. 1867년 호리 다쓰노스케 등이 편찬한《영화대역 수진사서》(1862년판의 개정증보판)에서 electricity는 '전기電氣'로 번역되었다. 1873년 시바타 마사키치 등이 편찬한《부음삽도 영화자휘》에서도 electricity는 '전기電氣, 전기학電氣學'으로 번역되었다. 메이지 유신 전후로 이미 대부분의 사전에서 '전기'가 electricity의 번역어로 나오게 된 것이다.

한편, 일본이 서양 열강들과 조약을 체결한 이후, '전기'는 증기와 더불어 서양문명을 움직이는 새로운 동력이라는 사실이 일본에 알려지기 시작했다. 종래 인력이나 수차에 의존하던 일본인들에게 이 같은 차원이 다른 서양의 새로운 에너지원은 그야말로 천지개벽과도 다름없었다. 후쿠자와 유키치가 1866년에 쓴 《서양사정》의 표지에는 '증기제인전기전신蒸氣濟人電氣傳信', 즉 "증기가 사람을 돕고 전기가 소식을 전한다"라는 글이 쓰여 있다.[11] 이후 전기 관련 책이 본격적으로 일본에서 출판되었다. 1869년 기구나 마찰전기 등을 기술한 아소 스케키치麻生弼吉의 《기기신화奇機新話》가 출판되었고, 1871년 나카가미 다모쓰中神保는 정전기를 해설한 《전기론電氣論》이라는 번역서를 출간했다.

니시 아마네는 《백학연환》 총론에서 프랑스 철학자 콩트의 삼단계 법칙을 소개하면서, 천둥雷과 전기電気의 관계에 대해서 알기 쉽게 설명했다. 즉, 니시는 "사물의 열림은 신神 · 공空 · 실實의 3단계인데, 콩트와 밀에 의해 학學이라는 것이 비로소 크게 열렸다"라고 썼다. 이 사물 열림의 3단계설이란 원래 콩트가 제창했던 것이다. 콩트는 학문 발전의 제1단계는 신학가神學家, Theological stage, 제2단계는 공리가空理家, Metaphysical stage, 제3단계는 실리가實理家, Positive stage로 나누어지는데, 학문은 실리가에 이르러 완성된다고 보았다. 예를 들어, 인간은 오래전부터 번개에 대해 다양한 해석을 해왔다. 아주 오랜 옛날, 즉 제1단계인 신학가의 단계에서는 그것을 신이 일으킨 현상이라고 이해했는데, 제2단계인 공리가의 단계가 되자 그것을 음양陰陽의 충돌이라고 이해했다. 그리고 근대의 제3단계인 실리가의 단계에 이르러서는 마침내 "그 이理를 발명하여 전기電氣, 즉 electrical이라는 것에 이르러 언제든지 원하기만 하면 번개를 발생시킬 수 있게"[12] 되었다고 썼다. 이 제3의 단계가 곧 실리가의 단계로 학문이 완성되는 단계라는 것이다.[13] 니시는 이처럼 번개雷로부터 전기電気로 변화하는 과정을 설명했는데, 이때의 전기는 가와모토 고민 등 난학자가 사용했던 중국제 어휘 전기電氣였다.

한편, 전기가 기氣가 아니라는 이유에서 정작 지금의 중국에서는 전기를 屯(電) 한 글자로 쓰고 있다. 중국제 어휘인 전기가 중국에서는 사라져 버리고 일본과 한국에서는 여전히 사용되는 것은 아이러니한 일이다.

'콘센트'라는 국적 불명의 어휘

'전기'라는 어휘는 중국에서 만들어져 일본과 한국으로 건너온 것으로 보이지만, 전電 자를 포함한 두 글자 어휘들, 즉 전력電力·전파電波·전보電報·전류電流·전자電子·전신電信·전차電車·전지電池·전화電話, 그리고 전도체電道體 등은 그 기원이 대체로 일본으로 알려져 있다. 사네토 게이슈実藤恵秀의 《중국인 일본 유학사中國人日本留學史》에서는 근대화 시기 일본에서 중국으로 건너간 어휘들을 열거하고 있는데, 그중에서 전기電氣는 나오지 않지만, 위의 어휘들이 모두 등장한다.[14] 물론 위 어휘들은 현재 한국에서도 널리 사용되고 있다. 하지만 국적 불명의 이상한 어휘들도 존재한다. 예를 들어 전기 기구의 플러그를 꽂는 곳을 보통 '콘센트'라고 부른다. 그런데 이 '콘센트'는 영어로는 정확한 의미를 알기 힘든 것으로, '아울렛outlet'이나 '소켓socket'이라고 해야 의미가 통한다.

그렇다면 왜 이 출처 불명의 콘센트라는 어휘가 한국에서 사용되고 있는 것일까? 메이지 시대부터 전기 제품에 실제로 사용된 '콘센트릭 플러그concentric plug', 즉 '동심구조의 플러그'를 가리키는 '콘센토 프라그コンセントプラグ'라는 어휘가 있었다. 우리 일상생활에서는 지금도 전원 어댑터 등에 둥근 동심 구조의 플러그가 사용되고 있는데, 메이지 시대의 외국제 전기 제품에는 이런 동심 구조의 플러그가 매우 많았다. 1924년 도쿄전등東京電燈이 발행한 규정(초판)에 '콘센토 프라그コンセントプラグ'라는 어휘가 나오는데, 이것은 당시 플러그와 콘센트를 함께 지칭하는 어휘였다. 그것을 다이쇼기大正期(1912~1926) 말에 규정을 개정할 때 코드가 붙은 쪽을 플러그プラグ, 벽에 설치하는 쪽을 콘센트コンセント로 나누어 부르게 되었다. 그 후 동심 구조가 아닌 사각형이나 접지형 플러그 등이 사용되는데도 콘센트コンセント라는 어휘는 여전히 남게 된 것이다. 참고로, 한국어로는 순우리말로 '꽂개집'이라는 말이 있지만, 현실에서는 콘센트라는 말이 여전히 잘 통용되고 있는 것 같다.

한국에 수입된 어휘 '전기'

전기를 발생시키는 장치인 기전기를 에도 시대 일본에서는 네덜란드어에서 비롯된 '에레키테루'라고 불렀다. 그런데 이 기전기는 조선에도 이미 전해졌던 것으로 보인다. 조선 후기의 실학자 이규경 (1788~1856)은 백과사전적 저서인 《오주연문장전산고》를 집필했는데, 거기에는 〈뇌법기변증설雷法器辨證說〉이라는 글이 나온다.[15] 여기서 '뇌법기'란 바로 정전기 발생 장치를 가리킨다. 글에 따르면, 뇌법기는 서울의 강이중이라는 사람의 집에 있었는데 둥근 유리공 모양이고, 이것을 돌려주면 불꽃이 별 흐르듯 나온다. 또 서양에서는 이 불을 질병 치료에 사용하고 있고, 수십 명이 손을 맞잡고 이 장치를 만지면 마치 소변을 참는 듯한 강한 자극을 얻을 수 있다고 기록되어 있다. 하지만 이규경의 글에 '전기'라는 어휘는 보이지 않는다.

1876년 조선이 일본의 압력으로 개항을 하고, 이후 1880년대에 들어 서양국가들과 조약을 맺으면서 서양의 문물은 본격적으로 조선에 유입되었다. 그런데 당시 서양에서 전기는 이미 기존의 증기와 맞먹거나 그것을 대처할 새로운 동력 수단으로 떠오르고 있었다.

한국에서 '전기'라는 어휘가 처음 등장한 것은 《한성순보》 제4호 (1883년 11월 30일)에 실린 〈논전기論電氣〉라는 글에서인 듯하다.[16] 즉, 이탈리아의 의사였던 갈바니는 그의 아내가 오랫동안 병으로 앓고 있었는데 다른 약이 필요 없이 개구리탕을 끓여 주려고 준비하다가 그의 제자들이 우연히 칼을 개구리 다리에 대자 개구리의 근육이 경련하는 것을 보게 되었다는 것이다. 이 갈바니의 일화는 개화기에 중국을 통해 우리나라로 전해진 것으로 추정된다. 이 글은 순한문으로 쓰여 있는데, 여기서 갈바니는 '알리법니噶利法尼'로, 알레산드로 볼타Volta는 '불이탑佛爾塔'으로 표기되었다.

《한성순보》제7호(1883년 12월 29일) 〈전륜차電輪車〉라는 글도 흥미롭다. 좀 길지만 잠시 인용해 보겠다.

서양의 여러 나라에는 벌써부터 화차가 있어서 그것으로 육지를 1시간에 능히 280리를 달린다고 한다. 그러나 서양의 이학자들은 오히려 화차가 석탄을 많이 소모하면서도 전기電氣를 사용하여 증기를 대체하는 것만 같지 못함을 불만스럽게 여겨, 각국의 많은 사람들이 여러 해를 두고 고민해서 그 방법을 연구해 왔다고 한다. 그런데 근래에 외보를 보면, 프랑스의 파리와 베르사유 간에 처음으로 전차電車를 설치하여 화차를 대체했는데, 그 비용이 크게 절약되고 그 달리는 속도가 빨라, 대개 양 도시 간의 거리가 화차로 가면 1시간이 넘도록 걸리지만, 전차로 가니까 불과 5각刻밖에 안 걸렸다 하니, 사람의 기술이 날로 발달하여 앞으로는 또 어떤 일이 일어날지 모르겠다.[17]

여기서는 '전기'라는 어휘와 함께 전기력이 기존의 증기력을 대처할 서양문명의 새로운 동력이 되었다는 사실을 소개하고 있다.

1895년 유길준의 《서유견문》에도 '전기'라는 어휘가 나온다. 제18편 〈전신기電信機〉에는 "전신電信이란 전기電氣를 철선에 통해서 먼 거리에 서신을 전하는 것"[18]이라고 나온다. 또 제1편 〈지구세계地球世界의 개론概論〉에서는 "천둥이나 번개의 묘한 이치를 추측해 보건대, 전기는 공기 속을 자유롭게 떠도는 일기一氣로, 그 성질이 습기와 쉽게 화합하기 때문에 구름 사이의 여러 곳에 습기로 인해 모여 있다. 그렇게 해서 모인 덩이가 점점 커지면 이쪽 전기가 저쪽 전기와 쉽게 반응하는데[雷電의 妙理를 推測ᄒ건대 電氣ᄂᆫ 空氣中에 自在ᄒ 一氣라 其成이 濕氣와 易合ᄒᄂᆫ 故로 雲間各處에 濕氣를 因ᄒ야 聚集ᄒ고 其聚集ᄒᆷ이 漸大ᄒ則此處의 電氣가 彼處의 電氣와 相感ᄒ야]"[19]라고 쓰고 있다. 비오는 날 번개가 치는 현상을 전기의 충돌로 설명했던 것이다.

1890년대 이후 사전들에서는 이미 '전기'가 실려 있다. 1890년 언더우드의 《한영ᄌᆞ뎐》(Part 2는 영한ᄌᆞ뎐)에는 'electricity: 젼긔', 'electric telegraph: 젼션, 젼긔션'이라고 나온다. 1891년 스콧의 《영한ᄌᆞ뎐》에는 electircity는 '뎐긔'로 번역되었고, electric telegraph는 '뎐긔션'으로 번역되었다.

1914년 존스의 《영한ᄌᆞ뎐》에는 electricity가 '뎐긔', negative electricity가 '음뎐긔', positive electricity가 '양뎐긔'로 나온다. 1928년 김동성의 《최신선영사전》에는 '뎐긔'가 electricity의 번역어로, '뎐긔공학'이 electrical engineering의 번역어로 나오고, '뎐긔력학'이 electrio-dynamics의 번역어로 나오는 등 거의 오늘날의 용어들과 같아졌음을 확인할 수 있다.

1887년 3월 6일 경복궁 건청궁에 전등이 점화되다

조선 정부는 1876년 일본과 개항하고, 1880년대에 들어 서양 국가들과 통상조약을 체결했다. 이후 서양의 새로운 문물을 받아들이는 한편, 외국에 직접 사절단을 파견하여 새로운 문물을 직접 시찰하도록 했다. 특히 1882년 5월 조미수호통상조규朝美修好通商條規의 체결 후 이루어진 미국에의 보빙사 파견은 서양문명을 현지에서 시찰할 기회가 되었다는 점에서 무척 흥미롭다. 당시 보빙사는 미국 전기회사와 철도회사, 병원, 소방서 등 근대적 국가시설과 제도 등을 둘러봤는데, 이것이 계기가 되어 조선에서도 전기 사업이 본격적으로 추진되었다.

구한말 조선 정부가 추진한 개화사업의 일환으로 경복궁 전등소(발전소)의 설치가 시작되었고, 1884년 궁중 전등 점등 계획에 따라 조선 정부는 미국 에디슨전기회사에 발전 설비와 전등 기기 일체를 발주했으며, 그 결과 1887년 3월 6일 경복궁 내 건청궁에 국내 최초로 전등이 점화됐다.

이후 조선 정부의 전기에 대한 관심은 꾸준히 증가했고, 1898년에는 미국 콜브란 보스트윅 회사와의 합작으로 한성전기회사가 설립되기에 이르렀다. 이 전기회사의 가장 중요한 사업은 전차 부설이었다. 그해 10월 17일에 서대문, 종로, 동대문, 청량리에 이르는 구간을 연결하는 공사가 시작되었다. 하지만 야심 차게 진행되었던 전기 사업은 일본의 식민 지배가 현실화되면서 어려움에 처한다. 《대한자강회월보》 제2호(1906년 8월 25일)에는 "18일에 한강과 대동강 수력 전기 영업 특허증을 농상대신 권중현 씨가 일본인 시부사와 에이이치 외 여덟 명에게 허가했는데[十八日에 漢江과 大同江 水力 電氣 營業 特許證을 農商大臣 權重顯氏가 日人 澁澤榮一 及 其 外 八名에게 許可ᄒ얏ᄂᄃᆡ…]"[20]라고 나온다. 농상대신 권중현은 1905년 농상공부대신으로, 을사조약에 동의하여 훗날 을사오적 중 한 명으로 지탄받는 인물이다. 그는 기사에서 소개하듯이 한강과 대동강의 수력 전기 특허권을 포함해서 각종 조선의 개발 특허권을 일본에

넘겨주었던 것으로 알려졌다.

이상에서 알 수 있듯이, '전기'라는 중국제 어휘는 늦어도 1880년 대에는 조선에 들어와 사용되고 있었고, 1890년대에는 조선 정부의 적극적인 노력을 통해 한성전기회사가 설립되었으며, 그 결실로 전등, 전차 등을 조선에 도입하는 성과를 거두었다. 따라서 20세기 초 '전기'는 이미 대중화된 어휘를 넘어 조선의 문명화를 위해 필수적인 과학기술의 한 어휘로 자리 잡았다고 볼 수 있다.

13

공룡

恐龍 / Dinosaur

1676년 영국 옥스퍼드 북서쪽 스톤필드 지역의 한 석회암 채석장에서는 정체불명의 거대한 동물의 넓적다리뼈 화석이 발견되었다. 훗날 육식 공룡 '메갈로사우루스megalosaurus'라는 이름을 얻게 된 이 공룡 화석은 당시까지는 전혀 알려지지 않던 것이었다. 토머스 페니슨Thomas Pennyson 경은 이 뼛조각을 당시 옥스퍼드 대학의 화학 교수이자 애슈몰린Ashmolean 박물관의 초대 큐레이터였던 로버트 플롯Robert Plot(1640~1696)에게 의뢰했다. 플롯은 1677년 《옥스퍼드셔 자연사Natural History of Oxfordshire》라는 잡지에 그 뼈를 삽화로 그려 넣었는데, 이 삽화는 출판물에 공룡의 뼈가 그려진 세계 최초의 것이다. 그러나 그 뼈가 당시 영국에서 알려져 있던 생물종과는 전혀 다른 것이라고 생각한 플롯은 그것을 로마인들이 영국에 데려와 전투에 이용했던 거대한 코끼리의 허벅지뼈일 것이라고 추정했다.[1]

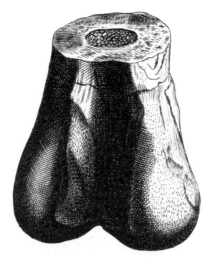

그림 13-1

플롯의 넓적다리뼈 삽화(왼쪽)와, 1677년《옥스퍼드셔 자연사》의 표지 그림(오른쪽).

플롯의 이 뼈는 이후 어딘가로 사라지고 말았지만, 1763년 영국
의 내과의사 리처드 브룩스Richard Brookes는 자신의 책에서 플롯의
삽화를 근거로 이 뼈를 다시 설명하고, 그것을 남성의 고환 한 쌍
에 비유하여 '스크로툼 후마눔Scrotum humanum', 즉 '사람의 음낭'이
라고 명명했다. 그리고 결국 1824년 옥스퍼드 대학의 지질학 교수
윌리엄 버클랜드William Buckland(1784~1856)는 이 대퇴골 뼈의 주인
에게 '거대한 파충류'라는 뜻의 '메갈로사우루스'라는 이름을 지어
주었다.[2]

한편 1800년대 초가 되자 영국을 중심으로 많은 거대 동물의 화
석들이 발견되기 시작했다. 영국의 메리 애닝Mary Anning(1799~1847)

은 라임레이스에 사는 가난한 목수의 딸이었는데, 오빠와 함께 화석을 수집하여 판매하는 사업에 뛰어들었다. 그녀는 거대한 동물의 두개골이나 뼈를 여러 점 발견했고, 일부 화석에 물고기-도마뱀을 뜻하는 익티오사우루스Ichthyosaurus(어룡)와 아텐보로사우루스 Attenborosaurus(수장룡)라는 이름을 새롭게 붙였다.[3]

1824년 잉글랜드 남부 서섹스주의 외과의사이자 아마추어 고생물학자였던 기드온 맨텔Gideon Mantell(1790~1852)도 인근 채석장에서 일찍이 한 번도 본 적 없었던 거대 화석의 이빨과 뼈를 발견했다. 당시 이빨 화석을 발견한 사람은 사실 그의 아내 메리 앤Mary Ann이었는데, 그녀는 남편이 진료를 보는 동안 집 근처를 산책하다가 도로공사를 위해 파헤쳐진 돌무더기 속에서 그것을 발견했다고 한다. 맨텔은 당시 화석 전문가로 유명했던 프랑스의 조르주 퀴비에Jean Léopold Nicolas Frédéric Cuvier(1769~1832)[4]에게 이 화석을 보여주었는데, 퀴비에는 그것이 코뿔소의 이빨일 것이라고 추정했다. 그러나 화석의 생김새가 너무 괴상하다고 생각한 맨텔은 그 화석을 런던으로 가져가 헌터 박물관의 큐레이터였던 새뮤얼 스터치버리 Samuel Stutchbury(1798~1859)에게 의뢰했다. 스터치버리는 그 이빨이 열대 도마뱀의 일종인 이구아나의 이빨과 유사하다는 것을 알려주었고, 결국 맨텔은 이것을 1825년 왕립학회의《철학회보Philosophical Transactions》에 투고한 논문에서 '이구아나의 이빨'이라는 뜻의 이구아노돈Iguanodon이라 이름 지었다.[5] 하지만 이구아노돈을 묘사한 당시의 그림은 이빨의 모양만 보고 몸 전체를 추측한 것으로, 코에 뿔이 달려 있거나 꼬리가 매우 긴 형태로 그려지는 등 훗날 알려진 이구아노돈과는 매우 다른 모습이었다.

또 맨텔은 1833년 마치 갑옷을 입은 것처럼 온몸이 골판과 가시로 덮인 동물 화석을 발견하고, 그것을 '숲의 도마뱀'이라는 의미의 힐라에오사우루스Hylaeosaurus라고 명명했다.

이처럼 19세기 초부터 본격적으로 발견되기 시작한 거대한 동물의 화석은 인간의 호기심과 상상력을 자극하기에 충분했다. 약 2억 3000만 년 전에 지구상에 출현하여 6550만 년 전에 사라져 버린 미지의 동물이 본격적으로 역사의 무대에 재등장하기 시작한 것이다.

1842년 리처드 오언이 만든 어휘 'dinosaur'

1841년 영국 과학진흥협회는 고생물학자 리처드 오언Richard Owen (1804~1892)에게 영국산 파충류 화석의 조사를 의뢰했다. 조사 결과 오언은 당시 발견한 메갈로사우루스, 이구아노돈, 힐라에오사우루스 등의 화석들이 파충류와는 구조적으로 전혀 다르다는 사실을 발견했다. 악어나 도마뱀을 상상하면 이해하기 쉽듯이, 일반적인 파충류는 두 팔과 두 다리가 몸통의 옆으로 뻗어 나와 있지만, 그 화석들은 두 팔과 두 다리가 몸 밑에 붙어 있어서 직립보행을 했을 것으로 여겨졌다. 한마디로 파충류는 다리가 옆으로 벌어져 있어서 몸통을 좌우로 흔들면서 기어 다니는 반면, 이 거대한 동물들은 다리가 밑으로 나와 있어서 서서 걸어 다닐 수 있었다는 것이다. 이 같은 엉치뼈의 차이와 함께 튼튼한 다리뼈와 거대한 몸집도 일반적인 파충류들에서는 결코 보기 힘든 특징이었다. 오언은 쥐라기 중기에 살았던 메갈로사우루스, 백악기 전기에 살았던 이구아노돈, 그리고 힐라에오사우루스 등 영국 남부에서 발견된 세 종류의 화석이 도마뱀과는 해부학적 특징이 다르다고 보았고, 그것을 하나로 분류할 필요를 느끼게 되었다. 1842년 4월에 발표한 논문에서 오언은 현존하는 파충류들의 크기를 훨씬 능가하는 이 특별한 파충류들에 새로운 이름을 제안하기로 하고, 그것을 '무서울 정도로 큰fearfully great'이라는 뜻의 그리스어 형용사 '데이노스deinos'와 도마뱀lizard 즉 파충류를 뜻하는 '사우라saura'를 이어 붙여 '다이노사우리아dinosauria(공룡류)'라고 부르길 제안했다.[6] 따라서 공룡은 영어로 fearfully great, a lizard, 즉 '무서울 정도로, 큰 도마뱀'이라는 뜻을 갖게 된 것이다.

오언은 dinosaurus에 허리뼈가 붙어 있어서 매우 튼튼하다는 생물학적 특징으로부터 기존의 파충류와는 다른 '직립 보행하는 파충류'라는 하나의 그룹을 만들었던 것이다.

이처럼 멸종된 대형 동물에 대한 관심이 19세기에 들어 점점 증가하다가, 유럽인들의 관심이 폭발한 것은 1854년에 개최된 런던 만국 박람회였다. 당시 박람회의 메인 파빌리온인 수정궁을 지을 때, 정원 장식을 담당했던 조각가 벤저민 W 허킨스는 이구아노돈, 메갈로사우루스 등의 모습을 시멘트로 복원한 대형 조각상을 설치한 것이다. 관람객들은 생전 처음 보는 거대한 동물들의 조각상에 열광했고, 그 소식은 영국 전역으로 퍼져나갔다. 약 5개월간 열린 당시 박람회에는 28개국에서 약 600만 명이 찾아왔는데, 그 숫자는 19세기 중엽 영국 인구의 무려 3분의 1가량이었다고 한다.

그런데 당시는 찰스 다윈Charles Robert Darwin(1809~1882)이 진화론을 주장한 《종의 기원On the Origin of Species》(1859)을 출간하기 직전이었다. 다윈은 1831년 비글호 항해를 시작할 때부터 오언과 이미 친분이 있었다고 한다. 그렇다면 다윈은 공룡에 대해 어떤 생각을 갖고 있었을까? 《종의 기원》 초판에는 공룡에 대한 언급이 전혀 나오지 않는다. 그런데 1861년 독일 남부의 한 채석장에서 중요한 사건이 벌어진다. 시조새Archeopteryx 화석이 발견된 것이다. 1866년에 출간된 《종의 기원》 제4판에서 다윈은 이 시조새의 화석이 자신의 이론을 뒷받침하는 근거가 될 수 있다고 언급했다.

> 이제 우리는 오언 교수의 권위에 따라 상부 녹지가 퇴적되는 동안 새가 확실히 살았다는 것을 알게 되었고, 더 최근에는 솔렌호펜 Solenhofen의 오라이트 슬레이트oolitic slates에서 도마뱀 같은 긴 꼬리에, 각 관절에 한 쌍의 깃털이 있고 날개에 두 개의 자유 발톱이 달린 이상한 새, 즉 시조새Archeopteryx가 발견되었다.

다윈은 시조새가 파충류에서 조류로 진화하는 과정의 이행형, 즉 중간단계의 생물이라는 확실한 증거를 찾은 듯했다. 하지만 다윈은 공룡에 대해 결국 구체적인 언급은 하지 않았다. 당시까지 공룡 화석이 충분히 발견되지 못한 상황에서, 매사에 신중했던 다윈으로서는 아마 어쩔 수 없는 선택이었을지도 모른다.

아무튼 이처럼 유럽에서 공룡 화석들이 화제가 되기 시작하자, 미국에서도 경쟁적으로 공룡의 화석 발굴이 시작되었다. 그중에서도 1870년대 미국 서부 지역에서 벌어진 일명 '뼈의 전쟁Bone Wars' 사건은 치열했기로 유명하다.[7] 당시 미국의 생물학자 오스니엘 찰스 마시Othniel Charles Marsh(1831~1899)와 에드워드 드링커 코프Edward Drinker Cope(1840~1897)는 처음에는 친한 동료 사이였는데, 미국 서부 지역에서 공룡 화석을 발굴하기 위한 원정대를 이끌면서 치열하게 경쟁했다. 상대방보다 공룡 화석을 하나라도 더 많이 발굴하고 논문을 더 많이 발표하여, 상대의 이름 대신에 자신의 이름을 공룡 연구사의 윗부분에 남기고 싶었던 치열한 승부였다. 그러다 보니 1890년대까지 약 20년간 이어진 그들의 과열된 경쟁은 시기와 질투, 가로채기, 방해, 속임수 등 온갖 낯 뜨거운 수단이 총동원된 연구 경쟁으로 악명이 높지만, 아이러니하게도 그 결과 트리케라톱스, 스테고사우루스, 아파토사우루스, 알로사우루스 등 오늘날 어린이들에게 특히 인기 있는 공룡들을 포함하여 약 136종의 새로운 공룡이 발견되는 성과를 올리기도 했다. 이후 공룡 화석은 당시 미국 여러 지역에 세워지기 시작한 자연사 박물관에 진열됨으로써 대중적인 인기를 끌게 된다.

20세기 이후 공룡 연구는 전 세계적으로 확산되고 있다. 참고로 오언이 dinosauria라는 이름을 제안한 1842년부터 1990년까지 간행된 공룡 관련 책들보다 1990년 이후에 간행된 책이 더 많다고 조사될 정도이며, 각종 영화나 박물관 등 문화 산업에도 이 거대한 생명체는 중요한 일익을 담당하기에 이르렀다. 그 사이 공룡에 대한 새로운 사실도 알려지게 되었다. 새가 공룡의 후손일 뿐만 아니라, 거대 공룡이 큰 덩치 때문에 느리게 움직였을 것이라는 편견도 사라졌다. 우리에게 잘 알려진 영화 〈쥐라기 공원〉을 보면, '폭군 왕 도마뱀'이라는 뜻을 가진 티라노사우루스 렉스Tyrannosaurus Rex는 자동차를 뒤쫓을 정도로 굉장히 빠르게 달리며, '민첩한 도둑'이라는 의미의 벨로시랩터Velociraptor는 무리를 지어 먹잇감을 사냥하는 지능적인 공룡으로 묘사된다. 공룡 연구의 발전과 함께 공룡의 이미지도 변화해 왔던 것이다.

'공룡'이라는 어휘를 최초로 만든 요코야마 마타지로

'공룡'은 한자어로는 '두려워할 공恐' 자에 '용 용龍' 자가 합쳐진 '두려운 용'이라는 뜻을 갖는다. 이 어휘는 19세기 후반 일본에서 dinosaur의 번역어로 만들어졌다.[8] 그런데 dinosaur가 일본에 알려지던 초기에는 이 원어가 여러 가지 어휘로 번역되었다.

1879년(메이지 12) 일본의 교육자이자 음악 교육의 전문가였던 이사와 슈지伊澤修二(1851~1917)는 사회진화론자 토머스 헉슬리 Thomas Henry Huxley(1825~1895)가 쓴 《헉슬리의 종의 기원 강의 Huxley's Lectures on Origins of Species》를 《생종원시론生種原始論》(제1편)으로 번역했는데, 그는 여기서 사우루스sauros를 '뱀蛇'으로 묘사했다. 즉, 이 책에서 그는 중생대 쥐라기 후기에 서식한 익룡 프테로닥틸루스Pterodactylus를 '우지사羽指蛇'로, 중생대에 살던 어룡 이크티오사우리아Ichthyosauria는 '어사魚蛇'로, 쥐라기와 백악기에 바다를 지배했던 수장룡 플레이소사우루스Plesiosaurus는 '석류사蜥類蛇'로 번역하고, 각각을 그림과 함께 소개했다.[9]

한편 도쿄대학 교수이자 지질학자였던 고토 분지로小藤文次郎
(1856~1935)는 사우루스sauros를 '뱀'으로 번역한 이사와와는 달리
그것을 '용龍'으로 번역하고, dianosauria를 '어룡魚竜', '사룡蛇竜'으로
번역했다.[10]

용龍이라는 한자는 잘 알려지듯이 한·중·일 등 동아시아에서는
신비한 상상의 동물이었다. 중국에서는 고래를 거대한 용처럼 생
긴 상상의 동물이라고 표현하거나, 악어나 하마가 용의 다른 모습
일 것이라고 생각하기도 했다. 참고로, 용수철龍鬚鐵이란 어원 그대
로 '용의 수염'을 뜻하는데, 오늘날과 같은 강철 용수철을 만들지
못했던 근대 이전에는 탄성력을 가진 고래수염whalebone으로 용수
철을 대신하는 경우가 있었다. 일본의 가라쿠리 인형 속의 태엽이
나 우산의 살, 코르셋 등에도 이 고래수염이 사용되곤 했다.[11] 아울
러 한의학에서는 대형 포유류 화석을 용골龍骨이라고 불렀다.

그러나 19세기 일본의 사전류에서 dinosaur는 매우 드물게 나타
났을 뿐만 아니라, 오랫동안 '공룡'으로 번역되지도 않았다. 예를
들어, 1888년 《부음삽도 화역영자휘》라는 사전에서 dinosaur,
dinosaurian이라는 항목을 볼 수 있는데, 그것들은 "(古)거대한 사
충巨大ノ死虫"이라고 번역되었다. 한마디로 '거대한 죽은 파충류'라는
뜻이다.

일본에서 공룡恐龍이라는 한자어를 처음 만든 사람은 독일에서 유
학했던 도쿄대학의 고생물학자 요코야마 마타지로橫山又次郎(1860~
1942)였다. 그는 1895년 《화석학 교과서》의 제8장 〈공룡류恐龍類
Dianosauria〉에서 다음과 같이 썼다.

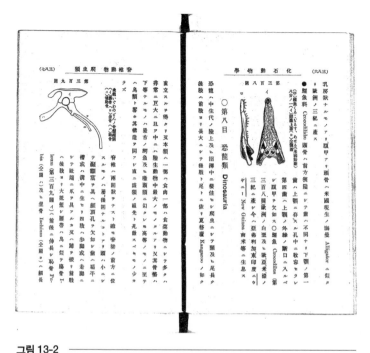

그림 13-2

1895년 요코야마 마타지로는 《화석학 교과서》에서 Dianosauria를 '공룡류'로 번역했다.

공룡은 중생대의 육상 및 늪, 연못 안에 생활하던 파충류로서 머리 및 꼬리 길이가 길고, 뒷다리는 앞다리보다 크고 길다. 뒷다리와 꼬리를 이용해 캥거루처럼 직립할 수 있다.[12]

영어 dinosaur가 '무서울 정도로 큰 도마뱀'을 의미하는 것과는 달리, 공룡은 한자적으로는 '두려운 용'을 뜻한다. 마타지로는 고토와 마찬가지로 사우루스sauros를 '용'으로 번역하고, 그 앞에 '두려운'이라는 의미의 '공恐' 자를 붙여 '공룡'이라는 새로운 번역어를 만든 것이다.

그러나 마타지로가 만든 어휘인 '공룡'보다는 오언이 만든 어휘, 즉 '무서울 정도로 큰 도마뱀fearfully great lizard'이라는 원어 개념에 더 충실한 번역어를 선호하는 사람들도 있었다. 그리고 그들은 '공룡' 대신에 '공척恐蜴' 혹은 '공석恐蜥'이라는 어휘를 사용했다. '공척'이나 '공석'은 도마뱀을 가리키는 한자어 '도마뱀 척蜴'이나 '도마뱀 석蜥' 자에 '두려울 공' 자를 붙인 것이다. 오늘날에는 이 어휘를 아는 사람이 거의 없지만 '석척蜥蜴'이라는 말은 근대 이전의 우리말은 물론 동아시아 한자 문화권에서 꽤 널리 사용되던 어휘였다. 예를 들어, 《조선왕조실록》에는 '석척 기우제'를 지냈다는 기록이 여러 차례 등장한다. 1407년(태종 7) 6월 21일자 《태종실록》에는 오랫동안 가뭄이 계속되자, 태종이 순금사 대호군 김겸을 불러다가 기우제를 지내게 했다는 기록이 나온다. 김겸은 뜰에다가 물을 가득 채운 두 개의 독에 도마뱀을 잡아다 넣고 남자아이 20명을 시켜 푸른 옷을 입고 버들가지를 흔들며 빌게 했다. 동자들은 이때 "석척아 석척아, 구름을 일으키고 안개를 토하며 비를 주룩주룩 오게 하면 너를 놓아 보내주겠다"라는 주문을 외웠다. 이 기우제로 당장 비가 오지는 않았지만, 동자들에게는 각각 쌀 1석씩을 주었다는 기록이 남아 있다. '석척 기우'란 도마뱀, 즉 석척을 잡아 병에 넣고 기우제를 지내는 풍습이었다. 도마뱀의 생김새가 마치 용을 축소한 것처럼 보였기 때문이다. 1411년(태종 11) 6월 14일자의 기록에도 석척 기우제를 지냈다는 기록이 나온다. 《조선왕조실록》을 찾아보면,

세종대왕의 재위기에 이 같은 석척 기우제는 무려 24회가 확인된다. 조선의 과학기술을 세계적 수준으로 끌어올렸던 세종대왕의 이미지와 쉽게 연결되지 않는다.

1918년 일본의 어류학자 이지마 이사오飯島魁(1861~1921)는《동물학제요》에서 공룡 대신에 오언의 원어에 충실한 '공척류恐蜴類, Subclass C. Dinosauria'라는 어휘를 제안했다.[13] 아울러 1932년 과학평론가 이시이 시게미石井重美가 쓴《세계 생물의 기원과 종멸》에서는 공룡을 가리켜 "이 캥거루 같은 형태를 한 파충은 유명한 공석恐蜥, dinosauria이라는 부류에 속하는 것으로…"[14]라는 구절이 나온다. 20세기 초까지도 dinosaur는 '공룡'과 더불어 '공척'이나 '공석', 혹은 '공석척恐蜥蜴' 등으로 번역되기도 했던 것이다.

한국인들은 언제부터 '공룡'을 알게 되었을까?

한국에는 언제부터 '공룡'이라는 어휘가 등장했을까? 먼저 사전류에서는 'dinosaur'는 물론 '공룡'이라는 어휘도 아주 뒤늦게 등장한다. 필자가 확인한 바로는 적어도 1930년대 사전들에서조차 dinosaur나 그 번역어들은 나오지 않는다. 하지만 파충류를 의미하는 'reptile'은 비교적 일찍부터 등장하고 있다. 1890년 언더우드의《한영ᄌ뎐》에는 dinosaur은 나오지 않지만, reptile이 '문치 ᄂ즘승, 빅암'으로 번역되었다. 1891년 스콧의《영한ᄌ뎐》에도 dinosaur는 나오지 않지만, reptile이 '버러지'로 번역되었다.

1925년 언더우드의《영선ᄌ뎐》에도 dinosaur는 나오지 않지만,

reptile이 ① '긔ᄂ즘성(비암又혼짓)', 파힝동물爬行動物 ② '놋분놈, 비부鄙夫'로 번역되었다. 파충류를 버러지라든가 나쁜 놈, 마음씨가 나쁜 사내를 빗대는 어휘로 사용했던 것은 흥미롭다.

1928년 김동성의 《최신선영사전》에는 a reptile이 '파츙爬虫'으로 번역되었다. 또 1931년 게일의 《한영대ᄌ뎐》에는 a reptile이 '파츙爬蟲'으로, the reptilia가 '파츙류爬蟲類'로 번역되었다.

비록 사전류에서는 dinosaur은 물론 '공룡'이라는 어휘도 상당히 오랫동안 찾아볼 수 없지만, 공룡은 1920년대에는 한국에 소개되고 있다.

1923년 6월 19일 《동아일보》에는 제3회 아시아 탐험대가 몽골에서 공룡恐龍 화석化石을 발견했다는 기사가 나온다.[15] 또 같은 해 10월 1일 《동아일보》의 〈천만년전의 동물〉이라는 기사에도 미국의 제4회 아시아 탐험대가 공룡알을 발견했다는 소식을 전하고 있다.

> 미국 뎨사회 아세아 탐험대米國第四回亞細亞探險隊는 대성공을 하고 도라왓다는대 그들은 지금으로부터 구백만년 내지 천만년의 동물인 공룡恐龍의 알卵 이십오개를 발견한 결과 학술상의 대발견이라고 평판이 잇는대 알은 악어의 알과 가치 댱이 여섯치 오푼이요 직경直徑이 한치나 된다더라.

이 사건은 미국의 탐험가 로이 채프먼 앤드루스Roy Chapman Andrews(1884~1960) 박사가 이끈 화석 탐사대가 1923년 몽골 고비 사막에서 공룡알을 발견한 것을 말한다.

　1928년 1월 1일자 《매일신보》는 무진년 용의 해를 맞이하여 용에 대한 특집 기사를 싣고 있다. 신문 한 면을 가득 채운 이 기사는 일찍이 중국의 현인 공자가 노자를 용에 빗대었다는 것을 시작으로, 동서양의 용에 대한 전설과 신화 등을 흥미롭게 소개하고 있다. 이 기사에 따르면, 용은 일종의 거대한 도마뱀蜥蜴으로서 지금은 모두 멸종해 버렸는데, 영국의 박물관에는 그 화석이 보존되어 있다고 전한다. 즉, 예리한 이빨과 손톱이 달려 있고 도마뱀 같은 커다란 가죽의 날개皮翼가 있으며, 안와眼窩의 크기는 수척에 달하는 익룡이 그것이라고 한다. 그리고 기사는 "고대 동물학을 보면 익룡 외에도 용의 종류로서 공룡, 어룡 등도 있었다[古代動物學을 보면 翼龍 外 또 龍의 種類로서 恐龍, 魚龍 等도 잇섯다]"라고 쓰고 있다. 공룡을 익룡, 어룡과 함께 전통적인 용의 일종이라고 여겼던 것이다.

　아울러 중국인들은 용의 형상이 도마뱀蜥蜴과 비슷하다고 믿었는데, 도마뱀 중 어떤 종류는 그 형체가 빛의 반사에 의해 형형색색으로 변화하는 것을 보고, 고대 중국인들이 그것을 굉장히 불가사의한 동물로 여기게 된 이유라고 쓰고 있다. 형형색색으로 변화하는 도마뱀이란 아마도 카멜레온을 가리켰던 것 같다.

　그 뒤로도 공룡에 대한 기사는 여러 군데서 찾아볼 수 있다. 1926년 6월 1일에 발행된 잡지 《동광》 제2호에 송아頌兒가 쓴 〈사람이 어대서 낫나: 생물의 긔원과 진화의 법측〉이라는 글에는 미국 시카고 박물관과 독일 베를린 박물관에 있는 공룡과 맘모스의 모형을 그림으로 소개하면서 "진화의 계제에 잇서서 가장 발달된 몸을 가졌던 공룡恐龍(외인편)과 맘모스大象의 모형"[16]이라고 쓰고 있다. 1929년 잡지《별건곤別乾坤》제22호에 실린〈별別의 별건곤別乾坤〉에는 "고고학자의 연구에 의하면, 유사 이전에 살아 있던 동물인 공룡은 체중이 5000관이고 하루의 식량이 60관[考古學者의 硏究에 依하면 有史以前에 살아잇든 動物 恐龍은 體重이 五千貫 一日의 食量이 六十貫]"[17]이라는 소개가 나오고 있다. 이처럼 1920년대에는 한국에 '공룡'이라는 어휘가 들어와 이미 사용되고 있었음을 보여준다.

그러나 한국에서의 공룡 연구가 본격적인 궤도에 오른 것은 훨씬 나중의 일이었다. 1970년대에 이르러서야 한국에서 공룡 화석이 발견되기 시작했기 때문이다. 한반도에서 공룡 화석은 1972년 경남 하동군 금남면에서 발견된 공룡알 껍데기 화석이 최초였다.[18] 그리고 이듬해에는 경북 의성에서 공룡 다리뼈가 발견되었고, 이후 고성, 해남, 보성, 진주 등에서 공룡알과 발자국 화석 등이 차례로 보고되는 등 공룡 연구의 새로운 전기가 마련되었으며, 그에 따라 관련 논문도 증가하기 시작했다.[19]

참고로, 공룡을 중국어로는 '恐龙' 혹은 '恐龍'이라고 쓴다. 용龙자도 용龍 자와 같은 글자로, 고생물학 등에서 파충류를 가리킨다.

이처럼 일본인 고생물학자 요코야마 마타지로가 만든 '공룡'이라는 어휘는 초기에는 공석, 공척 등과 함께 사용되다가 결국 대세적 번역어로 자리 잡았고, 이후 중국과 한국에도 수입되어 동아시아권에서 널리 정착하게 되었던 것이다.

행성

行星 / Planet

'행성'을 뜻하는 영어 'planet'은 그리스어로 '방랑자wandering star'라는 의미의 'planetes'에서 비롯되었다.[1] 이 어휘는 훗날 라틴어로 planeta로 번역되는데, 그것은 비교적 고정된 별들과는 달리, 별들 사이를 오가는 모습이 마치 '방랑하는 자'와 같다고 해서 붙여진 이름이다.

서양에서 행성의 명칭은 신화와 관련을 맺고 탄생했다. 고대 그리스 신화에는 신들의 소식을 전하는 전령인 헤르메스라는 신이 있다. 올림피아누스의 열두 명의 신들 중 하나인 헤르메스는 민첩함과 영민함으로 인해 신들의 심부름꾼으로 발탁된다. 고대 그리스인들은 태양 주위를 재빠르게 움직이는 수성의 모습이 신들의 소식을 전하는 전령과 닮았다고 해서 헤르메스Hermes라고 불렀다. 이 수성은 로마 신화에서는 메르쿠리우스Mercurius로 불렸고, 그것은 영어로 수은과 수성을 의미하는 머큐리mercury의 어원이 되었다.[2] 동아시아인들이 '진성辰星'이라고 부른 행성이다.

초저녁에 나타나는 가장 밝은 행성인 금성을 고대 그리스 천문학자들은 아프로디테Aphrodite라고 불렀다. 해와 달을 제외하고, 하늘에서 금성은 가장 뚜렷한 존재감을 드러내며 밝게 빛나기 때문에, 사랑과 아름다움을 상징했다. 이 금성은 로마 신화의 베누스Venus에 해당하는 것으로, 훗날 영어 비너스venus가 되었다. 동아시아인들은 이 행성을 '크고 밝다'는 의미에서 '태백太白'이라고 불렀다.

화성은 그 붉은 색이 전쟁과 같은 불길한 느낌을 연상시킨다는 점에서 그리스인들은 그것을 전쟁의 신인 아레스Ares라 불렀다. 로마 신화에서는 로마 건국의 시조 로물루스의 아버지인 마르스Mars에 해당한다. 3월을 뜻하는 March는 전쟁의 신 마르스Mars에서 온 것이다. 이 천체는 역행 운동시 뒤로 돌아가는 움직임이 비교적 잘 관찰되기 때문에, 동아시아인들은 이것을 재화나 병란, 역모의 징조를 보여주는 별이라는 뜻에서 '형혹熒惑'이라고 불렀다.

목성은 그리스인들에게 제우스Zeus였고, 그것은 로마 신화 속 유피테르Jupiter였다. 태양계의 행성 중에서도 가장 거대하기 때문에 예로부터 신들의 왕이자 전능한 신을 상징했다. 지금 이 행성은 주피터Jupiter이다. 동아시아인들은 이것을 '세성歲星'이라고 불렀다. 해마다 별자리를 하나씩 옮겨 이동한다는 뜻이다. 목성의 공전 주기는 약 12년으로, 태양이 한 해 동안 지나는 열두 개의 별자리, 즉 황도 12궁을 목성이 한 해 하나씩 옮겨가기 때문이다.

그리스 신화의 크로노스Kronos에서 비롯된 토성은 유피테르의 아버지 사투르누스Saturnus에서 따왔다. 토성이 약간 황색으로 보이기 때문에 흙과 농경의 신을 상징했다. 중국인들은 이 행성을 '진성鎭星' 또는 '전성塡星'이라고 불렀다.

이 다섯 행성은 고대 중국 철학과도 관련을 맺었다. 오행설五行說이 대표적이다. 세상의 모든 것이 불火, 물水, 나무木, 금속金, 흙土이라는 다섯 물질이 섞여서 이루어졌다는 이 오행설은 다섯 행성과 상호 대응하면서 발전한 것이다. 아울러 이 다섯 행성에 해日輪와 달을 포함한 일곱 개의 천체는 동서양 우주론이나 달력, 연금술 등의 바탕이 되었음은 잘 알려져 있다. 7일의 요일명이 대표적이다. 일요일은 태양日, 월요일은 달月, 화요일은 화성, 수요일은 수성, 목요일은 목성, 금요일은 금성, 토요일은 토성에 해당한다. 세종대왕 시대인 1442년에 만들어진 '칠정산七政算'이라는 역법은 이 일곱 천체에 대한 운행 기록서이다.

그런데 예로부터 동서양에서는 수성, 금성, 화성, 목성, 토성 등 다섯 행성의 움직임이 별들과 다르다는 것을 알았다. 북극성을 중심으로 회전하는 별들과는 달리, 이 다섯 행성은 이따금 제자리에 멈추거나, 오는 길을 되돌아가는 불규칙한 운동을 한다는 것이다. 이 불규칙한 행성의 운동을 어떻게 설명할 것인가가 고대 그리스에서 시작된 천동설의 가장 큰 과제였다. 2세기 무렵 이집트 알렉산드리아에서 활약했던 프톨레마이오스는 행성 운동에 주전원과 이심원, 등각속도점 등을 도입함으로써 행성의 불규칙한 운동을 새롭게 해결했다. 프톨레마이오스 천동설에 따르면, 우주는 곧 태양계이고, 행성과 별들은 투명한 양파껍질 같은 물리적 천구에 박혀 지구 둘레를 일정한 각속도로 원운동한다. 행성들의 멈춤과 역행은 여러 궤도가 합쳐진 겉보기 운동일 뿐만 아니라, 행성들은 완벽한 원을 그리며 돈다고 보았다. 중세시대 기독교는 이 별들의 천구 바깥쪽에 신과 죽은 자들의 공간을 마련함으로써 천동설을 기독교 안에 포용하고 재해석하는데 성공한다. 이후 천동설은 근대에 이르기까지 기독교와 깊은 관계를 맺으며 발전했다.

그러나 1543년 코페르니쿠스가 《천구의 회전에 관하여》를 펴낸 이후, 서양인들의 생각에 변화가 시작되었다. 지구도 태양 주위를 도는 행성의 하나라는 것이 밝혀졌고, 물리적 천구 관념은 사라졌으며, 원운동도 타원운동으로 대체되었다. 태양이 행성 운동의 중심 자리를 차지하자, 스스로 빛을 내는 별(항성)과 빛을 내지 못하는 별(행성) 사이의 구분도 본격화되었다. 1610년 초 갈릴레오가 목성 주위에서 네 개의 달을 발견한 것을 시작으로, 종래 행성과 구분이 없었던 달은 위성의 지위로 끌어내려졌다. 천동설이 지동설로 무너지자, 천체의 명칭도 바뀔 수밖에 없었던 것이다.

한국에서는 행성, 일본에서는 혹성으로 부르는 이유는?

오늘날 '항성恒星'은 태양과 같이 스스로 빛을 내는 별을 의미한다. 중국의 고전 《춘추春秋》의 장공莊公 7년 여름 4월 조에 "신묘야 항성 불견辛卯夜 恒星不見", 즉 "신묘일 밤에 항성이 보이지 않는다"라고 나온다. '항恒'은 한자어 '상常'과 같은 의미로, 특별히 그 위치 관계가 변하지 않고, 사람들이 항상 볼 수 있는 별을 뜻했다.[3] 그래서 항성은

'정성定星' 혹은 '경성經星'이라고도 불렀다. 그처럼 매일 볼 수 있는 항성이 그날따라 보이지 않는 것을 기록했던 것이다. 반면, '행성行星'은 한자적 의미로는 '가는 별'을 의미한다. 이 어휘는 현재 '혹성惑星'이라고 부르는 일본을 제외하고는 한국이나 중국에서 사용하고 있다. 그런데 한자문화권에서 왜 유독 일본만 '혹성'이라는 어휘를 사용하는 것일까?

'혹성'이라는 어휘는 에도 시대의 천문학자 모토키 료에이本木良永(1735~1794)가 처음 사용한 것으로 알려져 있다. 1793년에 펴낸《성술본원태양궁리요해신제천지이구용법기星術本原太陽窮理了解新制天地二球用法記》라는 책에서 그는 자신이 왜 '혹성'이라는 어휘를 만들게 되었는지를 다음과 같이 밝히고 있다.

두혹성頭惑星이라고도 하고 혹성이라고도 하고 또 혹자라고도 하는 이 오성과 지구는, 여기 있을까 하고 보면 저쪽에 가 있어서 천문학자들이 추측하고 측량하는 데 정확함을 기하기 힘들기 때문에 혹이라는 이름을 붙였다. 수성, 금성, 화성, 목성, 토성의 오성五星과 지구를 더하여 여섯 개의 행환行環을 알아야 한다.[4]

원운동 이외에는 불규칙한 움직임이 느껴지지 않은 별들과는 달리, 가는 길을 갑자기 되돌아가는 불규칙한 운동이 마치 길을 잃고 '방황하는 별惑ゟ星'로 보였기 때문에 '혹성'이라고 명명했다는 것이다.

그런데 모토키가 '혹성'이라는 어휘를 만들었지만, 일본에서는 혹성 이외에도 다양한 어휘들이 사용되었다. 모토키의 제자로 알려진 시즈키 다다오(1760~1806)는 《역상신서》(1798)에서 '위성緯星'을 행성의 의미로 사용했다.

> 태허太虛에 충만한 무수한 항성恒星은 항상 그 위치를 잃지 않고 변하지도 않는다. 거기에 여섯 개의 구球가 있어서 태양太陽 주위를 회전한다. 그 움직임은 서쪽에서 동쪽으로 돌고, 이것을 우선右旋이라고 한다. 지속遲速은 각각 다르다. 이 때문에 천문天文이 때때로 변한다. 이 여섯 개의 구를 이름하여 여섯 위성六緯星이라고 한다. 우리가 사는 지구地球도 그중 하나이다.[5]

시즈키는 행성을 '위성緯星'으로 번역한 것이다. 참고로, 위성은 일찍이 1190년 남송의 황상黃裳이 그린 천문도를 1247년 왕치원王致遠이 돌에 새긴 순우천문도에 이미 그 용례가 보인다.[6]

한편, '유성遊星'도 '행성'을 가리키는 어휘로 사용되었다.[7] 에도 시대의 네덜란드어 통사(번역관) 요시오 난코吉雄南皐(1787~1843)는 1823년에 역술한 《원서관상도설遠西觀象圖說》에서 모토키가 '혹성'으로 번역했던 네덜란드어 dwaalster를 '유성游星'(한자는 遊가 아니라 游)으로 번역하고, 다섯 행성에 지구를 더한 여섯 천체를 '대유성'으로 명명했다.[8]

메이지 유신을 전후해서는 중국에서 '행성'도 들어와 사용되었다. 중국의 사전에서는 영국의 선교사 메드허스트Wlater Henry Medhust(1796~1857)가 펴낸 《영화사전英華辭典》(1847~1848)에 '행성'이 처음 등

장했다고 한다.[9] 이후 존 허셜의 *Outlines of Astronomy*를 중국어로 번역한 《담천談天》(1859)이라는 책에 '행성'은 planet의 번역어로 나온다. 일본에서는 1867년 《화영어림집성和英語林集成》 초판에 '혹성'의 별칭으로 "Kōsei カウセイ 행성行星"이라고 나와 있다.

19세기 무렵의 사전류를 보면 이 같은 어휘의 혼재를 다시 한번 확인할 수 있다. 1873년 시바타 마사키치柴田昌吉 등이 편찬한 《부음삽도 영화자휘附音插圖 英和字彙》에서는 planet이 '행성行星, 혹성惑星'으로 번역되었다. 1887년 시마다 유타카島田豊 등이 편역한 《부음삽도 화역영자휘附音插圖 和譯英字彙》에서는 planet이 '행성行星, 혹성惑星, 유성遊星'으로, 그리고 1888년 프레드릭 이스트레이크Frederick Warrington Eastlake와 다나하시 이치로가 펴낸 《웹스타씨 신간대사서: 화역자휘ウエブスター―氏新刊大辭書: 和譯字彙》에서도 planet은 '행성, 혹성, 유성'으로 번역되었다.

이처럼 일본에서는 19세기 말까지도 혹성, 유성, 행성 등 다양한 어휘들이 같은 천체, 즉 오늘날의 행성planet을 가리키는 어휘로 사용되고 있었던 것이다.

그럼 언제부터 '혹성'이 planet의 주요한 번역어가 되었을까? 요코타의 연구에 따르면, 도쿄제국대학계의 학자들은 주로 '혹성'을 사용한 반면 교토제국대학계의 학자들은 '유성'을 사용했다고 한다.[10] 대표적인 인물이 교토제국대학 이학부 교수이자 천문학자였던 야마모토 잇세이山本一淸(1889~1959)였다. 그는 1920년 《천계》라는 천문학 잡지를 창간했고, 계속 '유성'이라는 어휘를 사용했다. 그의 사회적 영향력은 꽤 강력해서 1950년대 이후까지도 '유성'이

널리 사용된 계기가 되었다.[11] 1951년 미국의 SF 호러 영화였던 〈The Thing from Another World〉가 일본에 개봉했을 때, 제목은 〈유성으로부터의 물체 X遊星からの物体 X〉로 번역되었다. 1966년 텔레비전에서 방영한 어린이 애니메이션 영화 〈유성가면遊星仮面〉, 1974년 영화 〈우주 전함 야마토〉에 등장하는 유성폭탄遊星爆弾 등에도 여전히 '유성'이라는 어휘가 사용되었다.

반면 미국에서 개봉한 〈Planet of the Apes〉를 1968년 일본에 개봉할 때, 제목은 '원숭이의 혹성猿の惑星'이었다. 또 1985년의 미국 영화 〈Enemy Mine〉을 이듬해 일본에서 개봉했을 때의 제목은 '제5 혹성第五惑星'이었다. 대략 1960~1970년대를 넘어오면서 '유성'이 점점 사라지는 대신 '혹성'이 지배적인 어휘가 된 것이다. 물론 '유성'은 현재 일본어에서는 거의 사라졌지만, 여전히 남아 있는 곳이 있다. 예를 들어 기계공학에서 유성치거遊星歯車, planetary gear 등 특정 기구를 가리키는 어휘가 일찍부터 정착한 경우 여전히 '유성'이 사용되는 것을 볼 수 있다.

해왕성은 자칫하면 '용왕성'으로 불릴 뻔했다

고대부터 동서양에서는 하늘에 일곱 행성이 있다고 생각했다. 천동설에 따르면 달 아래의 세계와 달 위의 세계는 완전히 구분되었으며, 달 위의 세계는 어떤 변화도 없는 완벽한 세계로 여겨졌다. 그러나 17세기 초부터 망원경이 천체 관측에 사용되면서 하늘에는 기존에 알려진 일곱 행성과 별들 이외에 또 다른 천체가 있다는 사실이 알려지기 시작했다. 목성 주위에 무려 네 개의 달이 있다는 갈릴레오의 발견이 대표적이다. 그러나 1781년 독일 태생의 영국인 천문학자 윌리엄 허셜Frederick William Herschel(1738~1822)의 천왕성 발견은 목성의 위성들과는 전혀 다른 충격을 가져다주었다. 다섯 행성 이외에도 태양을 도는 행성이 더 있다는 사실은 선사시대 이후 인류가 새로운 행성을 발견한 최초의 일이었기 때문이다. 그런데 당시 천왕성을 발견한 허셜은 자신을 왕립천문학자로 임명하고 후원해 준 영국 국왕 조지 3세를 기리기 위해 그 행성에 '게오르기움 시두스Georgium Sidus' 즉 '조지의 별'이라는 이름을 붙이고자 했다. 하지만, 새로운 천체에 왕의 이름을 사용한다는 것은 당시로서는 이례적일 뿐만 아니라, 천문학자들의 지지를 얻지 못했다. 이 새로운 행성은 결국 독일 천문학자 요한 엘레르트 보데(1747~1826)가 그리스 신화에 나오는 천문의 여신 우라니아Urania에서 따온 '우라노스Uranos'로 명명되었다. 그리고 그로부터 얼마 뒤에 새로운 화학 원소가 발견되었는데, 천왕성의 이름을 따서 그것을 '우라늄Uranium'이라고 부르게 되었다.

1846년에는 천왕성 밖에서 또 하나의 새로운 행성인 해왕성이 발견되었다. 해왕성의 발견에는 역사적으로도 흥미로는 일화가 있다. 프랑스 수학자 위르뱅 르베리에Urbain Jean Joseph Le Verrier (1811~1877) 등 몇몇 천문학자들은 천왕성의 실제 관측 궤도가 뉴턴이 중력 법칙을 통해 예측한 관측 궤도와 다소 어긋난다는 사실에 주목했다. 천문학자들은 이미 강력한 권위를 지닌 뉴턴의 천체 이론을 의심하기는 힘들었다. 그들은 뉴턴 이론에는 아무런 오류가 없으며, 천왕성의 바깥 궤도에 아직 발견되지 않은 어떤 미지의 행성이 존재하고, 그것이 천왕성을 끌어당기기 때문에 천왕성의 궤도가 일그러진다는 가설을 세웠다. 뉴턴의 중력 법칙을 이용하여 이 가상의 행성의 위치, 질량, 경로 등을 계산한 르베르에는 그 결과를 독일 천문학자 요한 고트프리트 갈레(1812~1910)에게 보냈다. 1846년 9월 23일 갈레에게 편지가 도착하자, 그날 밤 갈레는 르베리에가 알려준 방향으로 망원경을 돌렸고, 그 자리에서 매우 희미한 빛을 발하는 행성 하나를 발견했다. 바로 해왕성이었다. 이론적 발견자 르베리에는 이 행성을 '넵투누스Neptunus'라고 명명했다. 로마 신화에 나오는 신을 따라 행성의 이름을 짓는 전통이 있었지만, 푸른빛을 띠는 해왕성의 모습이 넓은 바다를 연상시킨다는 사실도 작용했다. 그리고 이 명칭은 곧이어 새로운 원소 '넵투늄Neptunium'의 어원이 되었다.

동아시아에서는 토성 너머에 천왕성, 해왕성 등이 있다는 것은 19세기 무렵 서양 천문학이 수용되면서 알려지기 시작했다. '해왕성'이라는 명칭은 중국에서 포세이돈Poseidon을 번역하면서 만들어진 것이다. 그러나 이 해왕성은 처음 일본이나 조선에 들어오면서 다양한 명칭으로 번역되었다. 1873년 시바타 마사키치 등이 편찬한 《부음삽도 영화자휘》에서는 Neptune이 '바다의 신'을 뜻하는 '해신海神'으로 번역되었다. 또 피터 거스리 테이트Peter Tait(1831~1901)가 쓰고 하야시 다다스林董가 번역한 《훈몽천문약론訓蒙天文略論》(1876)에서는 '소혹성小惑星, 혹성惑星, 혜성彗星'이라는 어휘들과 함께 '용왕성龍王星'이라는 어휘를 볼 수 있다.[12] 일본이나 동아시아에서는 예부터 해왕海王이라는 것이 없었고, 바다의 왕으로서 용왕이 민담이나 신화에서 알려져 왔다. 따라서 '해왕성'이 아니라 '용왕성'이라는 번역어가 사용된 것이다. 유길준은 1895년에 출간한《서유견문》제1편〈지구세계地球世界의 개론概論〉에서 그것을 '해룡성海龍星'이라고 썼다.[13] '바다의 용'이라는 뜻이다. 1908년 9월 25일《기호흥학회월보》제2호에 박정동이 쓴〈지문약론地文略論〉에서도 '해룡성'이라는 어휘가 나온다.[14] 하지만, 이런 다양한 번역 어휘들 중에서 결국 해왕성이 대세로 자리 잡았던 것으로 보인다. 참고로 1874년 누마타 고로沼田梧郎가 편역한《천문유학문답天文幼學問答》제1권에서는 태양太陽, 지구地球, 달月, 수성水星, 금성金星, 화성火星, 목성木星, 토성土星, 천왕성天王星, 해왕성海王星, 혜성彗星, 항성恒星 등 오늘날과 거의 똑같은 어휘들이 이미 사용되었다. 아울러 1887년 시마다 유타카島田豊가 편역한《부음삽도 화역영자휘附音插圖 和譯英字彙》에서 Neptune은 '해왕성海王星'으로 번역되었고, 이후의 사전들에서도 대부분 '해왕성'으로 통일되었음을 볼 수 있다.

한편, 1930년 2월 18일에는 클라이드 톰보가 '명왕성冥王星', 즉 '플루토Pluto'를 발견했다. 플루토는 그리스 신화에서 사후세계의 지배자를 의미한다. 이 명칭은 1930년 일본의 영문학자 노지리 호에이野尻抱影(1885~1977)가《과학화보科學畫報》10호에 "플루토는 그리스 신화에서는 유명계幽冥界를 다스리는 왕이기 때문에, 일본명을 붙인다면 명왕성冥王星이나 유왕성幽王星이라고 하면 어떨까?"라고 제안한 것으로부터 시작되었다.[15] 유명幽冥이란 그윽하고 어둡다는 말로, 유명계는 곧 저승을 의미한다. 이 플루토에서 '플루토늄Plutonium'이라는 무시무시한 원소 이름이 나온 것도 납득할 만하다.

그런데 문제는, 망원경의 성능이 좋아질수록 태양계에서는 행성뿐만 아니라 수많은 천체가 발견되었고 지금도 발견되고 있다는 점이다. 2005년 한 미국인 천문학자가 명왕성 근처에서 발견한 에리스(2003 UB$_{313}$, 닉네임 제나) 같은 천체는 심지어 명왕성보다 더 큰 천체임이 알려졌다. 당연히 어떤 천체가 행성이고 어떤 천체가 소행성 또는 위성인가에 대한 기준이 중요한 문제로 떠올랐다.

행성의 유무를 구분하는 가장 공식적인 단체는 1919년 창설된 국제천문연맹이다. 2006년 8월 체코의 프라하에서는 제26회 국제 천문학 연합 총회가 열렸고, 이때 행성정의위원회Planet Definition Committee는 행성의 기준을 새롭게 마련했다. 첫째, 태양계의 행성은 태양의 주위를 돌고 있을 것, 둘째, 무겁고 중력이 강해서 대략 구형을 하고 있을 것, 셋째, 그 천체 주위에 그것과 비슷하거나 큰 천체가 없을 것 등이다. 이 기준이 새롭게 만들어지면서 태양계의 행성은 수성, 금성, 지구, 화성, 목성, 토성, 천왕성, 해왕성의 여덟 개로 확정되었다. 아울러 명왕성은 태양 둘레를 돌기는 하지만 그 공전 궤도가 해왕성의 공전 궤도를 침범할 정도로 심하게 찌그러져 있는 점과, 그 크기가 달보다도 작으며 공전 궤도상에서 지배적인 역할을 하지 못한다는 점 등을 이유로 행성의 지위에서 퇴출되었고, 그 바깥에서 제10행성으로 기대되었던 일명 '제나'와 함께 왜소행성dwarf plane으로 새롭게 분류되었다.

한국에서 '행성'은 어떻게 살아남게 되었을까?

구한말 한국의 사전류에서 천체의 명칭을 찾아보면, 1880년 리델의 《한불ㅈ뎐》에서는 '별'이 Etoile, astre, planete의 번역어로 나온다. 1890년 언더우드의 《한영ㅈ뎐》에서는 planet도 star도 모두 '별, 셩슈'로 번역되었다.

  1891년 스콧의 《영한ㅈ뎐》에서는 planet이 '별, 금성Venus, 목성Jupiter, 슈셩Mercury, 화성Mars, 토성Saturn'으로 번역되었고, star는 '별'로 번역되었다. 당시까지만 해도 별과 행성의 구분이 명확하지 않았음을 알 수 있다.

  그러나 1883년 11월 10일자 《한성순보》 제2호 〈지구의 운전에 대한 논論〉에는 이미 한자어로 오늘날 천체들과 비슷한 명칭들이 등장한다.[16] 즉, 행성, 항성, 자전, 환일(공전), 수성, 금성, 화성, 목성, 토성, 천왕성, 해왕성, 지구 등이다. 앞서 소개한 대로, 행성行星과 항성恒星은 중국에서 유래한 어휘이고, 조선에서도 사용되고 있었다. 하지만, 행성과 더불어 일본에서 사용되던 유성, 혹성 등의 어휘들이 한동안 사용된 적도 있다. 19세기 후반 유길준의 《서유견문》에는 유성遊星이 오늘날의 '행성'의 의미로 등장한다. 그는 제1편 〈지구세계의 개론〉에서 태양계의 구조에 관해 설명하면서 "종성은 유성을 돌고, 유성은 태양을 돌며, 또 하늘에는 혜성이 있어서 태양을 돌고 있으니[從星은 遊星을 繞行ㅎ고 遊星은 太陽을 繞行ㅎ며 又諸彗星이 有ㅎ야 亦太陽을 繞行ㅎ느니]"[17]라고 썼다. 여기서 태양 주위를 도는 유성遊星이란 곧 행성을 가리키고, 이 행성 주위를 도는 종성從

星이란 달과 같은 오늘날의 위성에 해당한다.

또 조선인 일본 유학생들이 주축이 되어 간행한《태극학보》제5
호 〈과학론科學論〉(1906년 12월 24일)에는 "태양계와 다른 항성의 여
러 계통을 구별하고, 유성과 위성을 구별함에 태양의 주위를 운행
하는 것은 유성이니 지구 등이 이것이다[太陽系와 他 恒星의 諸系統을
區別ᄒ며 遊星과 衛星을 區別ᄒ미 太陽의 周圍를 運行ᄒᄂᆫ 者ᄂᆫ 遊星이니 地
球等이 是也요]"[18]라고 나온다. 행성을 유성遊星이라고 불렀음을 알 수
있다.

《태극학보》제3호(1906년 10월 24일)의 김태진이 쓴 〈월급은하月及
銀河〉에는 '혹성'이라는 어휘가 나온다. "혹성의 주위를 회전하는 것
을 위성이라 칭하니 이는 곧 지구에 속한 별 태음이 이것이다[惑星
의 周圍를 回轉ᄒᄂᆫ 者를 衛星이라 稱ᄒᄂᆞ니 此ᄂᆫ 卽 地球의 屬ᄒᆫ 星太陰이
是也라]."[19] 지구를 '혹성'이라 부르고, 성태음星太陰, 즉 달을 위성이
라고 불렀음을 알 수 있다.

《황성신문》1907년 8월 26일자에 실린 〈혜성彗星과 동요童謠〉라
는 글에는 "(동요에서 말하길) 혜혹(혜성, 혹성)이 동남성에 근접하니
제왕이 도망을 갔다고 하기에, 민정부에서 (동요를) 금지했지만 효
력이 없다더라[童謠에 曰 慧惑(彗星, 惑星)이 東南(東南星)을 犯ᄒ야 帝王이
下堂而走라 ᄒᄂᆫ 故로 民政部에서 禁止호되 效力이 無ᄒ다더라]"[20]라고 나
온다.

이후에도 '혹성'이라는 어휘는 조선에서 간행된 대중 잡지들에까
지 등장했다. 예를 들어,《개벽》제1호(1920년 6월 25일)에 박용준이
쓴 〈우주개벽설宇宙開闢說의 고금古今〉이라는 글에서는 라플라스의

성운설을 소개하면서 "우리 태양계에는 처음에 태양도 그 밖의 혹성도 모두 별 구름의 상태로 존재했다[我 태양계는 其初에 太陽이던지 其他 惑星이던지 皆星霧의 狀態로 在하니라]"[21]라고 썼다. 또 《삼천리》제8권 제6호(1936년 6월 1일) 〈은막銀幕에서 사라진 화형배우花形俳優〉라는 글로, "조선의 영화계도 돌아보면 벌써 20여 년의 역사를 갖게 되었다. 그동안 조선 영화계에 혹성처럼 나타났다가 은막을 잠깐 밟고 허무하게 사라진 배우는 과연 몇 명이나 될까?[朝鮮의 映畫界도 벌서 돌여다 보니 二十餘年의 歷史를 헤아리게 되엿다. 그동안 朝鮮 映畫界에 惑星갓치 나타낫다 銀幕을 잠간 밟고 허구푸게 사라진 과연 그멧이나 되는가?]"[22]라는 내용이 나온다.

1914년 존스의 《영한ᄌᆞ뎐》에는 planet이 '류성流星, 힝셩行星'으로 나오고, 1925년 언더우드의 《영션ᄌᆞ뎐》에서 planet은 '혹성, 유성遊星, 힝셩'으로 나온다. 이처럼 '행성, 유성, 혹성'은 20세기 초까지 한국에서도 계속 함께 사용되었다.

중국의 경우에도 마찬가지였다. 20세기 초기 사전들에서 행성, 혹성, 유성이 함께 나오기도 한다. 1908년 안혜경顏惠慶의 《영화대사전英華大辭典》에는 '행성, 혹성, 유성'이 함께 나오고, 1927년 황사복黃士復의 《종합영한대사전綜合英漢大辭典》에서는 '혹성, 유성, 행성'으로 순서가 바뀌어 나온다.[23] 하지만 최종적으로 한국은 물론 중국에서도 '혹성'이나 '유성'은 거의 사라지고 '행성'이 남게 된다.

물론 한국인들은 오늘날 '행성'을 사용하고 있지만, '혹성'이라는 어휘 또한 해방 이후 최근까지도 사용된 용례가 있다. 대표적인 것이 〈혹성 탈출〉이라는 영화이다. 인간처럼 지능을 가진 원숭이가

그림 14-1
일본에서 개봉된 영화 〈원숭이의 혹성〉

핵전쟁 이후 지능이 퇴화된 인간을 대신해서 지구상의 지배적 종이 된다는 내용이다. 이 영화는 미국에서 제작된 것으로, 원제는 *Planet of the Apes*인데, 일본에서는 〈원숭이의 혹성猿の惑星〉으로 번역되었다.

당시 이미 '행성'이라는 어휘가 상당히 보편화되었음에도, 그 영화는 한국에서 〈혹성 탈출〉이라는 제목으로 개봉했다. 이후 제목을 '행성 탈출'로 바꾸려는 시도가 있었지만, 원제의 영향력이 너무 강해서인지 이 영화는 여전히 〈혹성 탈출〉로 남게 되었다. 2013년에 개봉한 또 다른 시리즈 〈혹성 탈출: 종의 전쟁War for the Planet of the Apes〉도 여전히 '혹성'이라는 명칭을 사용하고 있다.

15

지동설

地動說 / Heliocentrism

1543년 코페르니쿠스가 《천구의 회전에 관하여》에서 주장한 지동설은 지구가 우주의 중심에 정지해 있다는 종래의 천동설에 반기를 들었다. 이 '지동설'을 영어로는 Helio(태양)과 centrism(중심주의)이 합쳐진 Heliocentrism 또는 Copernican system(theory)이라고 한다. 즉, '태양중심설' 또는 '코페르니쿠스 체계(이론)'로 번역된다. 반면, 천동설은 Geo(지구)와 centrism이 합쳐진 Geocentrism이나 Ptolematic system(theory), 즉 '지구중심설' 또는 '프톨레마이오스 체계(이론)'로 번역된다. 그런데 잘 살펴보면 지동설, 천동설이라는 표현과 영어 원어들 사이에 상당한 차이가 있음을 알 수 있다. 일본의 과학사학자 나카야마 시게루는 "지동설이라는 어휘는 서양에 없다. 태양중심설 혹은 코페르니쿠스설이라고 한다. 지동地動이라고 하면 지구의 자전인가 공전인가, 아니면 양쪽 모두를 포함하는

가가 명확하지 않기 때문에 과학의 용어로서는 적절하지 않다"[1]라고 쓰기도 했다.

예로부터 한자어 '지동地動'은 원래 천문학에서 말하는 지동설과는 다른 의미로 사용되었다. 즉, 한자어 그대로 '땅이 움직인다'는 뜻의 '지동'은 중국에서는 원래 지진을 의미했다. 한대에 중국인 장형이 만들었다고 알려진 '지동의地動儀'라는 지진계는 '지동'의 원래 의미가 지진이었음을 알려준다. 1947년 한국 문교부에서 간행한《우리말 도로찾기》에도 '지동'은 일본어 '지진'과 같은 말이라고 나온다.[2] 또 일본에서 '지동'은 땅의 움직임, 즉 대륙 이동을 의미하기도 했다.

그렇다면 이 지동설이라는 어휘는 대체 누가 언제부터 천문학의 어휘로 사용하기 시작하여, 결국 코페르니쿠스의 이론을 뜻하게 된 것일까?

'지동설'이라는 어휘의 첫 출처를 찾아서

일본에 코페르니쿠스의 지동설을 최초로 소개한 사람은 에도 시대 네덜란드어 통역관이었던 모토키 요시나가本木良永(1735~1794)였다. 그는 1774년에 펴낸《천지이구용법天地二球用法》의 서序에서 "태양은 항상 멈춰서 움직이지 않고, 지구는 오성五星과 함께 태양의 주위周廓를 돈다"[3]라고 썼다. 다만 이 책은 지동설에 대한 간략한 설명에 머물고 있고, 자전이나 공전, 지동설 등의 어휘도 아직 등장하지 않았다. 그로부터 약 18년 뒤, 모토키는 영국인 천문학자 조지 애덤스George Adams가 쓴 천문학 저서[4]의 네덜란드어 번역본을 역술하여

《성술본원태양궁리요해신제천지이구용법기星術本原太陽窮理了解新制天地二球用法記》(1792)라는 책을 펴냈다. 이 책에서 그는 '코페르니쿠스 시스템骨百耳尼憂曷尹設·濕數得抹曷コベルニカアーンセ·システマアー'이라는 표현을 써가면서 지동설을 더 자세히 설명하고 있다. 그러나 모토키는 지동설의 핵심이 되는 지구의 자전을 "지구 매일의 운동(또는 선전)地球每日ノ運動或いは旋転", 그리고 지구의 공전을 "지구매세의 운동地球每歳ノ運動(선전旋転)"이라고 묘사했다.

이후 '지동설'을 일본에 본격적으로 소개한 사람은 모토키의 문하에서 천문학을 공부했던 나가사키의 통역관 시즈키 다다오였다. 시즈키는 뉴턴의 사도라고 일컬어지는 영국인 존 케일의 저서를 《역상신서曆象新書》(1798~1802) 상·중·하 3편으로 역술하여 일본에 소개했다. 《역상신서》의 서문인 〈서역천학내력西域天學來歷〉에서 그는 다음과 같이 썼다.

> 예로부터 천문학자天學家들은 하늘天은 움직이고 땅地은 정지한 것이라고 보고, 땅地을 하늘天의 중심으로 여겼다. 그러나 이 책은 하늘天이 정지하고 땅地이 움직인다고 주장하고, 또 지구밖에는 많은 세계가 있다는 이치를 말한다.[5]

"하늘天이 정지하고 땅地이 움직인다"라는 것은 지동설의 핵심 이론에 다름 아니었다. 참고로 《역상신서》는 상권(1798)에서 코페르니쿠스의 지동설과 케플러의 세 가지 법칙을, 중권(1800)에서 뉴턴의 세 가지 운동 법칙을, 하권(1802)에서는 초등 기하학부터 타원

기하학에 이르기까지 근대적 역학 이론을 다룬 책이다. 시즈키는 스승인 모토키보다 지동설을 더욱 자세히 소개했고, 지구의 자전과 공전을 좌선左旋과 우선右旋 등으로 표현했다.

이처럼 시즈키는 당시 어느 일본인보다도 지동설을 자세히 소개했지만, 흥미롭게도 그가 믿었던 것은 정작 지동설이 아니라 오히려 천동설에 가까웠다.[6] 시즈키는 《역상신서》를 번역하면서 군데군데 자신의 생각을 각주로 덧붙였는데, 이 부분을 통해 그가 지동설에 대해 어떤 생각을 가졌는지 엿볼 수 있다. 예를 들어, 그는 상편의 부록 〈천체론天體論〉에서 "코페르니쿠스의 이론은 하늘天은 양陽이고 땅地은 음陰이다. 움직임動은 양陽에 속하고 멈춤靜은 음陰에 속한다는 화한和漢의 설과 맞지 않는다"[7]라고 말한다. 지구를 만약 움직이는 물체動物로 본다면, 땅은 음이고, 음은 멈춤의 성질을 갖는 전통적인 음양건곤의 성정에 반한다는 것이다. 그러면서도 그는 서양의 학설이 치밀한 수리적 증거를 제시하기 때문에 지동설을 마냥 무시하기는 힘들다며 판단을 유보한다.

그러다가 시즈키는 중편 〈중동일관비례기원衆動一貫比例起源〉의 부附에서는 다음과 같이 말한다.

내가 상편에서 반드시 지동地動이라고 하지 않고, 이 편에 와서야 마침내 서양의 학설西說을 수긍하는 듯한 것은 무슨 이유일까?

이 책은 형체形體를 논한다. 형체形體의 측면에서 말하면, 땅地은 원圓이며 동動이고, 도덕의 측면에서 말하면, 땅地은 사각형方이고 정靜이다.[8]

이 글을 읽어보면, 시즈키가 지구를 형체의 측면과 도덕의 측면으로 분리해서 이해하고자 했던 것을 알 수 있다. 그것은 주자학에서 형이상의 도와 형이하의 도를 나누는 것처럼, 천문학에도 명리의 천문학과 형기의 천문학이 있다는 전통적 사고에 뿌리를 둔 것이었다. 즉, 명리의 천문학은 동양의 자연철학이고, 형기의 천문학은 서양의 자연철학이라고 볼 수 있다. 시즈키는 상편에서 중편으로 나아가는 도중에 천문학적 사실에서는 지동설의 정밀함을 받아들일 수밖에 없음을 인정하면서도, 주자학적 도덕의 근간이 된 전통적 천체론을 여전히 버리지는 못했던 것이다.

한편 시즈키는 '지동地動', 혹은 '지동의 설地動／說'이라는 표현으로 코페르니쿠스의 이론을 설명했다. 동아시아권에서 일찍이 지진 등의 의미로 사용했던 '지동'이라는 어휘를 시즈키는 여기서 천문학의 어휘로 사용했던 것이다. 그런데 시즈키는 왜 태양중심설이 아니라 '지동의 설'이라는 어휘를 사용했던 것일까? 과학사학자 나카야마는 "그에게는 태양이 중심인가, 지구가 중심인가는 단지 작도적·위치적 문제였을 뿐이며, 이것보다도 동정動靜의 물리 쪽이 전통적 자연철학에서는 보다 본질적인 의미를 지녔다. 따라서 태양중심설보다도 지정地靜인가, 지동地動인가가 문제였다"라고 지적했다. 즉, 시즈키는 '태양이 중심인가, 지구가 중심인가'라는 서양 천문학의 중요한 문제보다는, 전통적 자연철학에서 중시했던 '지구가 움직이는가, 움직이지 않는가'의 문제를 훨씬 중요시했고, 그런 이유에서 '지동의 설'이라는 표현을 사용했다는 것이다.

'지동설'이라는 어휘를 처음 사용한 요시오 난코

19세기에 이르기까지 코페르니쿠스 이론은 다양한 이름으로 전해졌다.[9] 일본에 지동설을 최초로 전파했던 모토키와 친분이 있었던 시바 고칸司馬江漢(1747~1818)은 《각백이천문도해刻白爾天文図解》(1808)라는 책에서 지동설을 '코페르의 궁리지전의 설刻白爾ノ窮理地轉ノ說'이라고 소개했다. 그는 자전이나 공전, 지동이라는 말은 사용하지 않았으며, 자전을 선전旋転, 주선周旋 등으로 표현했다.[10]

히라타 아쓰타네平田篤胤(1776~1843)는 《인도장지印度蔵志》에서 모토키의 《천지이구용법기》를 소개하면서 코페르니쿠스의 이론을 '코페르라고 하는 설骨閉留と云レ說'이라고 불렀고, 야마가타 한도山片蟠桃(1748~1821)는 시즈키의 《역상신서》를 참조해서 쓴 저작 《몽의 대夢の代》(1820)에서 시즈키보다 더 명확하게 코페르니쿠스의 이론을 지지했으며, 그것을 '지동의 설地動ノ說', '지동의 의地動ノ儀'라는 어휘로 묘사했다.

모토키와 시즈키가 최초로 지동설을 소개한 이후, 지동설은 일본에서 점점 지지자들을 획득해 나갔다. 그러다가 코페르니쿠스 이론에 대한 완전한 지지를 선언한 인물은 나가사키의 통사이자 의사였던 요시오 난코吉雄南皐(1787~1843)였다. 그가 《역상신서》를 참조하여 저술한 《원서관상도설遠西觀象圖說》(1823)은 상·중·하 3권으로 이루어졌는데, 난코는 상권 앞부분의 〈국자류음관상명목國字類音觀象名目〉에서 자신이 책에서 사용하는 어휘들을 번역, 소개하고 있다. 그는 우선右旋을 공운지한명公運之漢名, 즉 공운(공전)의 한자어로, 좌선左旋을 자전지한명自轉之漢名, 즉 자전의 한자어로 소개했다. 그런데 그는 상권 〈제언提言〉에서 '지동의 설地動 / 說'이라는 표현을 썼지만, 본문에서는 대부분 '지동설地動說'이라는 어휘를 사용했다. 예를 들어, 중권의 〈이학발단理學發端〉에는 다음과 같이 나온다.

이집트厄日多國에 하나의 기론奇論을 말하는 사람이 있다. 태양은 하늘天의 중앙에 정지靜居하고, 지구는 오성과 함께 이것을 선회한다고 말한다. 이것은 실로 천상의 진리에 적합한 것으로, 성학가星學家의 요점을 얻는 것이며, 소위 지동설地動說의 시작濫觴이다.[11]

아울러 하권 부록의 '지동혹문地動或問'에서는 지동설을 구체적으로 소개했다. 따라서 일본에서 '지동설'이라는 어휘를 천문학적 어휘로 본격적으로 사용한 사람은 요시오 난코라고 볼 수 있다.

이후, '지동설'이라는 어휘는 메이지 시기에 접어들면서 널리 받아들여지게 되었다. 니시 아마네는 《백학연환》에서 Copernican system을 '지동설'이라는 어휘로 번역했다.[12] 후쿠자와 유키치도 1875년에 쓴 《문명론지개략》에서 "갈릴레오가 지동의 논地動 / 論을 주장했을 때는 이단으로 몰려서 처벌당했다"[13]라고 썼다. 이처럼 '지동설'이라는 어휘는 메이지 시기를 통해 서서히 대중화의 길을 걸었다.

근대 일본의 종교학자였던 가토 겐치加藤玄智(1873~1965)는 《종교지장래宗教之將來》(1901)라는 저서에서 "근세 자연과학의 진보는 실로 놀라운 것이다. 자연과학의 광명光明이 한순간에 우리 학술계를 비춘 결과, 우리 인류의 사상은 갑자기 일전一轉하게 되었다"라고 말하고, "중세 말부터 근세 초에 걸쳐 영국에 로저 베이컨과 프랜시스 베이컨 두 명이 실험 관찰에 근거한 자연과학의 연구를 주장함으로써 교회의 구비口碑적 전설 중 로마 법왕의 교권 복종을 인정하지 않게 되었다. 이로써 코페르니쿠스, 케플러, 갈릴레오, 뉴턴 등 자연과학자들이 계속 배출되어 종래의 천동설天動說은 쇠퇴하고 지동설地動說이 일어났고, 지구중심설地球中心說을 배척하고 태양중심설太陽中心說은 그 승리를 학계에 드높이게 되었다"[14]라고 역설했다. 오늘날 우리가 사용하고 있는 지동설, 천동설은 물론, 지구중심설, 태양중심설 등의 어휘들이 여기에 모두 등장하는 것을 볼 수 있다.

중국에서의 지동설

중국에 지동설이 구체적으로 소개된 것은 프랑스인 예수회 선교사 미첼 베노이스트Michael Benoist(1715~1774)의 《지구도설地球圖說》(1761)에서였다. 물론 베노이스트 이전에도 서양에 그런 학설이 있다는 사실을 간단히 언급한 내용은 어렵지 않게 찾아볼 수 있다.[15] 예를 들어, 남회인南懷仁의 《곤여도설坤輿圖說》(1672)에는 지동설이 아주 간략한 구절로 소개되어 있는데, "지구는 스스로 자전하는 힘을 갖고 있다夫地球自具轉動之力"[16]라는 부분이다. 하지만, 당시 로마 교황청은 지동설을 아직 공식적으로 인정하지 않았다. 1616년 금서로 지정되었던 코페르니쿠스와 갈릴레오의 책이 교황청의 금서 목록에서 해제된 것은 1835년이었다. 따라서 당시까지만 해도 지동설에 대한 자세한 소개는 물론, '지동'이나 '자전' 등의 어휘를 자유롭게 사용할 환경 또한 갖추어지지 않았던 셈이다.

지동설을 중국에 본격적으로 소개한 베노이스트는 코페르니쿠스의 《천구의 회전에 관하여》(1543)가 출간되고, 갈릴레오, 뉴턴 등을 거치며 지동설이 서양에서 사회적으로 공인되기 시작한 뒤였던 1715년에 태어났다. 그가 마카오를 거쳐 베이징에 도착한 것은 1744년 무렵이었다. 《지구도설》에서 베노이스트는 코페르니쿠스의 지동설을 자세히 소개하면서, "코페르니쿠스歌白尼의 설은 태양은 멈춰 있고 지구가 움직인다는 것을 주장한다"[17]라고 썼다. 그러나 《지구도설》에도 자전, 공전, 지동 등의 어휘는 나오지 않는다.

베노이스트를 통해 지동설이 서양에 존재한다는 것이 알려진 후, 중국 문헌들에서 지구의 자전과 공전에 대해 많은 언급이 등장하기 시작했다. 하지만 대부분의 경우 자전은 '반전盤轉, 일주日周, 주행周行, 윤행輪行, 윤전輪轉, 선전여륜旋轉如輪' 등으로, 공전은 '주태양이전周太陽而轉' 등 다양한 어휘로 표현되었다.

그러다가 '자전'이 지구의 회전을 의미하는 번역어로 등장한 것은 벤저민 홉슨의 저작 《천문약론天文略論》(1849)의 〈지구역행성론地球亦行星論〉에서였다. 여기에는 "지구의 움직임에는 두 가지가 있는데, 하나는 자전自轉이고 하나는 환일圜日(공전)이다. 자전은 주야를 만들고, 환일은 사계를 이룬다"[18]라고 나온다. 이 《천문약론》은 당시 많이 읽힌 책은 아니었다. 하지만 상하이 묵해서관에서 1855년에 간행한 《박물신편》에 《천문약론》이 포함되었는데, 《박물신편》은 훨씬 많은 독자들에게 읽혔다고 한다. 따라서 '자전'이라는 어휘도 이후에는 천문학의 어휘로 중국에 퍼져나가게 되었다. 참고로 뮤어헤드William Muirhead(1822~1900)도 1853년의 《지리전지》에서는 자전을 '반전盤轉, 선전旋轉'이라는 어휘로 썼지만, 1858년 《육합총담》에서는 '자전'이라는 어휘를 사용했다.

중국과 비교하자면, 일본에서 '자전'이라는 말이 천문학 어휘로 가장 먼저 등장한 것은 천문학자 다카하시 요시토키高橋至時(1764~1804)의 《신수오성법新修五星法》(1800~1803)에서였다. 잠시 인용하면 다음과 같다.

> 서양근설은 지구가 운동한다고 본다. 황도상을 우행右行 일세일주 一歲一周한다고 보고, 태양은 하늘의 중심에서 움직이지 않는다고 간주한다. 또 종동천宗動天의 설을 폐지하고 지구가 매일 자전自轉한다고 본다.[19]

'자전'이라는 어휘가 천문학의 의미로 쓰이고 있는 것을 볼 수 있다. 한편, '지동'이라는 어휘는 앞서 소개한 대로 중국의 옛 문헌에 나오지만, 대부분 지진의 의미로 사용된 것이었다. '지동'이 천문학적 의미로 사용된 것은 《육합총담》에 그 용례가 등장한다. 즉, 《육합총담》 제1권 제11호의 〈서국천학원류西國天學源流〉에 코페르니쿠스의 이론을 '지동지설地動之說'이라고 소개했다. 하지만 그것이 일본의 영향을 받은 것인지는 불명확하다.

현재로서는 20세기가 되면서 많은 중국인 유학생들이 일본에 건너갔고, 그들에 의해 '지동설'이라는 어휘도 중국에서 대중화된 것으로 추정할 수 있을 뿐이다.

한국에서 '지동설'이라는 어휘

지동설이 한국에 들어온 것은 조선 후기의 실학자 김석문(1658~
1735), 홍대용(1731~1783) 등을 통해서였다. 그러나 그들의 지동설
을 우리는 보통 지전설地轉說이라고 부른다. 말 그대로 '지구가 돈다'
는 뜻의 지전설은 대부분 지구의 자전만을 뜻했다. 1697년《역학도
해易學圖解》에서 김석문은 지구의 자전을 주장했다.[20] 김석문의 뒤를
이어 홍대용도 지전설을 주장했다. 홍대용은 1765년 그의 나이 35
세 때 베이징 사신단에 합류하여 베이징에서 약 60일간 체류한 후
자신의 경험과 사유를 토대로 이듬해《의산문답》이라는 소설을 집
필했다. 이 책은 조선의 고루한 유학자를 대표하는 허자라는 인물
과 의무려산에 사는 거인 실옹 사이의 대화를 통해 조선 유학의 답
답한 현실 인식을 비판한 것이다. 홍대용은 여기서 두 사람의 대화
를 통해 자신이 지구의 자전을 믿고 있음을 드러낸다.

> 허자: 유독 이 지구만이 자전自轉할 뿐 능히 주행周行하지 못하는 이유
> 는 무엇 때문입니까?
> 실옹: 지구는 무겁고 둔하기 때문에 자전만 할 뿐 주행은 하지 못한
> 다.[21]

여기서 홍대용은 자전自轉이라는 어휘를 사용했지만, 공전은 주
행周行이라는 말로 대신했다. 단, 홍대용의 지전설은 기본적으로는
튀코 브라헤(1546~1601)의 우주 체계에 바탕을 둔 것이었다.[22] 물론

튀코는 지구의 자전도 공전도 부인했지만, 홍대용은 튀코 체계를 받아들이면서도 지구가 자전한다고 주장했던 것이다.

김석문, 홍대용을 통해 제기된 지전설은 이후 박지원(1737~1805), 이익(1681~1763), 정약전(1758~1816) 같은 실학자들에게 계승되었다.[23]

위 실학자들이 대부분 지구의 자전만을 말하고 있었다면, 19세기에 이르러 최한기(1803~1877)는 지구의 자전과 공전을 모두 받아들인 인물이었다. 그는 1857년에 쓴 《기학氣學》이라는 책에서 "토성에는 28년에 일주一周하는 운행이 있고, 목성에는 12년에 일주하는 운행이 있고, 화성에는 3년에 일주하는 운행이 있고, 금성과 수성에는 1년에 태양을 일주하는 운행이 있고, 달에는 1개월에 지구를 일주하는 운행이 있고, 태양 및 지구에는 자전自轉의 운행이 있다"라고 썼다.[24] 오행성은 태양을 돌고, 달은 지구를 돌며, 지구와 태양은 자전한다는 것을 명확히 하고 있다. 이 밖에도 최한기는 영국인 허셜William Herschel의 책 *Outlines of Astromomy*(1851)를 번역한 한역 서학서 《담천談天》(1859)을 접하고, 《성기운화星氣運化》를 집필했는데, 여기서 코페르니쿠스 지동설의 자전과 공전을 더 구체적으로 번역, 소개했다.[25]

자전이라는 어휘는 실학자들의 저서에서 이미 볼 수 있지만, 공전은 쉽게 찾아볼 수 없다. 1883년 11월 10일자 《한성순보》에 실린 〈지구의 운전에 대한 논論〉에는 자전自轉과 환일圜日이 나오는데, 환일이란 여기서 공전을 뜻했다.[26]

한편 당시까지만 해도 '지동설'이라는 일본제 어휘는 아직 등장하지 않았다. 필자가 조사한 바로는 '지동설'이라는 어휘가 사용된 이른 용례는 1887년 2월 28일자 《한성주보》에서였다. 이 신문에는 〈서학원류〉라는 글이 나오는데, 그 글에는 "한나라 때에 장형張衡이라는 사람이 지동일설地動一說을 주장했다고 하는데 그 내용은 상세하게 모르지만, 만일 태양은 움직이지 않고 지구가 움직인다고 말했더라면 피타고라스의 설과 암암리에 일치하는 것으로 약속하지 않고도 의견을 같이한 셈이다"[27]라고 쓰여 있다. 한나라의 장형은 지진계를 최초로 만들고 그것을 지동이라고 불렀다. 따라서 장형이 말한 '지동'은 사실 천문학적 의미의 지동설과는 아무런 관계가 없는, 지진의 의미였다.

일본제 어휘인 '지동설'이 문헌에 등장한 것은 《대한자강회월보》 제10호(1907년 4월 25일)에 언론인 유근柳瑾이 역술한 〈교육학원리〉에서였다. 즉, "지력의 감정은 지식으로서 지식을 구할 때에 생겨나니, 코페르니쿠스의 지동설을 구함과 뉴턴의 인력을 발명함과 같은 것이 그 예니라智力의 感情은 知識으로써 知識求홀 時에 生ᄒᆞᄂᆞ니 歌白昵의 地動說을 倡홈과 牛頓(卽㳛端)의 引力(一名吸力)을 發明홈과 如홈이 是其例라"[28]라고 나온다. 여기에 코페르니쿠스歌白昵의 지동설地動說이라는 어휘가 등장한다.

《태극학보》제14호(1907년 10월 24일) 연구생硏究生의 논문 〈지문학강담地文學講談 (二)〉에서도 '지동설'이 등장한다. 즉, 이 논문은 지구 및 태양계에 대한 서양의 이론을 소개한 것인데, "상고인들은 태양과 별들이 움직이는 것으로 생각했는데, 중고에 이르러서는 코페르니쿠스가 지동설을 발표하여 지동설에 관한 책을 써서 세계에 소개하니, 이것은 지리학의 중흥시대이다[上古人들은 亦是 太陽과 星宿가 動ᄒ 는 줄노 싱각ᄒ엿더니 中古에 至ᄒ야 고베루닉스가 地動說을 主唱ᄒ야 地 動說 新書를 新著ᄒ야 世界에 紹介ᄒ니 此는 地文學의 中興時代라]"[29]라고 쓰고 있다.

한편, '천동설'이라는 어휘는 '지동설'에 비해 더 뒤늦게 사용되기 시작한 것 같다. 《동광》 제10호(1927년 2월 1일) 한뫼의 논설 〈안곽 군安廓君의 망론妄論을 논박駁함〉에서는 "뉴턴의 인력론이 있었다고 해서 아인슈타인의 상대성론을 부인할 것인가? 천동설이 있었다 해 서 지동설을 반대할 것인가? 천원지방설이 있었다고 해서 지구가 구체라는 것을 믿지 않을 것인가?[뉴톤의 引力論이 있었다 하여 아인스 타인의 相對性論을 否認할 것인가. 天動說이 있었다 하여 地動說을 反對할 것 인가. 天圓地方說이 있었다 하여 지구의 圓體를 不信할 터인가]"라고 묻고, "더 좋은 데에 나아가고 더 새로운 것을 찾는 것이 오늘날의 과학이 다[더 좋은대 나아가고 더 새롭은 것을 찾는 것이 今日의 科學이다]"라고 쓰고 있다.[30] 이 논문은 우리글을 어떻게 과학적으로 사용할 것인 가를 논한 것으로, 여기서 지동설과 더불어 '천동설'이 등장한다.

이상에서 살펴보았듯이, 지동설이라는 어휘는 19세기 초 일본에 서 만들어졌고, 20세기 초 조선인 일본 유학생들이 발행한 잡지를 통해 한국에 소개되었으며, 이후 식민지기를 거치며 한국에 정착 했던 것으로 보인다.

16

속도

速度 / Velocity

우리는 '속도'와 '속력'을 둘 다 어떤 것의 빠르기를 나타내는 어휘로 사용한다. 예를 들어 "저 차는 속도가 빠르다"라는 말과 "저 차는 속력이 빠르다"라는 말이 딱히 다르다는 느낌은 들지 않는다. 그러나 엄밀한 물리학적 개념에서 볼 때, 두 어휘는 전혀 다르다. '속도'가 기준점으로부터 시간당 변위displacement를 말한다면, '속력'은 시간당 이동 거리distance를 말한다. 다시 말해 출발점에서 마지막 위치까지의 직선거리, 즉 총변위를 시간으로 나눈 값이 '속도'라면, '속력'은 출발점으로부터 마지막 위치까지 이동한 총거리를 시간으로 나눈 값이다. 어떤 사람이 운동장을 한 바퀴 돌아 출발점에 되돌아왔다고 하자. 이때 운동장 한 바퀴의 거리를 시간으로 나눈 값이 속력이라면, 속도는 출발점과 도착점이 같기 때문에 시간으로 나누면 영(0)이 된다. 그런 점에서 '속도'는 '속력'과는 달리 방향과 관계되는 개념이다. 물리학에서는 크기와 방향을 갖는 속도를 벡터Vector값이라고 하고, 크기만을 갖는 속력을 스칼라Scalar값이라고 부른다.

그렇다면 속도와 속력의 영어 어휘인 velocity와 speed는 어떨까? 흥미롭게도 두 어휘 또한 우리말의 속도와 속력이 갖는 용법과 거의 유사한 문제를 지니고 있다. 즉, 두 어휘는 물리학 밖에서는 별 차이 없이 사용되지만, 물리학 안에서는 명확히 다른 개념이다. Speed는 물체가 경로를 따라 이동하는 시간 비율이고, velocity는 물체가 움직이는 시간 비율과 방향을 가리킨다.

Speed를 속력으로, velocity를 속도로 번역하면 혼란이 사라질 것 아닌가?라고 반문할지도 모른다. 하지만 문제가 그리 간단하지만은 않다. 혹자는 속도를 속력으로, 속력을 속도로 바꿔 쓰는 것이 더 적절하다고 주장한다. 왜냐하면 속도의 도度는 '~하는 정도'를 가리키고, 속력의 력力은 '~하는 힘'을 가리킨다. 따라서 어원상 '속도'의 '도'는 온도, 밀도, 습도처럼 '어떤 것의 정도'를 나타내기 때문에 크기만을 나타내는 스칼라값에 가까운 반면, 속력의 '력', 즉 힘은 작용하는 방향이 중요하므로 벡터값으로 표현하는 것이 더 적절하다는 것이다.

물론 '빠르기'가 힘이라는 물리량과 연관되는 것 자체가 문제이기 때문에 아예 '속력'이라는 어휘를 없애고, '속도'로 통일하는 것이 옳다는 의견도 있다.

사회 속에 이미 정착하여 사용 중인 어휘를 바꾼다는 것은 결코 쉬운 일이 아니지만, 이 같은 혼란이 왜 일어났는지를 이해하는 것은 중요하다. 사실 서양에서도 velocity와 speed가 명확한 물리학적 개념으로 탄생한 것은 19세기 후반에 이르러서였고, 그것을 번역하여 수용하던 동아시아 국가들은 당시에도 상당한 혼란을 겪지 않을 수 없었기 때문이다.

아리스토텔레스의 《자연학》과 '속도'

고대 그리스 철학자 아리스토텔레스(기원전 384~322)는, 모든 운동은 저항resistentia에 이겨 움직이는 힘potentia의 직접적 작용에서 유래한다고 보았다. 따라서 그는 물체의 운동 속도 또한 본질에서는 동력과 저항의 관계에서 비롯된다고 여겼다.

기원전 330년 무렵에 쓴 아리스토텔레스의 《자연학Physica》에는 오늘날의 속도 개념과 비슷한 생각이 이미 등장한다. 아리스토텔레스는 비율에 대해 논한 제7권 제5장에서 "만약 E가 F를 T의 시간 동안 D의 거리만큼 이동시킨다면, 당연히 동일한 시간 안에 E는 두 개의 F를 D의 절반이 되는 거리만큼 이동시킬 것이다"[1]라고 말했다. 방향성을 가진 힘과, 시간, 이동 거리에 대한 이 같은 표현은 '속도'에 대한 생각과 다름없었다.

속도에 대한 아리스토텔레스의 이 같은 생각을 수학적으로 정리한 것은 14세기 무렵의 스콜라 철학자들이었다. 영국 켄터베리의 대주교이자 옥스퍼드 머튼 칼리지에서 활약하던 스콜라 철학자 토머스 브레드워딘Thomas Bradwardine(1300~1349)은 1328년에 발표한 논문 〈속도비례론De proportionibus velocitatum in motibus〉에서 아리스토텔레스의 생각들을 비판적으로 정리한 뒤, 운동 속도의 산술적 증가가 동력과 저항력의 기하학적 비율에 따른 증가에 비례한다고 주장했다. 즉, 브레드워딘은 속도가 동력에 직접적으로 비례하고 저항력에 반비례한다는 아리스토텔레스의 이론을 수정하여 동력, 저항, 속도 사이의 관계를 수학적으로 새롭게 정식화한 것이다.[2]

이후 머튼 칼리지의 학자들은 브레드워딘의 이 공식을 기반으로 여러 가지 운동론을 발전시켰다. '계산기'라는 별명을 가지고 있던 14세기 중엽 영국의 수학자 리처드 스와인즈헤드Richard Swineshead는 "힘이 일정하게, 또는 일정하지 않게 변화할 때 물체의 속도는 어떻게 되는가?" 또 "어떤 물체가 밀도(따라서 저항)가 일정하지 않은 매체 속을 운동하는 경우, 이 물체의 속도는 어떻게 되는가?" 등의 문제를 던졌다. 그리고 그는 이른바 머튼 규칙을 발표한다. 이 법칙은 속도를 시간의 함수로 생각하여, 시간이 변해도 속도가 변하지 않는 '일정한uniformis' 운동 즉 등속도 운동에 대해, 속도가 시간에 비례하면서 변하는, 다시 말해 '일정하게 변화하는uniformiter difformis' 운동 즉 등가속 운동을 논제로 끄집어 낸 것이다. 이는 물체의 "통과 거리는 초속도와 마지막 속도의 평균속도를 갖는 등속도운동이 같은 시간에 통과하는 거리와 같다"라는 내용이다.[3]

이 머튼 규칙에는 등가속운동에 대한 순간속도velocitas instantanea 개념의 파악이 전제가 되는데, 윌리엄 헤이테스베리William Heytesbury (1313~1372)가 처음으로 이 '순간속도' 개념을 명료화했다.

나아가 존 덤블턴John Dumbleton(1310~1349)은 머튼 규칙을 기반으로 등가속운동에서의 통과 거리는 그 시간의 제곱에 비례한다고 주장했다. 즉, 덤블턴은 자유낙하 운동에서 속도가 시간에 비례한다면 거리는 시간의 제곱에 비례한다는 것을 발견했는데, 이것은 사실상 갈릴레오의 자유낙하 운동의 법칙을 의미했다.

그러나 이런 중세 스콜라 철학자들의 속도, 순간속도, 등가속운동의 개념은 실험과는 무관하게 등장한 것이었다. 다시 말해, 그들은 그 관계를 어디까지나 수학적으로 계산했을 뿐이고, 그것을 실험적 혹은 경험적으로 확인한 것은 갈릴레오에 이르러서였다. 즉, 갈릴레오는 이동 거리와 소요 시간을 고려하여 속도를 직접 실험한 최초의 인물로, 그는 속도를 단위 시간당 이동 거리로 정의했다.

속도velocity에 오늘날과 같은 벡터성이 반영되기 시작한 것은 16세기 이후였다. 앞서 말한 대로, 우리는 크기만을 나타내고 방향이 없는 물리량을 '스칼라'라고 하고, 크기에 방향을 가지는 물리량을 '벡터'라고 부른다. 원래 스칼라의 어원은 '계단'이나 '저울'을 뜻하는 라틴어 scala이고, 벡터의 어원은 '운반하다'를 뜻하는 라틴어 vehere이다. 따라서 스칼라는 양(크기)을 뜻하고 벡터는 운동과 관계된 방향성을 뜻한다.

16세기 네덜란드의 수학자 시몬 스테빈Simon Stevin(1548~1620)은 힘의 삼각형에 관한 문제를 처음 제기하면서 속도, 가속도, 힘 등 크기와 방향을 가진 물리적 성질을 다루었다. 이 같은 벡터의 개념은 힘과 운동의 관계, 운동의 합성 분해를 가능하게 한 아이작 뉴턴(1643~1727)에 이르러 더욱 명료화되었다. 참고로, 흔히 '가속도의 법칙'으로 알려진 f =ma라는 뉴턴의 제2법칙은 힘(f)과 질량(m), 가속도(a)의 관계에 대한 것으로, 여기서 힘은 방향을 갖는 물리량이기 때문에 가속도나 속도는 그것과 필연적으로 관련될 수밖에 없었다. 이후 속도를 포함한 벡터 개념은 독일의 수학자 가우스Gauss(1777~1855), 아일랜드의 수학자 해밀턴Hamilton(1805~1865), 독일의 수학자 그리스만Grassmann(1809~1877) 등을 통해 꾸준히 수학적·물리학적 개념으로 정착해 나가게 된다.

'Speed'와 'velocity'의 구분은 19세기에 이루어졌다

속도나 속력처럼 영어 velocity와 speed도 일상적인 용법과 물리적 용법 사이에는 차이가 있다. 물론 언어권에 따라서는 이 같은 두 개의 어휘가 존재하지 않는 경우도 있다. 예를 들어, 러시아어로 speed와 velocity는 둘 다 '스코라스티скорость'이다. 독일인들은 오직 '게슈빈디히트Geschwindigkeit'를 사용하고, 프랑스는 '비테세vitesse', 스페인은 '벨로시닫velocidad'을 쓴다.

그럼 영어권에서 velocity와 speed는 언제부터 구분이 이루어졌을까? 앞서 살펴본 대로, 속도에 벡터성이 명확히 등장한 것은 16세기 이후였다. 하지만 어휘적으로는 19세기까지도 velocity와 speed는 물리적으로 명확히 구분되지는 못했던 것으로 보인다. 예를 들어, 맥스웰은《물질과 운동Matter and Motion》(1877)이라는 저서에서 speed, velocity에 대해 다음과 같이 말했다. "운동의 rate 또는 speed는 입자의 velocity라고 하며, 그 크기는 예를 들어 시속 10마일 또는 초당 1미터와 같이 시간당 얼마만큼의 거리라고 말함으로써 표현된다."[4]

맥스웰은 velocity를 방향성을 가진 벡터로 사용했지만, 그것을 굳이 speed라는 어휘와 구분하지는 않았다. 그런데 1883년《브리태니커 백과사전》(제9판)에는 다음과 같은 내용이 나온다. "Velocity는 우리가 이미 말한 것처럼, speed와 운동 방향의 개념을 함께 포함한다."[5]

사전의 이 내용은 당시 스코틀랜드의 수리 물리학자였던 피터 테이트(1831~1901)가 쓴 것이다. 그는 velocity와 speed의 차이를 방향의 유무를 가지고 구분했던 것이다. 사실 테이트는 그 이전의 저서에서 이미 둘 사이의 차이를 다루었다. 1882년 테이트가 윌리엄 스틸W. J. Steele과 함께 쓴《입자 역학에 관한 논문A Treatise on the Dynamics of Particles》(제5판)에는 다음과 같이 나온다.

> 지금까지 velocity는 단순히 speed로만 간주되어 왔으며, 위에서 언급한 모든 내용은 점이 직선으로 움직이거나 곡선으로 움직이는 것으로 간주되는 경우에도 동일하게 적용된다. 그러나 후자의 경우 운동 방향이 계속 변하기 때문에 매 순간 점의 velocity의 크기뿐만 아니라 방향을 알아야 한다. …사실 velocity는 운동의 방향과 speed를 한 번에 포함하는 방향성 크기(또는 vector라고도 함)가 맞다.[6]

테이트는 여기에 velocity를 운동의 방향과 speed를 모두 가진 것, 즉 벡터로 정의했음을 알 수 있다. 이후 두 용어의 사용에 대한 테이트와 스틸의 생각은 대체로 영어권을 중심으로 받아들여지기 시작했다. 1885년 스코틀랜드의 물리학자 맥팔레인Alexander

Macfarlane(1851~1913)이 쓴《물리 산술Physical Arithmetic》에서는, speed 와 velocity를 구분하는 것은 중요한데, "velocity는 시간에 대한 위치의 변화율로 정의할 수 있는 반면 speed는 지정된 경로를 따라 측정한 거리 변화율에 대한 시간의 비율로 정의할 수 있다"라고 하면서, "이 구분은 테이트에 의한 것"[7]이라고 했다. 맥팔레인은 테이트가 쓴《브리태니커 백과사전》의 속도 부분을 참고로 speed가 그 개념에 방향을 포함하지 않는 것이라면, velocity는 방향을 포함한다는 것을 명확히 했던 것이다.

또한 1887년에 캐나다의 물리학자 맥그리거James MccGregor(1852~1913)가 쓴《운동학 및 동력학에 관한 기초 논문An Elementary Treatise on Kinematics and Dynamics》의 서문에는 다음과 같은 글이 나온다.

Velocity와 acceleration 등 몇 가지 중요한 용어의 현재 정의를 수정할 필요가 있는 것으로 밝혀졌다. 이는 테이터 교수가 velocity와 speed을 구분하고 이 구분을 acceleration과 speed 변화율로 확장한 것이다. 따라서 velocity와 acceleration은 크기와 방향을 모두 의미하도록 정의되었다.[8]

이를 통해 우리는 velocity와 speed는 1880년대 무렵에 이르러 물리학적 개념으로 구분되었고, 이후 서양 사회에 퍼져나갔다는 것을 확인할 수 있다.

'운동량'과 '힘'의 번역어들

현재 일본어에서 속도速度, 속력速力 그리고 '빠름'을 의미하는 일본어 '하야사速さ'는 학술어로서는 구분이 있지만, 일상어로는 거의 구분 없이 사용되고 있다.[9] 그런데 '속도'라는 어휘는 19세기에 등장한 반면, 속력과 하야사는 그 이전부터 사용되었다. 예를 들어, 16세기 말의 라틴어-일본어 사전인《라포일대역사서羅葡日対訳辞書》의 velocitas 항에는 'fayasa[はやさ]'라고 나온다.[10] 물론 이때 '하야사'는 한자어 속速의 훈독이었을 가능성이 있다. 아울러 '속력'은 늦어도 시즈키 다다오의《역상신서曆象新書》(1798~1802)에 이미 그 용례가 나타난다. 시즈키는 '빠르기'를 뜻하는 어휘로 '지속遲速, 속速, 속력速力, 속세速勢' 등을 사용했는데, 이 중에서도 '속력'은 이후 난학자들의 물리학 서적들에 폭넓게 등장했다. 에도 말기의 유학자 호아시 반리帆足万里가 서양 물리학 서적을 참고로 쓴《궁리통究理通》(1836)이나 히로세 겐교廣瀬元恭의《이학제요理学提要》(1856)를 비롯하여 메이지 초기에 출판된 일본어 물리학 서적들에도 velocity에는 '속력'이 대응했다. 또 1869년 미사키 쇼스케三崎嘯輔의《이화신설理化新說》, 1872년 가타야마 준키치片山淳吉의《물리계제物理階梯》, 1875년 우다가와 준이치宇田川準一의《물리전지物理全志》, 1879년 가와모토 세이치川本清一의《스튜워드씨물리학土都華氏物理学》 등도 velocity의 번역어로 '속력'을 사용했다.

일본어 번역 신조어에 큰 영향을 미쳤던 니시 아마네(1829~1897)도, 1870년 육영사에서의 강의를 모은 책《백학연환》에서 영어

velocity를 '속력'이라고 번역했다.[11] 그리고 1874년에 간행한 《백일신론》에서도 "돌이 땅에 떨어지는 속력은 떨어지는 시간의 수를 제곱하여 얻는다"[12]라고 쓰고 있다.

물론 지금은 거의 사라져 버렸지만, velocity를 '속速'이라는 한 단어로 번역한 사례도 쉽게 찾아볼 수 있다. 일본 최초의 물리학 교과서로 일컬어지는 가와모토 고민의 《기해관란광의氣海觀瀾広義》(1851~1856)를 보면, velocity에는 '속'을 대응시켰고, momentum에는 '속력'과 '동력動力'을 대응시켰다.

가와모토가 '속력'을 velocity가 아니라 momentum의 번역어로 사용한 것은 흥미롭다. 오늘날에는 보통 '운동량'으로 번역하는 momentum(p)은 질량(m)에 속도(v)를 곱한 값($p = mv$)으로, 질량을 가진 물체가 속도를 얻을 때 갖게 되는 물리량이다. 이 운동량은 속도가 일정한 상태에서는 변하지 않는다. 그런데 물체의 속도에 변화가 일어나면, 즉 가속도를 갖게 되면 그 물체는 힘을 얻게 된다. 뉴턴의 제2법칙에 따르면, 이때 힘(f)은 질량(m)과 가속도(a)의 곱이다($f = ma$). 따라서 힘과 운동량은 둘 다 속도와 관계되기 때문에 백터량이지만, 엄밀하게는 서로 다른 물리량이다. 정확한 이유는 알 수 없지만, 가와모토는 '동력'은 물론 '속력'이라는 한자가 힘力을 표현하기 때문에 velocity보다는 오히려 momentum에 가깝다고 보았을 가능성이 있다. 가와모토뿐만 아니라 메이지 시대의 문헌에서는 momentum을 힘의 일종으로 번역한 많은 용례를 볼 수 있기 때문이다. 참고로 시즈키도 mometum을 '동력動力'이라고 번역했으며, 니시도 《백학연환》에서 momentum을 힘에 기반을 둔 듯한 '역원ᄀᆞ元'이라는 어휘로 번역해 놓았다. 메이지 초기 서양의 물리학 서적을 접한 일본인들은 momentum과 힘 사이의 명확한 구분에 아직 이르지 못했던 것 같다.

Momentum이 힘과 다르다는 것을 알고, 그것에 '운동량運動量'이라는 새로운 번역어를 대응시킨 사람은 도쿄대학 물리학 교수 이치가와 세이자부로市川盛三郞였다. 그는 오사카 이학소大阪理学所에서 독일인 화학교사 헤르만 리터Georg Hermann Ritter(1827~1874)의 조수를 담당하고, 그의 강의를 일본어로 번역하기도 했다. 1870년(메이지 3) 《이화일기理化日記》에서 그는 velocity를 '속速'으로 번역하는 한편, momentum에 '운동량'이라는 번역어를 대응시켰다. 종래의 저자들과는 달리, 전문 물리학자였던 그는 운동량이 힘ᄀᆞ과 다르다는 것을 비로소 이해했던 것으로 보인다.

'속도'라는 번역어를 처음 만든 니시 아마네

그러면 '속도'라는 어휘는 누가 맨 먼저 사용한 것일까? 현재까지 조사한 바에 따르면, 속도가 일본어 문헌에 가장 먼저 나타난 것은 니시의 《백학연환》(1870)이 아닌가 싶다. 그는 앞서 소개한 것처럼 '속력'이라는 어휘를 여러 군데에서 사용했지만, 《백학연환》 보통학의 수학 편에서 '속도'라는 어휘를 썼다. 즉, 니시는 미적분을 설명하면서 "한 물체의 속도速度를 알고, 다른 물체의 속도를 묻는다"[13]라고 하여 '속도'라는 어휘를 사용했다. 물론 니시가 '속력'과 '속도'를 오늘날과 같은 엄밀한 물리학적 개념에 기반하여 사용했던 것 같지는 않다. 그가 '속도'와 '속력'을 명확히 구분한 흔적은 이제 더는 보이지 않기 때문이다.

니시가 '속도'라는 어휘를 사용한 이후, 1874년 테라다 스케유키寺田祐之의 《이과일반理科一斑》, 1879년 야마오카 켄스케山岡謙介의 《학교용물리서学校用物理書》 등 일부 저·역서에서는 '속도'라는 어휘가 사용되었다.[14] 하지만 당시까지만 해도 속도는 velocity나 speed의 다양한 번역어 중 하나였다.

당시의 사전류에서도 마찬가지였다. 사전류에서 '속도'라는 번역어가 처음 등장한 것은 1887년 시마다 유타카島田豊가 편역한 《부음삽도 화역영자휘附音插圖 和譯英字彙》였다. 여기서는 speed가 '쾌신快迅, 급속急速, 촉박促迫' 등으로, velocity가 '속력速力, 속도速度, 속률速率, 신속迅速, 쾌속快速, 질疾' 등 많은 번역어로 등장한다. 이듬해 간행된 프레드릭 이스트레이크Frederick Warrington Eastlake와 다나하시 이치로가 펴낸 《웹스타씨 신간대사서: 화역자휘》에서는 velocity가 '급속, 신속, 쾌속, 속변速變, 속률' 등으로 번역되었고, the velocity of wind는 '바람의 속력風ノ速力'으로 번역되었다. 당시까지도 velocity와 speed의 번역어에는 다수가 공존했으며 '속도'와 '속력'도 큰 구분 없이 사용되고 있었음을 알 수 있다. 이처럼 메이지 초·중기까지도 '속도'는 다양한 번역어 중 하나였던 것이다.

그러다가 '속도'가 유력한 물리학 어휘로 등장한 것은 물리학 역어회의 번역어 선정을 계기로 한다. 물리학 역어회란 에도 시대 말기와 메이지 시기를 거치며 난립 상태에 있던 물리학 번역어들을 제정, 정비하고, 표준적인 번역어를 정하기 위한 목적으로 설립된

단체이다. 1883년 5월 19일에 제1회 모임이 개최된 물리학 역어회
는 1885년 7월 29일까지 매월 제2, 제4 수요일에 도쿄대학에서 정
기적 회합을 갖고, 매회 20여 개 정도의 물리학 번역어들을 선정했
다. 그리고 여기서 채택된 물리학 번역어들은 당시 발간하던 대중
학술잡지인 《동양학예잡지》(메이지 16년 7월호~메이지 18년 2월호)
에 차례로 연재되었다. '속도'라는 어휘는 1883년 7월 11일에 열렸
던 물리학 역어회에서 영어 velocity(프랑스어 vitesse, 독일어
Geschwindigkeit)의 번역어로 채택되었다.[15] 이후, 이 어휘는 일본
에서 velocity의 번역어로서의 지위를 확고히 하고, 일본의 물리학
계에 널리 유포된 것으로 보인다.

중국에서는 velocity를 어떻게 번역했을까?

1866년 청나라에서 미국인 선교사 윌리엄 마틴William Martin(1827~
1916)은 자연과학 입문서인 《격물입문格物入門》(1868)을 출판했는데,
이 책의 역학力學 편에서는 velocity의 번역어로 '쾌만快慢, 속완速緩,
질서疾徐' 등이 등장하고, 산학算學 편에서는 '지속遲速, '속速' 등이 등
장하고 있다. 아울러 momentum에 해당하는 번역어로는 '행동지
력行動之力, 동력動力' 등이 사용되었다. 또 상하이에서 발행된 영국인
선교사 알렉산더 와일리Alexander Wylie(1815~1887)의 《중학천설重学浅
說》(1858)에는 가상속도의 원리에 대해 언급하면서 '속율력速率力, 속
율速率'이라는 어휘를 사용했는데, 이 '속율'은 velocity에 해당하는
어휘로 추정된다. 오늘날 대만에서는 speed를 '속율速率'로, velocity

를 '속도'로 번역하는데, 속율은 선교사의 번역어에 기원을 둔 반면, 속도는 비록 정확한 시점은 특정할 수 없지만 어느 시점엔가 일본에서 건너온 것으로 여겨진다.

참고로 '속도가 변화한다'라는 의미의 '가속도'라는 어휘도 일본에서 만들어진 것으로 알려진다. 앞서 말한 물리학 역어회의 결과물인 《물리학술어 화영불독대역사서》(1888)에는 영어 acceleration (프랑스어 accélération, 독일어 Beschleunigung)의 번역어로 '가속도加速度'가 등장한다. 또 같은 해 《공학자휘》에는 acceleration이 '점가漸加'로, acceleration of velocity는 '점가속漸加速, 가속도加速度'로 번역되었음을 확인할 수 있다.

한국어 문헌에 등장한 '속력'과 '속도'

《한성순보》 1883년 11월 10일자에는 〈지구의 운전에 대한 논論〉이라는 글이 실려 있는데, 이 논설은 지구가 자전과 공전하는 원리, 그리고 갈릴레오의 운동론에 대한 자세한 설명이 나온다. 여기서는 "배가 빠르게 달리는데 사람이 돛대 끝에서 떨어져도 결국 돛대 밑에 떨어지지 배 뒤로 떨어지지 않는 것은 사람이 공중으로 떨어지는 것과 주행지속舟行之速이 같기 때문이다"[16]라고 나온다. '주행지속'이란 배가 진행하는 빠르기를 의미한다. 즉, 빠르기를 '속速'으로 표현했던 것이다. 이 논설에는 '속력速力'이라는 어휘도 빠르기를 표현하는 어휘로 등장하고 있는 것을 확인할 수 있다.

현재까지의 조사에 따르면, '속도'라는 어휘가 최초로 등장한 것은 1895년 유길준의 《서유견문》이다. 즉, "지구가 태양을 선회하는 속도는 하루에 540만 6,575리 하고도 73분리의 25이며, 또 태양을 도는 사이에 자전을 하여 주야를 이루는데, 자전이란 자기 스스로 회전함을 일컫는 말이다[地球의 太陽을 繞行ᄒᄂᆫ 速度가 一日에 五百四十萬六千五百七十五里及七十三分里의 二十五며 又其太陽을 繞行ᄒᄂᆫ 間에 自身動이 有ᄒ야 一晝夜를 成ᄒ니 自身動은 自己의 回轉을 謂홈이라]"[17]라고 나온다. 《독립신문》 1899년 10월 16일자 4면 외보에도 '속도'가 등장한다. "이 째를 당ᄒ야 아라샤가 토디ᄆᆫ 넓힘은 ᄆᆺᄎᆷ 그 퇴보ᄒᄂᆫ 속도速度를 일즉 지쵹케 함이요."[18]

여기서 '속도'는 일이 진행되는 빠른 정도나 물체가 움직일 때 그 빠른 정도를 가리켰음을 알 수 있다.

하지만 당시 '속력'도 이미 광범위하게 사용되고 있었다. 대한제국 《관보》 제158호 외보(1895년 9월 11일)에는 "주야로 항해하는 증기선은 한 시간에 11킬로미터의 속력을 갖게 되면, 6일간에 전 운하를 통과할 터라[晝夜航通ᄒᄂᆫ 輪船은 一點間에 十一基羅米突을 進航ᄒ 速力을 以ᄒ면 六日間에 全運河를 通過홀터라]"[19]라고 나온다. 1896년 6월 16일 《친목회 회보》 제2호 〈신설갑철주전함新設甲鐵主戰艦〉에도 '속력'이라는 어휘가 나오는데, 즉 "속력은 18절이 되는데 그 속항거리는 10절의 속력으로써 4,500해리로 예상된다[速力은 十八節이 되ᄂᆫᄃᆟ 其續航距離ᄂᆫ 十節에 速力으로써 四千五百海里를 豫定홀너라]"[20]라는 구절이다. 이처럼 '속력'은 대부분 군함이나 선박, 차 등 탈것들의 빠르기를 의미할 때 사용되었다. 물론 당시 속력과 속도의 명확한 물리학적 구분이 있었다고 말하기는 힘들다.

사전류를 살펴보면, 1890년 언더우드의 《한영ᄌᆞ뎐》에서는 velocity와 speed가 둘 다 '빨름, 속흠'으로 번역되었다. 여기에는 '속력'도 '속도'도 등장하지 않는다. 1891년 스콧의 《영한ᄌᆞ뎐》에서 velocity는 '빠릇다'로, speed는 '빨ᄅ다, 속ᄒ다'로 번역되었다.

한국의 사전류에서 '속도'와 '속력'이 등장한 것은 1911년 게일의 《한영ᄌᆞ뎐》이 최초가 아닌가 싶다. 이 사전에서는 '속도'가 velocity와 speed의 번역어로, '속력'이 speed의 번역어로 나온다. 게일의 사전에 이 번역어들이 반영된 것은 1900년을 전후로 하여 이 어휘들이 한국어 안에 침투한 결과가 아닌가 싶다.

1911년 게일의 사전을 시작으로, 이후 간행된 사전들에서는 대부분 속도와 속력을 볼 수 있다. 1914년 존스의 《영한ᄌᆞ뎐》에서 velocity는 '속력, 속도'로 나오고, speed는 '색름速, 속력, (degree of) 속도'라고 번역되었다.

1925년 언더우드의 《영선ᄌᆞ뎐》에서 velocity는 '지속遲速, 속력, 속도'로 나온다. Speed는 ① '색름, 속흠速', ② '속력, 속도, 지속' 등으로 나오고 있다. 1924년 게일의 《삼천ᄌᆞ뎐》에는 velocity가 '속도'로 번역되고, speed는 '속력, 지속'으로 번역된다. 그리고 1928년 김동성의 《최신선영사전最新鮮英辭典》에서는 speed와 velocity가 모두 '속도, 속력'으로 번역되었다. 그러나 1931년 게일의 《한영대ᄌᆞ뎐》에서는 velocity는 '속도'로 번역되었지만 speed는 '속도'와 '속력'으로 번역되었다. 여전히 불안정한 모습이지만, 한국에서 velocity와 speed의 번역어는 대체로 1910년대에 접어들면서 오늘날과 같은 '속력'과 '속도'로 점차 수렴했음을 확인할 수 있다.

17

신경

神經 / Nerve

'신경'이라는 어휘는 우리 일상에 이미 깊이 파고들어 있다. 누군가는 신경이 예민하여 잠을 설치기도 하고, 누군가는 신경이 둔감하여 분위기 파악을 못 한다는 핀잔을 듣기도 한다. 나이가 들어가면 신경통에 시달리고, 신경쇠약에 걸리거나 시신경이 손상되는 일도 있다. 신경은 현대의학적으로 명확한 실체를 가진 신체 조직이다. 신경은 뇌와 척수로 이루어진 중추 신경계와 말초 신경계로 나눌 수 있는데, 말초 신경계는 중추 신경계와의 연결 방식에 따라 다시 척수신경과 뇌신경, 자율신경 등으로 나누어진다. 척수신경은 척수에서 갈라져 나온 31쌍의 신경 다발로서 온몸에 퍼져 인간의 운동, 감각, 자율신호 등을 조절한다. 반면 12쌍의 신경 다발로 이루어진 뇌신경은 뇌에서 나와 인간의 후각, 시각 등의 감각과 운동을 조절한다.

신경은 서양의학에서 비롯되었다. 신경을 의미하는 라틴어 nervus, 영어 nerve, 독일어 Nerv, 프랑스어 nerf는 끈nauree이라는 뜻의 산스크리트어에서 출발했다. 현대의학적으로 신경은 근육筋肉이나 힘줄腱과 뚜렷이 구분되는 기관이다. 힘줄이 근육과 뼈를 잇는 기능을 한다면, 신경은 힘줄 주위에 분포하여 근육의 움직임에 반응하고 긴장도를 조절한다. 그런데 신경 특히 뇌신경과 같은 굵은 신경의 생김새가 힘줄과 유사하기 때문에 오랫동안 둘 사이에 뚜렷한 구분이 이루어지지 못했다. 신경의 그리스어 '뉴런neuron'이 《히포크라테스 전집》에서는 주로 힘줄의 의미로 사용된 것도 그 때문이다.

'뉴런'이 힘줄과 구분되는 '신경'으로 사용된 것은 히포크라테스의 제자이자 동맥과 정맥의 차이를 구분했다고 알려지는 프락사고라스(기원전 371~288)부터였다. 그는 신경을 해부학적으로 식별하지는 못했지만, 신체의 말단이 어떤 기관에 의해 움직이는지 궁금해했고, 인간의 활력과 에너지가 신경과 어떻게 연관되는지를 밝히고자 했다.[1] 이후 프락사고라스의 제자 헤로필로스(기원전 335~280)나 에라시스트라투스(기원전 304~250)는 시신경의 기능을 밝혀냈고, 운동 신경과 감각 신경이 뇌에서 기원하며, 혈액과 함께 움직이는 '프네우마'라는 물질이 신경 전달을 할 것이라고 추정했다.[2]

로마 시대에 활약했던 그리스 출신의 의사 갈레노스Claudius Galenus(129~216)는 신경학을 매우 중시한 인물이었다. 일화에 따르면, 그는 군중 앞에서 돼지의 후두신경 즉 발성 기관과 뇌를 연결하는 신경 하나를 끊었고, 돼지는 곧 꿱꿱거리는 소리를 멈추었다고 한다. 갈레노스가 끊었던 신경은 오늘날로 보자면 아마도 되돌이후두신경recurrent laryngeal nerve이었던 것 같다. 이 신경은 10번 뇌신경인 미주신경의 한 가지로, 반지방패근cricothyroid muscle을 제외한 후두의 모든 자체 기원 근육들에 분포한다. 단, 갈레노스는 일곱 쌍의 뇌신경을 설명했지만, 그림을 그려놓지는 않았으며 그것을 뇌의 연장선으로 이해했다. 이 같은 신경에 대한 이해는 갈레노스 의학이 16세기까지 영향력을 발휘하면서 대체로 서양에서 큰 저항 없이 받아들여졌다.

1543년 베살리우스Andreas Vesalius(1514~1564)는《인체의 구조에 관하여De Humani Corporis Fabrica Libri Septum》(총 7권)의 제4권에서 뇌신경, 척수신경 등에 대한 정밀한 삽화를 그려 넣었고, 마음과 감정의 중심이 심장이 아니라 뇌이며, 신경도 뇌에서 퍼져 나온다고 설명했다. 그러나 베살리우스 또한 갈레노스처럼 일곱 쌍의 뇌신경만을 묘사하는 데 그쳤다.[3]

뇌신경이 아홉 쌍으로 분류된 것은 영국의 의사 토머스 윌리스 Thomas Willis(1621~1675)에 이르러서였다.[4] 그는 영국의 건축가이자 화가였던 크리스토퍼 렌Cristopher Wren(1632~1723)의 도움으로 아름다운 삽화를 그려 넣은《대뇌 해부학Cerebri Anatome》(1664)이라는 책을 집필했고,[5] 신경학을 의미하는 어휘 '뉴어롤로지neurology'를 최초로 만들었다고 알려진다. 이후 독일의 해부학자 사무엘 소에머링 Samuel Soemmerring(1755~1830)은 뇌신경을 오늘날과 같이 열두 쌍으로 구분했다. 그는 1778년《뇌 기저부의 해부학 및 두개골에서 나오는 신경의 기원Dissertatio inauguralis anatomica de basi encephali et originibus nervorum cranio egredientium》이라는 괴팅겐 대학에 제출한 박사논문에서 안구의 움직임을 조절하는 갓돌림신경abducens nerve을 최초로 명명하는 등, 열두 쌍의 뇌신경 각각에 이름을 붙이고 삽화를 그려 넣었다.[6] 이후 열두 개의 뇌신경에 대한 소에머링의 명명법은 현대 신경학 어휘의 기초가 되었다.

아울러 19세기 후반에는 신경생물학자 프란츠 니슬Franz Nissl (1860~1919) 등에 의해 세포의 염색 방법이 발달하면서 신경에 대한 연구는 더욱 본격화되었다.[7] 신경에 대한 현미경적 관찰이 활발해졌고, 실험적 신경해부학이 시작되면서 신경과학의 새로운 시대가 열린 것이다.

중국인들이 접한 서양의학과 '신경'

동양의학의 핵심 개념인 경락, 경혈, 기 등을 서양의학에서는 찾아볼 수 없는 것처럼, 서양의학의 '신경' 개념은 반대로 동양의학에서는 전혀 찾아볼 수 없다. 그것은 동서양 의학의 인체관이 근본적으로 달랐기 때문이다. 따라서 같은 병을 두고도 병명이나 병의 원인을 진단하는 방법도 다를 수밖에 없었다. 예를 들어, 오늘날의 신경쇠약neurasthenia을 한의학에서는 심리적 영향에서 왔다는 뜻의 심기증心氣症 등으로 불렀지만, 그것이 해부학적으로 신경에서 비롯되었다는 생각은 전혀 없었다.

그런데 17세기 무렵이 되면 동서양 의학의 교류가 시작되었다. 베이징에 왔던 서양인 예수회 선교사들이 서양의학적 지식을 소개한 것이다. 이때 신경도 새롭게 중국에 소개된다. 명 말의 외국인 선교사 아담 샬Johann Adam Schall von Bell(1591~1666)이 1629년에 펴낸 《주제군징主制群徵》은 1613년 레시우스Leonardus Lessius(1554~1623)의 《무신론자와 정치가들에 대항한 신의 섭리와 영혼의 불멸성에 대한 논의》를 발췌하여 중국어로 번역한 것인데, 원래는 기독교 신앙의 전파를 목적으로 쓴 것이었지만, 그 안에는 서양의학에 대한 내용이 일부 등장한다. 특히 주목할 만한 것은 뇌와 신경계통에 관한 것으로, 여기서는 여섯 쌍의 뇌신경과 30쌍의 척수신경을 소개하면서 뇌신경을 '근筋'으로 번역했다.[8]

이후 신경은 선교사들에 의해 대체로 근계muscle system에 바탕을 둔 어휘로 번역된다. 요한 테렌츠 슈렉Johann Terrenz Schrech(1576~1630)이 기초한 《태서인신설개泰西人身說槪》(1635)에서는 신경을 '세근細筋'으로 번역했고, 자코모 로Giacomo Rho(1593~1638)의 《인신도설人身圖說》(1640)에서는 그것을 '근'으로 번역했다. 청대의 영국인 선교사 로버트 모리슨Robert Morrison(1782~1834)이 편찬한 《화영자전華英字典》(1815~1823)에서는 nerve를 '근'으로 번역했고, tendon 또한 같은 '근'으로 번역했다. Tendon은 오늘날의 의학 용어로는 '건腱' 즉 힘줄로 번역하는데, 그것은 근육muscle을 뼈대에 붙이는 역할을 한다. 1851년 영국인 의료선교사 벤저민 홉슨Benjamin Hobson(1816~1873)이 간행한 《전체신론全體新論》(1851)에서는 뇌에서 아홉 쌍의 nerve가 나오며 동작과 각오를 주관한다는 의미에서 그것을 '뇌기근腦氣筋'으로 번역했다.[9] 미국인 의료 선교사 오스굿Dauphin William Osgood (1845~1880)은 영국의 권위 있는 인체 해부학서인 핸리 그레이(1827~1861)

의 책《해부도와 상세한 설명이 달린 해부학Anatomy: Descriptive and Surgical》(초판은 1858)을 바탕으로《전체천미全體闡微》(1881)라는 책을 편찬했는데, 이 책에서 nerve의 번역어로 '뇌의 근육'을 의미하는 '뇌근腦筋'을 사용했다. 이처럼 19세기까지도 중국에서는 신경을 여전히 근계에 바탕을 둔 어휘로 번역했음을 확인할 수 있다.

신이 다니는 길 = '신경'이라는 어휘를
최초로 만든 스기타 겐파쿠

신경이 사람과 동물의 몸 안에 있는 중요한 기관이라는 생각은 나가사키長崎에 와 있던 네덜란드인 의사들, 그리고 네덜란드어로 쓰여진 의학 서적들을 통해 일본에도 전해진다. 그런데 아직 '신경'이라는 어휘가 없었던 당시, 일본인들은 그것을 어떻게 번역했을까?

일본인들은 '신경'에 해당하는 네덜란드어 zenuw를 소리 나는 대로 음독音讀하거나, 전통의학의 방식에 따라 한자어 '근筋, 수근髓筋' 등으로 번역했다. 예를 들어, 에도 시대 외과의사 이라코 미쓰아키伊良子光顯가 쓴《외과훈몽도휘外科訓蒙図彙》(1769)의 '총신지부總身之部'에는 "사람 몸에 제이눈ゼイヌン이라는 경經이 있는데, 이것은 12경의 기원으로 손과 발, 아홉 개의 혈穴의 분야의 운동을 주관한다"고 나온다. 아울러 의사이자 네덜란드어 통역관이던 아라시야마 호안嵐山甫安이 쓴《반국치방류취蕃国治方類聚》(1683)의 서두에는 "머릿속에 일곱 개의 근筋이 있다. 그 이름을 세이빈·세이논セイビンセイノン이라한다"라고 나온다. 여기서 '세이논'은 네덜란드어 zenuw(라틴어

sinew)를 가리킨다. 이 밖에도 일본의 문헌에는 네덜란드어 zenuw를 '세이니セイニー, 세이누セイヌ, 세이눈セイヌン, 세이뉴セイニュウ' 등 소리 나는 대로 부르거나, 한자어 '世奴'를 대응시키기도 했다. 참고로 세이누セイヌ는 네덜란드어 zenuw를 뜻하고, 세이눈セイヌン은 그 복수형인 zenuwen을 가리킨다.

한편, 나카무라 소요中村宗瑛의 《홍모비전외과료치집紅毛祕伝外科療治集》(1684)에는 신경을 '통증이 통하는 곳', 즉 '수근髓筋'이라고 번역했다. 다만, 신경을 음독하거나 근筋으로 번역하더라도, 에도 시대 난학자들은 대부분 신경의 기능을 전통의학의 '경락' 사상과 관련하여 이해했다.[10] 즉, 주요 장기나 조직들이 기氣를 통해 연결된다는 한방의 원리로 서양의 해부학적 지식을 설명했던 것이다.

'신경'이라는 어휘를 처음 만든 사람은 에도(지금의 도쿄)의 의사 스기타 겐파쿠杉田玄白(1733~1817)였다. 그는 1774년 《해체신서解体新書》라는 책을 펴냈는데, 그 책은 독일인 요한 쿨무스Johann Adam Kulmus(1689~1745)가 쓴 《해부도보Anatomische Tabellen》 제2판(1732)의 네덜란드어 번역본 《타펠 아나토미아Ontleedkundige Tafelen》(1734)를 일본어로 중역한 것이다. 이 《해체신서》 권1 제3편 〈격치〉에서 겐파쿠는 다음과 같이 썼다.

世奴[セイニー]. 이것을 신경神経이라 번역한다. 그 색은 하얗고 튼튼하며, 뇌와 척수에서 나온다. 보고 듣고 말하고 행동하는 것을 지휘하고 나아가 추위와 더위를 알려준다. 여러 가지 움직이지 않는 것을 자유롭게 움직이게 하는 것은 이 경経이 있기 때문이다.[11]

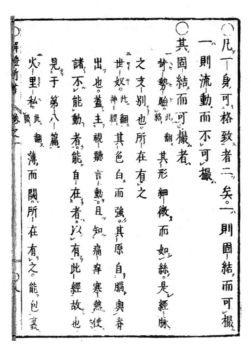

그림 17-1

《해체신서》권1 제3편 〈격치〉의 신경 소개 부분. セイニ一를 世双로 번역한 것을
볼 수 있다.

훗날 스기타 겐파쿠가 동료 의사였던 다테베 세이안建部清庵에게
보낸 편지에서도 신경神経은 신기神気의 신神 자와 경맥経脉(脉은 脈의
다른 글자)의 경経 자를 합쳐서 자신이 만든 어휘라고 말하고 있다.

(신경은 — 필자 주) 그 묘용이 당나라에서 말하는 신기神氣로 볼
수 있기 때문에 신경神經이라고 의역했습니다. …또 경맥經脉이라고
하면 하나로 들리지만, 12경맥을 하나씩 말하면 몇 경經이라고 말하

지, 몇 맥脉이라고는 말하지 않습니다. 세이뉴는 원래 일신一身의 근원이기 때문에 동혈맥動血脉과 구분하기 위해서 세이뉴에 경經의 글자를 붙였습니다.[12]

예로부터 동양에서 신神은 귀신이나 혼魂, 마음心을 가리켰기 때문에 신기神氣는 정신을 표현하기도 했다. 아울러 경맥은 인체의 기혈이 흐르는 경로經路를 가리켰다. 따라서 '신경'은 '정신의 경로'이자, '신이 다니는 길'을 의미했던 것이다.

《해체신서》 권1의 제1편 〈해체대의(해부학총론)〉에서 겐파쿠는 여섯 가지 해부의 방법을 소개하면서 그중 세 번째가 "신경을 조사하는 것"이라고 하고, "이것은 중국인은 지금까지 기술하지 않은 것으로, 시각, 청각, 언동이 이것에 의해 지배되고 있다"라고 썼다. 참고로 겐파쿠는 뇌신경을 10쌍으로, 척수신경을 30쌍으로 보았는데, 《해체신서》 권2의 제8편 〈뇌수 및 신경腦髓並に神経〉에서는 두개골 안에 뇌수를 감싸는 두 장의 뇌막腦膜이 신경액이 새지 않도록 하는 것이라고 설명했다.[13]

이처럼 겐파쿠는 '신경'이라는 새로운 어휘까지 만들면서 서양의학을 소개했던 것이다. 그러나 그가 전통의학적 사고와 완전히 결별했는지는 의문이다. 의학사 연구자인 마쓰모토는 겐파쿠가 당시 막부의 허가를 얻어 해부를 직접 참관했을지라도, 실제로는 신경을 보지 못했거나 보았더라도 거의 인식하지 못했을 것이라고 주장했다. 아울러 겐파쿠는 중국 전통의학에서 말하는 경맥을 동맥, 혈맥, 근, 신경의 네 가지로 분류하는 것이 적당하다고 보고, 경맥의 한 분류로서 신경을 이해했다고 지적했다.[14] 그런 점에서 겐파쿠는 어디까지나 신경을 기가 경맥을 흐르는 것에 의해 생명이 유지된다는 중국 전통의학의 신체관을 기초로 해석했다는 것이다. 서양의 문화를 번역해 들여온다는 것이 애당초 동아시아의 언어와 문화, 개념을 그 수용체로 활용할 수밖에 없었음을 생각할 때, 겐파쿠의 '신경' 개념도 동서양 의학의 경계에서 만들어졌다고 보는 것이 옳을 듯하다.

일본에서 메이지 전후의 '신경'이라는 어휘의 확산

겐파쿠가 《해체신서》를 펴낼 때 저본으로 삼은 쿨무스의 원서는 당초 상당히 많은 각주를 포함한 책이었다. 하지만 겐파쿠는 《해체신서》를 펴내면서 쿨무스 원서의 각주는 번역에서 제외해 버렸다. 따라서 겐파쿠가 '신경'에 대해 그 이상의 진전된 논의를 했던 것 같지는 않다. 그럼에도, 그간 금기시되었던 인간 몸의 내부를 적나라하게 묘사한 《해체신서》는 당시 일본의 전통 의학계에 큰 충격을 던져주었다. 겐파쿠에 의한 다소 불완전했던 '신경'이라는 어휘와 개념도 이후 오쓰키 겐타쿠大槻玄沢의 《중정해체신서重訂解体新書》(1798년 완성, 1826년 간행), 그리고 우타가와 겐신宇田川玄真의 《의범제강医範提綱》(1805) 등을 통해 더 구체화되었을 뿐만 아니라,[15] 당시 유럽에서 유행하고 있던 신경액 유동설 등이 함께 소개됨으로써 신경이 서양의학에서는 독자적인 인체 기관이라는 생각이 점점 받아들여지게 되었다. 참고로 신경액 유동설이란, 오늘날에는 사라진 이론이지만 이탈리아의 조반니 알폰소 보렐리Giovanni Alfonso Borelli (1608~1679)가 처음 주장한 것으로, 대뇌피질에 모여 있는 다수의 작은 막에서 신경액succus nerveus이 만들어지고 이것이 신경 속을 흘러 몸의 중추에서 감각을 감지하며 뇌로부터 말초기관까지 운동을 유발한다는 이론이다.

이후, 신경이라는 어휘는 점차 일본에 퍼져나갔다. 에도 시대의 난학자이자 의사였던 가와모토 고민(1810~1871)은 《기해관란광의氣海觀瀾広義》(1851~1856)에서 '시신경視神經'이라는 어휘를 최초로 사용했다.

'신경'은 사전에도 곧 nerve의 번역어로 실리기 시작했다. 1867년 호리 다쓰노스케 등이 편찬한 《영화대역 수진사서》(1862년판의 개정증보판)에서 nerve는 '신경, 근근筋根'으로 번역되었다. '근근'이란 근육의 뿌리에 해당한다는 점에서 실은 힘줄을 가리켰다. 여전히 힘줄과 신경 사이의 구분이 애매했던 것이 사실이다. 1873년 의학 용어들의 번역 사전인 《의어류취醫語類聚》에도 nerve가 '신경'으로 번역되었고, 이 밖에도 '신경통'이 neuralgia, '신경쇠약'은 neurilemma, neurodynid 등의 번역어로 등장했다. 1873년 《부음삽도 영화자휘》에는 nerve가 '신경, 근근, 장건壯健, 지기志氣'로 번역되었다.

1879년 일본에서 발간된 영어·중국어·일본어 대역사전인 《영화화역자전英華和譯字典》에 nerve의 번역어로 '근筋, 각동지근覺動之筋' 등과 함께 히라가나로 '신케이シンケイ'(신경이라는 뜻)라고 나와 있다. 1881년 학술어의 정착에 큰 영향을 미쳤던 《철학자휘》에는 nerve가 '신경'으로, neurology는 '신경론神經論'으로 번역되었다.

중국의 서양인 선교사들이 만든 어휘 '뇌경'

1886년 중국에서 활약하던 미국과 영국의 의료선교사 70여 명은 현대 중국 최초의 의료 협회인 중국 의료전도협회China Medical Missionary Association를 설립했다.[16] 이 단체의 목적은 중국에서의 의료 활동을 통한 전도, 그리고 선교사들 간의 교류 증진 등이었지만, 서양의 의학 개념에 근거하여 중국어 의학 용어를 제조하는 것도 중요한 작업 중 하나였다. 의료전도협회의 영국인 의사 코스란 Philip Brunelleschi Cousland(1861~1930)은 특히 해부학 용어를 포함한 의학 용어의 중국어화에 상당한 노력을 기울었고, 그 결실이 《의학사휘醫學辭彙》(1908)라는 사전이었다. 그런데 여기서 코스란은 nerve를 계系라고 번역했다. 이것은 신경의 종래 번역어였던 근계筋系, muscle system나 건腱(힘줄)과는 구별되는 번역어였다.[17]

그런데 이후 《의학사휘》는 수차례 개정증보판이 간행되었고 nerve의 번역어에도 변화가 나타났다. 즉, 1918년 《의학사휘》 제3판에서 nerve의 번역어는 여전히 '계系'로 나오지만, 1920년 《의학사휘 증정》 제3판에서는 종래의 번역어였던 '계'에 더불어 '뇌경腦經'이라는 어휘가 새롭게 등장한다. 이 '뇌경'이란 홉슨의 《전체신론》에 등장하는 '심경心經', '간경肝經' 등과 연속성이 있는 어휘였다. 즉, 홉슨은 하나의 장기와 그 장기가 가진 생리적 체계를 단일한 시스템으로 생각하여 심장과 간에 각각 '경'이라는 접미어를 붙였다. '경經'이라는 한자는 그 자체로 종단적 의미를 지니기 때문에 하나의 장기가 몸 전체를 종단하여 아래로 뻗어나간다는 의미에도 적합했다.

그런 점에서 서양인 의료선교사들에게는 뇌에서 뻗어 나와 몸을 종단하는 기관인 신경을 '뇌경'으로 번역하는 것은 결코 어색한 일이 아니었다.

그러나 일본에서 번역된 서양 해부학 서적들이 중국에 유입되면서 '신경'이라는 어휘 또한 20세기 초부터 이미 중국에 들어와 사용되고 있었다. 1905년 교토대학 의학부 교수이자 해부학자였던 스즈키 분타로鈴木文太郞가 1895년 독일 해부학회가 정한 기준에 따라 신경을 비롯한 일본어 해부학 용어를《해부학명휘解剖學名彙》에 정리했는데, 여기에 신경학에 관련된 어휘들이 오늘날과 거의 유사한 형태로 등장한다. 그리고 이 해부학 용어들은 일본에 유학한 중국인 유학생들을 통해 중국에 수입되었다.

일본에 유학했던 중국인 주영보注榮寶(1878~1933)와 엽란葉瀾이 함께 펴낸《신이아新爾雅》(1903)라는 신어, 술어 용어집에는 해부학 용어에 대한 간단한 설명이 나오는데, 여기에 '신경'이라는 어휘가 후신경嗅神經, 시신경視神經, 동안신경動眼神經, 활차신경滑車神經 등을 포함한 열두 개의 뇌신경과 함께 소개되고 있다.[18] 하지만 신경에 대한 해부도나 삽화가 없이 단지 어휘만 소개된 것으로는 당시 독자들은 그것이 정확히 무엇을 가리키는지 알기는 힘들었다. '신경'이라는 기관과 그 기능을 정확히 이해하기 위해서는 그림은 물론 서양 의학 지식이 함께 소개되어야 했다. 그런 점에서 정복보丁福保(1874~1952)가 편찬한《신내경新內徑》(1908)은 해부도는 물론 서양의 인체 해부학 지식과 함께 신경을 자세히 소개한 책이었다. 즉, 제17장 '신경계 해부편', 제18장 '신경계 생리 위생편'에는 해부도와 함께

신경에 대한 자세한 기술이 등장한다.[19]

아울러 일본 가나자와의과전문학교(金澤大學醫學部의 전신)에서
유학했던 탕이화湯爾和(1878~1940)는 신경을 비롯한 일본제 해부학
어휘를 사용하여 《해부학제강解剖學提綱》(1924)이라는 책을 편찬했
다. 이러한 영향 때문인지, 코스란과 노덕성魯德聲(1891~1974)이 공
동 편찬한 《의학사휘》 제6판(1930)은 '신경'을 마침내 nerve의 표준
번역어로 채택하게 된다. 그러나 이 《의학사휘》 제6판을 비롯하여
《의학사휘》 제11판(1953)에 이르기까지 nerve의 번역어로서 '뇌경'
은 여전히 신경과 함께 계속 등장했다.

구한말 한국의 사전들에서 nerve는
주로 '힘줄'로 번역되었다

조선 후기의 유학자 이익(1681~1763)이 쓴 《성호사설星湖僿說》의 〈서
국의西國醫〉에는 신경에 대한 소개가 등장한다. 그는 베이징에 와 있
던 예수회 선교사 아담 샬의 《주제군징》을 참고로 이 〈서국의〉를
썼는데, 그 안에서 아담 샬의 번역 용례에 따라 신경을 '근筋'으로 번
역해 놓았다.[20] '신경'이라는 일본제 번역어가 유입하기 전까지는
조선에서도 신경을 '근'이나 '힘줄', '맥脈'이라고 번역했다. 19세기
후반의 사전류를 살펴보면, 프랑스의 리델 주교가 1880년에 편찬
한 《한불ᄌ뎐》에는 '힘줄'을 nerf, tendon의 번역어로 쓰고, '맥'이
라고 설명했다. 미국인 선교사 언더우드가 1890년에 편찬한 《한영
ᄌ뎐》에도 nerve의 번역어로는 '힘줄'이 등장한다. 이듬해 영국인

외교관 제임스 스콧이 편찬한《영한ᄌ뎐》에도 nerve는 '힘줄, 힘'으로 번역되었다. 1897년 캐나다 선교사 제임스 게일의《한영ᄌ뎐》에는 '힘줄'이 근筋과 같은 말로 나오고, tendon, nerve의 번역어로 쓰였다. 신경과 근, 힘줄 사이에 명확한 구분은 아직 이루어지지 않았던 것 같다. 그런데 이 사전에서는 흥미롭게도 '신경腎經'이라는 어휘가 the nerves of the body의 번역어로 나오고 있다. 한의학에서는 뇌와 척수가 신腎, 즉 콩팥과 깊은 관계가 있다고 여겼기 때문에, nerve가 '신경神經'이 아니라 '신경腎經'으로 번역된 것으로 보인다. 신경쇠약neurasthenia이 한의학에서는 '심기증' 혹은 '신허腎虛, kidney depletion'로 명명된 것도 그런 이유와 관련이 있다. 선교사 게일이 1897년《한영ᄌ뎐》을 1911년에 증보 간행했을 때, 마찬가지로 힘줄은 근筋과 같고, tendon과 nerve의 번역어로 쓰였다. Tendon와 nerve가 같은 번역어를 취하고 있는 것으로부터 볼 때, 신경과 근, 힘줄의 구분이 여전히 명확히 이루어지지 못했음을 알 수 있다. 그런데 게일의 이 증보판에는 '신경'이라는 번역어는 나오지 않지만, '신경계'가 the nervous system의 번역어로 나오고, '신경통neuralgia, 신경학meurology' 등의 어휘가 등장하고 있다.

그러다가 1914년 존스의《영한ᄌ뎐》에 이르러 마침내 nerve가 '신경'으로, nerve disorder가 '신경병'으로, nerve system이 '신경계통'으로 번역되었다. 이후 1924년 게일의《삼천ᄌ뎐》이나 1925년 언더우드의《영선ᄌ뎐》등, 그리고 그 이후의 사전들에서는 nerve가 대부분 '신경'으로 번역되었음을 볼 수 있다.

'신경'이라는 어휘가 등장한
최초의 한국 문헌은《한성순보》

'신경'이라는 일본제 어휘가 국내 문헌에 등장한 것은 언제부터였을까?[21] 1884년 6월 23일자《한성순보》제25호에 실려 있는 일본 군의관 가이세 도시유키海瀨敏行의 의료사고 관련 기사가 아마도 최초가 아닌가 싶다. 당시 가이세는 13세 된 김팽경金彭庚이라는 여자아이를 치료하다가 마취제 과다투여라는 의료사고를 일으켰다. 화상으로 유착된 왼쪽 첫째 손가락을 절단하기 위해 마취제를 투입했다가 김팽경이 결국 사망하게 되는데, 기사에는 "그(김팽경)의 천부天賦가 허약하고 신경神經이 과민한 데다 약도 제대로 정량을 맞추지 못했던 소치"[22]였다고 나온다.

이후 1895년 8월 8일자 대한제국《관보》제132호 '내부령 제7호'에는 '순검채용규칙'이라는 것이 발표되었다. 이는 오늘날로 보자면 경찰직 지원 조건을 뜻한다. 이 규칙의 제3조 제5항에는 "정신이 완전한 자, 즉 정신병, 신경병, 우울증, 정신착란 및 무도병, 발작 등의 병이 없는 사람[精神이 完全흔 者ᄂ 卽 精神病, 神經病, 鬱憂, 癲狂及[舞蹈病, 癲癇等의 病이 無흔 者]"이면 순사의 자격요건을 갖춘다고 명시하고 있다.

서재필의《독립신문》1896년 12월 1일자 논설에도 '신경'이 나온다. 서재필은 외국에서는 의원이 되려면 일곱 해를 날마다 학교와 병원에서 수련한 뒤 대학 교관들 앞에서 시험을 치러 합격하고 나서야 의원이 되는 반면, 조선에서 의원이 되는 길은 주먹구구식이라고 비판했다. 그러면서 조선 의원은 "의원 공부홀 째에 죽은 사름을 히부 ㅎ나 ㅎ여 본 일이 업슨즉 엇지 각식 혈관과 신경과 오장 류부가 엇더케 노여시며 그것들이 다 무슴 직무를 ㅎᄂᆞ 거신지"[23] 모른 채 의원이 되니, 민간에 큰 화를 미칠 뿐이라고 꼬집고 있다.

이처럼 '신경'이라는 겐파쿠의 어휘는 19세기 말 조선의 신문이나 관보에 벌써 그 용례가 보이기 시작했다.

그러다가 이 어휘는 1900년대 초에 들어서 조선에서 본격적으로 확산된 듯하다. 일본에 국권을 빼앗길 위기에 처한 조선인들은 계몽적 성격의 잡지를 다수 발간했다. 특히 일본에 건너간 조선인 유학생들이 이 같은 잡지의 주요 필진으로 참여하면서 일본제 어휘들은 자연스럽게 조선에 유입되기 시작했다. 1906년 11월 24일 발간된 《태극학보》 제4호에 김영작이 쓴 글 〈학술상 관찰로 상업경제의 공황상태를 논함〉에서는 경제적 공황 상태에 대해 설명하면서 "공황은 신경병과 같아서 그 흥분할 때가 되면 나중에 해롭지 않은 완화제를 필요로 할지라[恐慌은 神經病과 如ㅎ야 其 興奮홀 時를 當ㅎ야ᄂᆞ 後來에 無害ᄒᆞᆫ 緩和劑를 要홀지라]"[24]라고 나온다. 또 《태극학보》 제19호(1908년 3월 24일)에 김수철이 쓴 〈가정교육법〉에는 "제9, 자극성의 식물은 위장의 질병, 신경과민의 원인이 되는 것이니 진실로 이는 금지해야 한다[第九, 刺激性의 食物은 胃腸의 疾病, 神經過敏의 病源이 되ᄂᆞᆫ 者니 진실노 此ᄂᆞᆫ 禁홀 바니라]"[25]라고 하여 '신경과민'이라는 어휘가 사용되었다. 1906~1910년 《보감寶鑑》 부록 〈휘집 3권〉에는 "그러나 신경병 든 사름뿐 아니라 속알이나 뎐한癲癇 Epilepsia이나 무도병舞蹈病, Chorea이나 신경쇠약神經衰弱, Neurasthenie이나 정신병精神病,

Morbus mentalis ㄱ혼 병이 드럿다가 나음을 밧은 이가 이백칠십二百七+명이라더라"[26]라고 나온다. '신경쇠약'이라는 어휘를 볼 수 있다.

이 밖에도《서우》,《호남학보》,《태서문예신보》,《기호흥학회월보》등 학술 잡지들에 서양의 의학, 위생학, 생리학 등을 소개하면서 일본제 어휘 '신경'은 한국 사회에 정착해 나갔다.

오늘날 '신경'을 비롯하여 우리가 사용하고 있는 근대 의학 어휘들의 대다수가 일본을 통해 한국에 정착했음을 알고 있다. 1931년 우리나라 학자들이 모여 만든 조선의학회는《조선의보朝鮮醫報》라는 학술지를 창간했는데, 이것은 조선인들이 발간한 최초의 서양의학 학술지였다.[27] 하지만 여기서 사용된 어휘들은 대부분 일본제 의학 어휘들이었다.

이런 상황에 대해 아무런 문제의식이 없었던 것은 아니다. 의학 어휘들에 대한 정비가 본격적으로 시작된 것은 1945년 해방 이후였다. 의학 관련 학회들이 만들어지면서 의학 어휘의 정비가 마침내 시작된 것이다. 가장 먼저 학술어 제정 활동을 시작한 것은 1949년 7월에 설립된 안과학회였지만, 곧 한국 전쟁이 발발하면서 관련 논의는 진전을 보지 못했다. 매우 늦었다고 생각할 수도 있지만, 1970년대에 이르러 한국어 의학 용어의 제정이 다시 본격적으로 시작되었다. 1976년 대한의학협회에 의학용어제정심의위원회가 설치되었고, 의학 용어들의 정리와 통일을 시도한 결과 이듬해 약 2만 개의 어휘를 수록한《의학 용어집》(제1집)이 발간되었다. 1978년에는 한국과학기술단체총연합회의 과학기술용어제정심의위원회에서 약 13만 3,000개의 어휘를 담은《과학기술용어집》(제2

집 의학 편)을 출간했다. 이후《의학 용어집》의 증보 간행이 계속 이루어지면서 한국어 의학 어휘는 마침내 오늘날과 같은 모습을 갖추게 된 것이다.

맺음말

근대 과학 어휘의 형성에 관한 연구는 아직 초기 단계에 머물러 있다. 이 같은 연구의 부족은 단순히 학문적 인력의 문제를 넘어, 한국의 근대 어휘의 상당수가 일본을 통해 유입되었고, 일본 또한 서양 어휘를 번역하여 자체적인 체계를 구축했다는, 다층적인 번역사를 탐구해야 한다는 어려움에서 기인한다. 이는 단순한 언어의 전파가 아니라, 사유와 철학의 이동과 변화를 함께 읽어야 하는 복합적인 작업이다.

따라서 근대 어휘의 연구는 그 자체로 단순히 기원과 전파를 밝히는 데 그치지 않는다. 어휘의 번역사를 살펴보는 것은 근대 사회와 학문 속에서 우리의 사유의 틀이 잉태되는 과정을 반추하는 작업이다. 특히 한국 근대 어휘의 뿌리가 일본, 더 나아가 서양에 맞닿아 있다는 사실은 우리 근대인의 사유의 틀을 새로운 맥락에서 되돌아봄으로써 근대학문의 특수성과 보편성을 발견하는 작업일 것이다.

이 책은 내가 오랫동안 품어온 관심과 문제의식을 담은 결실이다. 비록 많은 근대 과학 어휘들 중 17개의 어휘를 중심으로 논의를 전개했지만, 이를 통해 독자 여러분께서도 근대적 어휘와 사유 틀의 형성에 대해 새로운 이해를 얻으실 수 있기를 바라마지 않는다.

김 성 근

주석

01 과학 科學 / Science

1 *The Exford English Dictionary* 14(second edition), prepared by J. A. Simpson and E. S. C. Weiner, Oxford: Clarendon Press, 1989, p. 648.

2 "science," Merriam-Webster Online Dictionary. Merriam-Webster, Inc. Archived from the original on September 1, 2019, Retrieved February 8, 2024.

3 野家啓一, 《科学哲学への招待》, 東京: 筑摩書房, 2020, 20쪽.

4 휴얼은 1840년에 쓴 《귀납적 과학철학The Philosophy of the Inductive Sciences》에서도 그 내용을 자세히 소개하고 있다. William Whewell, *The Philosophy of the Inductive Sciences: Founded Upon Their History*, London, 1840, p. cxiii 참조.

5 *Oxford Learners's Dictionaries*에서도 단수형으로서의 science와 복수형으로서의 sciences를 구분했는데, 전자는 '특별한 방법론'을 갖춘 지식 체계로서의 과학을, 후자는 '분과학문'으로서의 과학을 뜻한다.

6 田野村忠温, 〈「科学」の語史: 漸次的・段階的変貌と普及の様相〉, 《大阪大学大学院文学研究科紀要》第56巻, 2016, 123~181쪽.

7 周程, 〈「科学」の中日源流考〉, 《思想》 No. 1046, 東京: 岩波書店, 2011, 112~136쪽.

8 '난학蘭學'이란 에도 시대 네덜란드어를 통해 일본에 수입된 서양 학문을 총칭하는 말이고, '난학자'란 그 학문에 종사하는 사람을 일컫는다. 난학자로 유명한 오쓰키

겐타쿠大槻玄沢(1757~1827)는 "난학이란 화란和蘭의 학문으로, 네덜란드의 학문을 하는 것이다"라고 말했지만, 사실 그 학문적 범위는 서양 학문 전체에 미치는 것이 었다.

9 "人身窮理ハ醫家ノ一科學ニシテ, 人ノ解シ難ク譯シ難クトスル所ナリ", 高野長英全集刊行會 編,《高野長英全集》第1卷, 東京: 第一書房, 1978, 7쪽.

10 "語学ヲ敎へ往往洋人ニロ伝シテ科学ニ涉ラシメントス", 井上毅伝記編纂委員会 編,《井上毅伝 · 史料篇第一》, 東京: 國學院大學圖書館, 1966, 1쪽.

11 中山茂,《帝國大學の誕生》, 東京: 中央公論社, 1978, 45쪽.

12 이에 대해서는 김성근, 〈일본의 메이지 사상계와 과학이라는 용어의 성립 과정〉,《한국과학사학회지》25(2), 한국과학사학회, 2003, 131~146쪽 참조.

13 西周,《西周全集》卷1, 東京: 宗高書房, 1960, 451쪽.

14 西周,《西周全集》卷4, 東京: 宗高書房, 1981, 313쪽.

15 西周,《西周全集》卷1, 460~461쪽.

16 西周,《西周全集》卷1, 461쪽.

17 周程,〈福沢諭吉の科学概念: "究理学" "物理学" "数理学"を中心にして〉, 日本科学史学会編集,《科学史研究》38(211), 日本科学史学会, 1999, 154~164쪽.

18 飛田良文,《明治生まれの日本語》, 京都: 淡交社, 2002, 206쪽.

19 田邊元,《科学概論》, 東京: 岩波書店, 1918.

20 鈴木修次,《日本漢語と中國》, 東京: 中央公論社, 1981, 85~94쪽.

21 '과학'이라는 어휘의 한국 수용에 대해서는 다음 논문에 자세하다. 金成根,〈'科学'という日本語語彙の朝鮮への伝来〉,《思想》 No.1046, 東京: 岩波書店, 2011, 137~157쪽. 이 논문은 〈'科學'이라는 일본어 어휘의 조선 전래〉,《문학과 과학 1: 자연 · 문명 · 전쟁》, 소명출판, 2013, 423~457쪽에 번역 수록되었다.

22 俞吉濬 지음, 李漢燮 편저,《西遊見聞》, 박이정, 2000, 530쪽.

23 李寶鏡,〈日本에 在호 我韓留學生을 論홈〉, 韓國學文獻研究所 編,《大韓興學報》第12號, 韓國開化期學術誌 21, 亞細亞文化社, 1978, 430~434쪽.

24 張膺震,〈科學論〉, 韓國學文獻研究所 編,《太極學報》第5號, 韓國開化期學術誌 13, 亞細亞文化社, 1978, 292쪽.

25 崔南善 編,《少年》第1年 第2卷, 文陽社, 1969, 66쪽.

26 《皇城新聞》第19卷, 景仁文化史, 1981, 438쪽.

27 崔南善 編,《靑春》第1號, 文陽社, 1970, 76~78쪽.

1 Gerard Naddaf, *The Greek Concept of Nature*, New York: State University of New York Press, 2005, p. 12.

2 R. G. Collingwood, *The Idea of Nature*, Oxford: Oxford University press, 1945, p. 44.

3 Aristotle, *Phisics I*, Great Books of the Western World Vol. 8, Robert Maynard Hutchins, ed., Encyclopedia Britannica INC., 1952, p. 268.
    번역본: 아리스토텔레스, 임두원 역주, 《아리스토텔레스의 자연학 읽기》, 부크크, 2020, 97쪽.

4 Errol E. Harris, "Science and Nature," George F. Mclean eds., *Man and Nature*, Oxford: Oxford University Press, 1978, p. 26.

5 *Bacon's Novum Organum*, edited with Introduction, Notes, etc., by Thomas Fowler, Oxford: the Clarendon Press, 1878, p. 188.

6 Fransis Bacon, *The Advancement of Learning*, edited by William Aldis Wright, Oxford: the Clarendon Press, 1891, p. 10.

7 Rene Descartes, *The World and other Writings*, translated and edited by Stephen Gaukroger, Cambridge University Press, 1998, p. 25.

8 중국과학사 연구자 조지프 니덤도 마지막 문장인 "道도는 자신을 따라 운동한다"를 "The Tao came into being by itself"라고 영역했다. Joseph Needham, *Science and Civilisation in China*, Vol. 2, Cambridge: Cambridge University Press, 1956, p. 50.

9 네 곳의 용례는 다음과 같다. "功成事遂, 百姓皆謂我自然"(17장), "希言自然"(23장), "夫莫之命而常自然"(51장), "以輔萬物之自然而不敢為"(64장).

10 오비小尾는 위진남북조魏晉南北朝 시대의 문학에 나타난 자연自然 개념과 자연관을 조사했다. 小尾郊一, 《中國文學に現われた自然と自然觀》, 東京: 岩波書店, 1962. 마쓰모토松本는 주로 노장사상을 중심으로 자연사상의 전개를 추적했다. 松本雅明, 《中國古代における自然思想の展開》, 松本雅明博士還曆記念出版會, 1973. 이 밖에도 內山俊彦, 《古代中國思想史における自然認識》, 東京: 創文社, 1987; 笠原仲二, 《中國人の自然觀と美意識》, 東京: 創文社, 1982; 鈴木喜一, 《東洋における自然の思想》, 東京: 創文社, 1992 등을 참조.

11 大野晋, 《日本語の年輪》, 東京: 有紀書房, 1961, 11~13쪽. '고유의 일본어'란 일본에 한자어와 외래어가 전해지기 이전에 존재했던 순수한 일본어, 이른바 '야마토 고토바大和言葉'를 일컫는다.

12 寺尾五郎,《「自然」概念の形成史: 中國・日本・ヨーロッパ》, 東京: 農文協, 2002, 141쪽.

13 三枝博音,〈自然という呼び名の歴史〉,《三枝博音著作集》第12卷, 東京: 中央公論社, 1973, 321~339쪽.

14 稲村三拍 編,《波留麻和解》第4卷, 東京: ゆまに書房, 1997, 416~417쪽.

15 "我を除けば悉皆外物なり", 志筑忠雄,《曆象新書》,《文明源流叢書》第2卷, 東京: 國書刊行會, 1914, 111쪽. 시즈키의《曆象新書》는 1914년 國書刊行會가 펴낸《文明源流叢書》第2卷, 101~255쪽에 영인되었다. 이후 三枝博音 編,《日本哲學全書》9, 東京: 第一書房, 1936과《日本哲學思想全書》6, 東京: 平凡社, 1980에도 영인되었다. 본고에서는 國書刊行會 영인본을 사용했다.

16 "凡そ物, 覆載の間に散在して我が五官に觸覺する者, 之れを納都烏爾と謂ふ. 萬有の義なり", 廣瀬元恭,《理學提要》, 三枝博音 編,《日本科學古典全書》第六卷, 東京: 朝日新聞社, 1942, 363쪽.

17 "神理學ノ地位ニテハ, 人皆萬有ヲ以テ, 理外ノ者アリテ, 之ヲ生造スル者ナリトシ, 而〆其森羅萬象ノ, 錯出紛起スルハ, 皆理外ノ者ノ, 製造スル所ナリト謂ヘリ, 故ニ, 此天地ハ, 理外ノ體アリテ, 其生々化々々運ラシ", 西周,《西周全集》卷1, 東京: 宗高書房, 1960, 49쪽.

18 慶應義塾 編,《福澤諭吉全集》第1卷, 東京: 岩波書店, 1959, 229쪽.

19 이에 대해서는 김성근,〈동아시아에서 '자연nature'이라는 근대어휘의 탄생과 정착: 일본과 한국의 사전류를 중심으로〉,《한국과학사학회지》32(2), 한국과학사학회, 2010, 259~289쪽 참조.

20 佐藤喜代治 編,《語誌Ⅱ》第10卷, 東京: 明治書院, 1983, 180쪽.

21 柳父章,《飜譯の思想: 自然とnature》, 東京: 平凡社, 1977, 75쪽.

22 寺尾五郎,《「自然」概念の形成史: 中國・日本・ヨーロッパ》, 166쪽.

23 사이구사는 가이바라 에키켄貝原益軒(1630~1714)의 경우, '천지'만으로 인간을 둘러싼 인간 이외의 것을 표현하기 부족할 때, '만물'이라는 용어를 함께 사용했다고 한다. 三枝博音,〈自然という呼び名の歴史〉,《三枝博音著作集》第12卷, 325쪽.

24 金富軾,《三國史記原文》, 靑化, 1985, 184쪽.

25 세종대왕기념사업회 발행,《태조강헌대왕실록》, 1972, 16쪽.

26 崔漢綺,《推測錄》卷2, 增補明南樓叢書(一), 成均館大學校大東文化研究院, 2002, 134쪽.

27 俞吉濬 지음, 李漢燮 편저,《西遊見聞》, 박이정, 2000, 384쪽. 이 밖에 각 어휘에 대한 용례는 이한섭 외,《西遊見聞 語彙索引》, 박이정, 2000을 참조했다.

28 이 교과서들은 한국학문헌연구소에서 영인한《韓國開化期教科書叢書》(亞細亞文化社, 1977)의 제1권에 실려 있다.

29 金晚圭, 〈農者는 百業의 根本〉, 韓國學文獻硏究所 編, 《太極學報》第5號, 韓國開化期學術誌 13, 亞細亞文化社, 1978, 316쪽.

30 예를 들어, 《太極學報》 제3호(1906년 10월)에 유전劉銓이 쓴 〈人格의 發達〉에는 '객관적 자연계'라는 용어가 보인다(169쪽). 또 제5호(0906년 12월)에 김지간金志侃의 〈歲暮所感〉이라는 글에는 '자연계'라는 용어가 나온다(324쪽).

31 伊藤篤太郞, 〈博物學雜誌ノ發刊ヲ祝ス〉, 日本科學史學會 編, 《日本科學技術史大系》 15卷, 1965, 118쪽.

32 加藤玄智, 《宗敎之將來》, 京都: 法藏館, 1901, 212~213쪽.

33 桑木嚴翼 述, 《ジーベルト氏最近獨逸哲學史》, 東京: 東京專門學校出版部, 1901, 92쪽.

34 井上哲次郞, 《異軒講話集》初編, 東京: 博文館, 1903, 138쪽; 棚橋源太郞, 《文部省講習會 理科敎授法講義》, 東京: 寶文館, 1903, 1쪽.

35 張膺震, 〈科學論〉, 韓國學文獻硏究所 編, 《太極學報》第5號, 韓國開化期學術誌 13, 亞細亞文化社, 1978, 292쪽.

03 철학 哲學 / Philosophy

1 조모란 지음, 장경렬 옮김, 《학제적 학문 연구》, 서울대학교 출판문화연구원, 2014, 14쪽.

2 西周, 《西周全集》卷1, 東京: 宗高書房, 1960, 13~14쪽.

3 단, 아소麻生는 '希哲學'이 니시와 쓰다의 공동 조어라고 보았다. 麻生義輝, 《近世日本哲學史》, 東京: 近藤書店, 1942, 46~47쪽.

4 宮川透, 《近代日本の哲學》, 東京: 勁草書房, 1962, 30쪽.

5 "東土謂之儒, 西洲謂之斐盧蘇比, 皆明天道而立人極, 其實一也", 西周, 《西周全集》卷1, 19쪽.

6 "孛士氏非士誤(ポスティビズム), 據證確實, 辯論明哲, 將有大補乎後學, 是我亞細亞之所未見", 같은 책, 19쪽.

7 "徵諸東土…文運未旺, 日新惟乏", 같은 책, 19쪽.

8 《百一新論》은 니시가 1868년 메이지 유신 직전에 교토에서 행한 강의록으로, 실제 출판된 것은 1874년이지만, 그 집필 시기는 대략 1865~1866년경으로 알려져 있다. 麻生義輝, 《近世日本哲學史》, 110쪽.

9 西周, 《西周全集》卷1, 237쪽.

10 같은 책, 277쪽.

11 같은 책, 289쪽.

12 西周,《西周全集》卷4, 東京: 宗高書房, 1981, 380쪽.

13 사이토는 에도 시대부터 메이지 시대에 이르기까지 일본의 문헌에 나타난 philosophy 의 다양한 번역어들을 도표로 정리했다. 齋藤毅,《明治のことば: 東から西への架け 橋》, 東京: 講談社, 1977, 313~368쪽 참조.

14 西周,《西周全集》卷1, 31쪽.

15 전문은 다음과 같다. "聖希天, 賢希聖, 士希賢", 즉 "성인은 하늘과 같아지기를 바라 고, 현인은 성인과 같아지기를 바라고, 선비는 현인과 같아지기를 바란다"라는 뜻 이다.

16 中江兆民,《中江兆民全集》卷7, 東京: 岩波書店, 1984, 13쪽.

17 초민의 한학漢學 옹호론에 대해서는 마쓰나가松永의 연구에 자세하다. 松永昌三,《中 江兆民評傳》, 東京: 岩波書店, 1993; 같은 저자,《福澤諭吉と中江兆民》, 東京: 中央公論 新社, 2001.

18 井上円了,《心理學》, 東京: 通信講學會, 1886, 19쪽.

19 井上円了,《円了隨筆》, 東京: 哲學館, 1901, 413~414쪽.

20 西村茂樹,〈自識錄〉,《西村茂樹全集》卷1, 東京: 日本弘道會編纂, 1976, 621쪽.

21 西村茂樹,〈大學ノ中ニ聖學ノ一科ヲ設クベキ說〉, 같은 책, 358쪽.

22 彌爾著·中村敬太郎,《自由之理》5卷 2上, 東京: 同人社, 1872, 8~9쪽. 원문의 Newtonian Philosophy를 나카무라는 '牛董派ノ理學'으로 번역했다.

23 中村正直,〈漢學不可廢論〉, 大久保利謙 編,《明治啓蒙思想集》, 明治文學全集 3, 東京: 筑摩書房, 1945, 325쪽.

24 三宅雄二郞,〈哲學ノ範圍ヲ弁ス〉,《哲學會雜誌》第1冊 第1号, 1887, 13~14쪽.

25 東京大学法理文学部 編,《東京大學 法理文學部 第六年報》, 東京: 東京大學, 1878, 3쪽.

26 福澤諭吉,〈文學會員に告ぐ〉,《福澤諭吉全集》第20卷, 東京: 岩波書店, 1963, 270쪽.

27 《漢城週報: 1886-1888》第101號(1888년 2월 6일자), 寬勳클럽信永연구기금, 2011, 140쪽; 김재연,〈『한성순보』,『한성주보』,『서유견문』에 나타난 '철학' 개념에 대한 연구: 동아시아적 맥락에서〉,《개념과 소통》9호, 2012, 167쪽.

28 兪吉濬 지음, 李漢燮 편저,《西遊見聞》, 박이정, 2000, 351쪽.

29 같은 책, 329쪽.

30 같은 책, 350쪽.

31 같은 책, 331쪽.

32 李漢燮 외,《西遊見聞 語彙索引》, 박이정, 2000, 93쪽.

33 유길준의 '궁리학' 개념은 후쿠자와가 그것을 자연철학natural philosophy의 개념으로

사용한 것과 유사한 측면이 있다. 후쿠자와는 1868년 G. P. Quackenbos(1826~1881)의 *A Natural Philosophy*를 《궁리전서窮理全書》라는 제목으로 번역했다.

34 張膺震, 〈科學論〉, 韓國學文獻研究所 編, 《太極學報》第5號, 韓國開化期學術誌 13, 亞細亞文化社, 1978, 292쪽.

35 李昌煥, 〈哲學과 科學의 範圍〉, 韓國學文獻研究所 編, 《大韓學會月報》第5號(1908년 6월), 韓國開化期學術誌 18, 亞細亞文化社, 1978, 302~304쪽.

36 《皇城新聞》第20卷, 景仁文化史, 1981, 70쪽.

37 이광린은 구한말 구학과 신학 사이의 논쟁을 세 단계로 구분했다. 첫째, 신학의 구학에 대한 공격, 둘째, 구학의 반론, 셋째, 절속안의 제시 등이다. 본 장에서는 그의 논문을 주로 참조했다. 李光麟, 〈舊韓末 新學과 舊學과의 論爭〉, 《韓國儒學思想論文選集》第36號, 1993, 283~298쪽.

38 呂炳鉉, 〈新學問의 不可不修〉, 韓國學文獻研究所 編, 《大韓協會會報》第8號(1908년 11월), 韓國開化期學術誌 18, 亞細亞文化社, 1976, 93~94쪽.

39 金源極, 〈教育方必隨其國程度〉, 韓國學文獻研究所 編, 《西北學會月報》第1號(1908년 6월), 韓國開化期學術誌 7, 亞細亞文化社, 1976, 7~9쪽.

40 金甲淳, 〈腐儒〉, 韓國學文獻研究所 編, 《大韓協會會報》第4號(1908년 7월), 韓國開化期學術誌 3, 亞細亞文化社, 1976, 235~239쪽.

41 "哲學實有三一曰論理學二曰形而上學三曰倫理學比龍少飛阿者原爲希臘言謂好叡智也謂好叡智之人今譯之謂哲學乃研究森羅萬象之法理尋釋事物之原理及存在也若夫科學卽不過研究萬象中之一理以尋其實用百科之學亦安有不基於哲學者耶", 李寅梓, 〈哲學定義〉, 《省窩集 附哲學攷辨》, 韓國學文獻研究所 編, 亞細亞文化社, 1980, 385~386쪽.

42 "則其源流, 皆從哲學中來, 因姑閣政治, 先辯哲學, 而才鈍識魯, 無以會其歸趣, 惟哲學與吾道相近, 就中亞氏學說, 尤多相合處", 李寅梓, 〈上俛宇先生〉, 같은 책, 161~162쪽.

43 "近日百科之說, 於利用上, 似有可採, 而但本領不是, 雖一時震耀宇宙, 而其末流之弊, 將有不可勝言者", 李寅梓, 〈答陳夏卿〉, 같은 책, 208~209쪽.

44 "其爲學, 不本於天理人倫之正, 而惟推測於氣機之化, 究達乎功利之私而已, 由此不已則極其術之至精且深, 而人之爲鬼魅爲禽獸者, 益精且深矣, 天下其將何爲也", 李寅梓, 〈書哲學攷辯後〉, 같은 책, 386쪽.

45 金甲淳, 〈腐儒〉, 《大韓協會會報》第4號, 236쪽.

46 金源極, 〈因海山朴先生仍舊就新論告我儒林同志〉, 《西北學會月報》第18號(1909년 12월), 亞細亞文化社, 1976, 314쪽.

47 謙谷生, 〈儒教求新論〉, 《西北學會月報》第10號(1909년 3월), 亞細亞文化社, 1976, 173쪽.

48 물론, 이 같은 철학=물질적 학문이라는 인식은 조선보다 일찍 철학을 수용했던 일본인들도 공유한 것이었다. 마루야마 마사오는 19세기 이후 니시가 받아들인 철학은 콩트의 실증주의, 밀의 공리주의 등이었으며, 그것은 서구에서도 헤겔의 관념철학이 붕괴한 후에 도래한 경험적=현실적 철학에 다름 아니었다고 지적했다. 丸山眞男, 〈麻生義輝《近世日本哲学史》(昭和十七年)を読む: 日本哲学はいかに「欧化」されたか〉, 《戦中と戦後の間》, 東京: みすず書房, 1976, 116쪽. 따라서 메이지 일본인들이 철학을 물질적 학문으로 이해할 수밖에 없었던 것에는 그 같은 철학 수용의 시대적 배경이 영향을 미쳤다고 해도 무리는 아니다.

49 이병헌, 《이병헌 전집》上, 亞細亞文化社, 1992. 217~248쪽.

50 송기식, 《儒敎維新論》, 대구: 신흥인쇄소, 1998; 한관일, 〈송기식의 『유교유신론』에 관한 연구〉, 《한국사상과 문화》 제41호, 한국사상문화학회, 2008, 197~225쪽.

04 주관-객관 主觀 · 客觀 / Subject - Object

1 국립국어연구원, 《표준국어대사전》 상 ㄱ~ㅁ, 두산동아, 1999, 217쪽.

2 예를 들어, 아리스토텔레스 저, 김진성 역주, 《형이상학》, 서울: 이제이북스, 2007, 43쪽 참조.

3 石塚正英, 《哲学 · 思想翻訳事典》, 東京: 論創社, 2003, 147쪽.

4 惣郷正明 · 飛田良文 編, 《明治のことば辞典》, 東京: 東京堂出版, 1986, 108쪽.

5 李貞和는 '주관'과 '객관'은 19세기 무렵 일본에 서양의 논리학, 철학, 심리학 등 사회과학 분야의 학문이 번역 소개되면서 만들어진 어휘라고 지적했다. 李貞和, 〈訳語としての「主観」と「客観」の成立について―「此観」「彼観」との係わりを中心として〉, 《甲南国文》 43, 甲南女子短期大学国語国文学会, 1996, 227~241쪽.

6 조지프 해븐Joseph Haven(1816~1874)이 집필한 *Mental Philosophy: Including Intellect Sensibilities, and Will*(1857)을 번역한 것이다.

7 Joseph Haven 지음, 西周訳, 《奚般氏心理学》, 文部省印行, 1878. 〈心理学翻訳凡例〉 참조. 단, 여기에는 엄밀한 의미에서 오류가 있다. 예를 들어, '理性'은 이미 중국의 고전 《後漢書》, 《小學》 등에 보이는 한자어이다. 물론, 니시가 사용한 '理性'은 reason의 번역어였다는 점에서 개념적으로는 양자 사이에 큰 차이가 있다. 森岡健二, 《近代語の成立―明治期語彙編》, 東京: 明治書院, 1969, 173쪽 참조. 니시의 번역서 《奚般氏心理学》은 1875년에 상권, 중권이 간행되었고, 이듬해 하권이 간행되었다. 이 책은 1878년(메이지 11) 상 · 하권 개정판으로 재차 출간되었다.

8 西周,《西周全集》卷4, 東京: 宗高書房, 1981, 147쪽.

9 西周,《西周全集》卷1, 東京: 宗高書房, 1960, 39~40쪽.

10 西周,《西周全集》卷4, 180쪽.

11 동아시아 특히 중국과 일본에서 God의 번역어를 둘러싼 역사적 논쟁은 야나부 아키라에 의해 잘 정리되어 있다. 柳父章,《「ゴッド」は神か上帝か》, 東京: 岩波書店, 2001.

12 물론, 니시는 같은 해 간행한 《致知啓蒙》에서는 subjective view를 '차관'으로, objective view를 '피관'으로 번역했다. 따라서 이 시기는 두 가지 번역어가 공존했던 번역상의 과도기라고 볼 수 있다.

13 니시는 이것들이 영국인 철학자 존 로크John Locke의 정의에 따른 것임을 밝히고 있다. 예를 들어 니시는 재才에 대해 다음처럼 쓰고 있다. "skill, 즉 재才는 Familiar knowledge of any art or science united with readiness and dexterity in execution." 이 내용은 니시의 《百學連環》에 등장한다. 西周,《西周全集》卷4, 33쪽.

14 西周,《西周全集》卷1, 452~453쪽.

15 같은 책, 289쪽.

16 니시 철학에서 성리학적 '리'의 분리, 그리고 '물리'와 '심리'의 발견 등에 대해서는 다음 두 논문에 자세하다. Kim Sungkhun, "How physical laws were understood in mid-19th century East Asia: a comparative study of Choe Han-gi and Nishi Amane," *Historia Scientiarum* Vol. 20. No. 1, Tokyo: The History of Science of Japan, 2010, pp. 1~20; 김성근, 〈니시 아마네西周에 있어서 '理' 관념의 전회와 그 인간학적 취약성〉, 《大東文化研究》 73, 성균관대학교 대동문화연구원, 2011, 203~229쪽.

17 西周,《西周全集》卷1, 37쪽.

18 이 같은 콩트의 학문 방법론은 콩트 자신이 신봉했던 골상학, 즉 두뇌의 해부를 통해 인간 심리를 파악하려는 의학적 사상의 기반이 되었다.

19 西周,《西周全集》卷1, 64쪽.

20 같은 책, 65쪽.

21 같은 책, 167쪽.

22 고이즈미는 그 이유로 콩트를 소개한 루이스의 책 안에서 니시가 생리와 성리의 연결에 관한 답을 발견하지 못했던 점, 아울러 루이스가 쓴 콩트의 과학철학 안에서 니시가 콩트에 대한 밀의 비판에 공감했던 점 등을 들고 있다. 小泉仰,《西周と欧米思想との出会い》, 東京: 三嶺書房, 1989, 103쪽.

23 여기서 말하는 倍因氏는 스코틀랜드의 철학자 알렉산더 베인Alexander Bain(1818~1903)을 가리키는 것으로, 그의 심리학 연구는 메이지 시대의 심리학 형성에 큰 영

향을 미쳤다.

24 麻生繁雄 編·井上哲次郎 校閱, 《倍因氏心理新說釋義》, 東京: 同盟舍, 1883, 12쪽.

25 같은 책, 29쪽.

26 竹越与三郎, 《獨逸哲學英華》, 東京: 報告堂, 1884, 14쪽.

27 Alexander Bain 지음, 矢島錦帳 譯, 《倍因氏心理學》, 1886, 1쪽.

28 井上円了, 《哲學要領》, 東京: 哲學書院, 1886, 5~6쪽.

29 井上円了, 《純正哲学講義》, 東京: 哲学館, 1894, 4~7쪽.

30 小坂国継, 《西洋の哲学·東洋の哲学》, 東京: 講談社, 2008, 114쪽.

31 佐々木力, 《科学技術と現代政治》, 東京: ちくま書店, 2000, 58~63쪽.

32 蓮實重彦·山内昌之 編, 《文明の衝突か共存か》, 東京: 東京大学出版部, 1995, 38쪽.

33 山室信一, 〈日本学問の持続と転回〉, 《学問と知識人》, 東京: 岩波書店, 1988, 487쪽.

34 加藤弘之, 《人権新説》, 東京: 山城屋佐兵衛, 1882, 2쪽.

35 井上円了, 《純正哲学講義》, 112쪽. 336쪽.

36 松本孝次郎, 《新編心理学》, 成美堂, 1902. 78쪽.

37 瀬戸明, 《物心一元論とはなにか》, 東京: 桐書房, 2012, 18쪽.

38 韓國監理教會史學會, 《신학월보》 2, 1988, 182쪽.

39 張膺震, 〈科學論〉, 韓國學文獻硏究所 編, 《太極學報》 第5號, 韓國開化期學術誌 13, 亞細亞文化社, 1978, 294쪽.

40 蔡基斗, 〈法의 本質을 論홈〉, 韓國學文獻硏究所 編, 《大韓學會月報》 第1號, 韓國開化期學術誌 16, 亞細亞文化社, 1978, 56~57쪽.

41 學海主人, 〈哲學初步〉, 韓國學文獻硏究所 編, 《太極學報》 第21號, 韓國開化期學術誌 16, 亞細亞文化社, 1978, 48~49쪽.

42 한림과학원 편, 《한국근대신어사전》, 선인, 2010, 309쪽.

05 물리학 物理學 / Physics

1 伊藤俊太郎, 《自然》, 東京: 三省堂, 1999, 9쪽.

2 Scientist라는 어휘를 처음 만든 윌리엄 휴얼은 1840년 《귀납적 과학철학The Philosophy of the Inductive Sciences》에서 physicist, 즉 '물리학자'라는 어휘를 처음 사용했다.

3 李錫浩 옮김, 《淮南子》 第6卷, 〈覽冥訓〉, 세계사, 1992, 142쪽.

4 주희는 《大學章句》 곳곳에서 '物理', '格物', '物格' 등의 어휘를 사용했다. 예를 들어,

경문 1장 5절의 집주 등 참조.

5 시즈키는 옥스퍼드 대학 천문학 교수였던 존 케일John Keill(1671~1721)이 쓴 라틴
  어판 《진실의 물리학 입문Introductio ad veram Physicam》(1701)과 《진실의 천문학 입
  문Introductio ad veram Astronomiam》(1718)의 네덜란드어 번역본 *Inleidinge tot de
  waare Natuur en Sterrekunde*(Leiden, 1741)를 일본어로 역술하여, 《기아전서奇兒
  全書》 총 6권으로 출간했다. 이때 《구력법론》은 《기아전서》 제6권의 부록 1 〈인력
  의 법칙 및 다른 물리학의 원리에 대해Over de Wetten der Aantrekkinge, en andere
  Grondbeginsels der Natuurkunde〉, pp. 615~628에 해당한다.

6 中山茂・吉田忠 校注, 日本思想大系, 《洋学》 下, 東京: 岩波書店, 1972, 45쪽.

7 中山茂 編, 《幕末の洋學》, 京都: ミネルヴァ書房, 1984, 149쪽.

8 帆足萬里, 〈窮理通〉, 《日本科學古典全書》第1卷, 東京: 朝日新聞社, 1978, 134~136쪽.

9 宇田川榕庵, 〈植學啓原〉, 《日本科學古典全書》第8卷, 東京: 朝日新聞社, 1978, 479쪽.

10 永田守男, 《福澤諭吉の「サイアンス」》, 東京: 慶應義塾大學出版会, 2003, 58쪽; 周程,
   《福澤諭吉と陳獨秀》, 東京: 東京大學出版會, 2010, 137쪽.

11 이에 대해서는 明治文化研究会 編, 《明治文化全集》第27卷, 東京: 日本評論社, 1967,
   514~515쪽 참조.

12 青地林宗, 《気海観瀾》, 《日本科学古典全書》第6卷, 東京: 朝日新聞社, 1978, 12쪽; 김
   성근, 〈일본의 난학과 뉴턴적 물질관의 수용: 物(matter) 개념의 번역을 중심으로〉,
   《동서철학연구》 74, 한국동서철학회, 2014, 216쪽.

13 日本科学史学会 編, 《日本科学技術史大系》第1卷, 東京: 第一法規出版, 1964, 531쪽.

14 이에 대해서는 다음 논문에 자세히 기술되어 있다. Kim Sungkhun, How Physical
   Laws Were Understood in Mid-19th Century East Asia : A Comparative Study of
   Choe Han-gi and Nishi Amane," *Historia Scientiarum*, 20(1), The History of
   Science Society of Japan, Tokyo, 2010. pp. 1~20.

15 에도 시대 말기의 物理 개념에 대해서는 다음을 참조. 三枝博音, 〈《物理》の概念の
   歷史的彷徨に就いて〉, 林達夫 等編, 《三枝博音著作集》卷11, 東京: 中央公論社, 1973,
   33~40쪽.

16 貝原益軒, 《大和本草》, 春陽堂, 1932, 〈大倭本艸自序〉 참조.

17 丸山真男, 《日本政治思想史研究》, 東京: 東京大学出版会, 2004의 제2장 〈近世日本政
   治思想における「自然」と「作為」―制度観の対立としての〉 참조.

18 그것은 〈소라이학에 대한 지향을 선언한 문〉이라는 니시의 글에 남아 있다. 西周,
   〈徂來學に對する志向を述べた文〉, 《西周全集》卷1, 3~6쪽.

19 쓰지 데쓰오辻哲夫는 니시의 '物理' 개념에서 물리현상과 생물현상의 법칙성에 대한

차이가 거의 인지되지 않았다는 점에서 그의 자연법칙관이 여전히 일본의 전통적인 생명체의 논리에 가까웠다고 지적했다. 辻哲夫, 《日本の科學思想》, 東京: 中央公論社, 1973, 109~110쪽.

20 西周, 《西周全集》卷4, 東京: 宗高書房, 1981, 35쪽.

21 같은 책, 260쪽.

22 같은 책, 261쪽.

23 같은 책, 261쪽.

24 같은 책, 261쪽.

25 야마모토 요시타카 지음, 서의동 옮김, 《일본과학기술총력전》, AK커뮤니케이션즈, 2019, 19쪽에서 재인용.

26 東京大學百年史編纂委員會 刊, 《東京大學百年史: 通史1》, 東京: 東京大學出版會, 1984, 139쪽.

27 杉本つとむ, 《蘭学と日本語》, 東京: 八坂書房, 2013, 204쪽.

28 日本物理學會 編, 《日本の物理学史》上, 東京: 東海大学出版会, 1978, 80쪽.

29 菊地大麓, 〈學術上ノ譯語ヲ一定スル論〉, 東洋學藝社 刊, 《東洋學藝雜誌》 第8號, 1885, 154쪽.

30 日本科学史学会 編, 《日本科學技術史大系》第1卷, 東京: 第一法規出版, 1964. 第13章 〈学術用語の統一〉 참조.

31 東洋學藝社 刊, 《東洋學藝雜誌》第21號(明治 16年 6月 25日), 雜報 참조.

32 物理學譯語會 編, 《物理學術語和英佛獨對譯字書》, 東京: 博聞社, 1888. 〈物理學譯語辭書序〉 참조.

33 東洋學藝社 刊, 《東洋學藝雜誌》第25號(메이지 16년 10월 25일), 雜報 참조.

34 沈國威, 《近代日中語彙交流史》, 東京: 笠間書院, 2017(개정신판), 제3장 〈日本語との出会い〉, 77~132쪽 참조.

35 俞吉濬 지음, 李漢燮 편저, 《西遊見聞》, 박이정, 2000, 350쪽.

36 이종석, 《개화기 한국의 과학교과서》, 한국학술정보, 2007, 50쪽; 김정효 외, 《한국근대초등교육의 성립》, 교육과학사, 2005의 부록에는 〈한성사범학교 관제〉를 싣고 있다.

37 《독립신문》 4, 중앙문화출판사, 1969, 558쪽.

38 《독립신문》 6, 중앙문화출판사, 1969, 613쪽.

39 신범순, 《한국근대문학연구자료집: 개화기 신문편, 1883~1919》 제2권, 三文社, 1987, 346쪽.

40 한국학문헌연구소, 《녀ᄌ독본》 하, 개화기교과서총서 8, 아세아문화사, 1977,

240쪽.

41 崔南善 編,《少年》第2年 第2卷, 文陽社, 1969, 35쪽.

42 崔南善 編,《少年》第2年 第9卷, 文陽社, 1969, 9쪽.

43 崔南善 編,《青春》第1號, 文陽社, 1970, 19쪽.

44 안선국,〈금슈회의록〉, 한국학문헌연구소 편,《新小說·飜案(譯)小說》第2卷, 亞細亞文化社, 1978, 488쪽.

45 고재걸,〈科學語로서의 朝鮮語의 統一〉,《四海公論》第4卷 第7號, 四海公論社, 1938, 58~64쪽.

46 이만규,〈과학 술어와 우리말〉,《한글》제1권 제4호, 1932, 369~376쪽.

06 기술 技術 / Technology

1 이에 대해서는 다음 논문에서 이미 다루었다. 김성근,〈근대 일본에서 '기술技術' 개념의 변천〉,《동서철학연구》94호, 한국동서철학회, 2019, 149~172쪽.

2 이 같은 관점은 Mario Bunge, "Technology as Applied Science," *Technology and Culture* Vol. 7, No. 3, Baltimore: Johns Hopkins University Press, 1966, pp. 329~347의 논문이 대표적이다.

3 기술=응용과학설에 대한 비판은 George Basalla, *The Evolution of Technology*, Cambridge: Cambridge University Press, 2015, 특히 chap. 2 Continuity and Discontinuity에 자세하다. 반면 기술과 과학을 계층적으로 볼 것이 아니라, 둘을 대칭적으로 보아야 한다는 시각도 제시되었다. 이에 대해서는 B. Barnes & Edge eds., *Science in Context,* The Open University Press, 1982, p. 147 참조.

4 村上陽一郎,《技術とは何か》, 東京: 日本放送出版協会, 1986, 73쪽.

5 이에 대해서는 다음 논문을 참조. 久松俊一,〈技術概念に関する思想史的考察〉,《木更津工業高等専門学校紀要》第29号, 1996, 63~70쪽.

6 아리스토텔레스 지음, 김재홍 외 옮김,《니코마코스윤리학》, 이제이북스, 2006, 206쪽.

7 아리스토텔레스 지음, 김진성 역주,《형이상학》, 이제이북스, 2007, 35쪽.

8 이것은 훗날 영어 engine의 어원이 되기도 했다.

9 19세기 미국에서 '과학적 기술scientific technology'의 등장에 대해서는 Edwin T. Layton Jr, "James B. Francis and the Rise of Scientific Technology," Carroll Pursell eds, *Technology in America*, Massachusetts Institute of Technology Press, 3rd.

2018, pp. 89~100 참조. 이 밖에 프랑스, 독일, 영국, 미국 등지에서 엔지니어의 탄생에 대해서는 김덕호 외 지음, 《근대 엔지니어의 탄생》, 에코, 2013 참조.

10 Eric Schatzberg, *Technology: Critical History of a Concept*, The University of Chicago, 2018, p. 76.

11 Eric Schatzberg, "Technik Comes to America: Changing Meanings of Technology before 1930," *Technology and Culture*, Vol. 47. The Johns Hopkins University Press, 2006, p. 489.

12 David E. Nye, *Technology Matters; Questions to Live With*, MIT Press, 2007, p. 12.

13 원문은 다음에서 볼 수 있다. https://archive.org/details/elementsoftechno00 jaco/page/n5.

14 David E. Nye, *op. cit.*, p. 12.

15 사마천 지음, 장세후 옮김, 《사기열전》 3, 연암서가, 2017, 787~788쪽.

16 오만족 외, 《중국 고대 학술의 길잡이: 漢書 藝文志 註解》, 전남대학교 출판부, 2005, 347쪽; 이세열 옮김, 《한서예문지》, 자유문고, 1995, 319~321쪽.

17 三枝博音, 《技術の哲学》, 東京: 岩波書店, 1951, 250쪽.

18 원문은 다음과 같다. "技音奇藝也巧也. 藝能. 凡稱有才力者曰能… 技術自軒轅始也. 禮樂射御書數謂之六藝", 寺島良安 編, 《和漢三才圖繪》, 中外出版社, 1901, 317쪽.

19 국립국어연구원, 《표준국어대사전》 상 ㄱ~ㅁ, 두산동아, 1999, 894쪽.

20 西周, 《西周全集》 卷4, 東京: 宗高書房, 1981, 12쪽.

21 같은 책, 13쪽.

22 같은 책, 14쪽.

23 같은 책, 15쪽.

24 慶應義塾 編纂, 《福沢諭吉全集》 第5卷, 東京: 岩波書店, 1970, 8쪽.

25 慶應義塾 編纂, 《福沢諭吉全集》 第9卷, 東京: 岩波書店, 1970, 200쪽.

26 여기서 '도험'이란 오늘날의 교장principal이라는 뜻으로, '기술도험'이란 기술 교장이나 기술 감독을 의미했다. 飯田賢一, 《一語の辭典: 技術》, 東京: 三省堂, 1995, 75쪽.

27 참고로 이 기술이라는 명칭과 함께 공학工學이라는 어휘도 이 무렵부터 사용되었다. 즉, 공부성工部省의 설립 당시 7항목의 '공부성 사무장정事務章程'이 발표되었는데, 제1항은 "工学ヲ開明スルコト"(공학을 개명開明하는 것)이었다. 이것이 일본에서 '공학'이라는 어휘의 첫 출처였다. 이에 대해서는 三輪修三, 《工学の歷史: 機械工学を中心に》, 東京: 筑摩書房, 2012, 245쪽 참조.

28 小野一郎, 《小学必携作文集成 公用之部》, 東京: 東崖堂, 1877, 17쪽, 20쪽.

29 久米邦武 編, 《米歐回覽實記》 第2卷, 東京: 宗高書房, 1975, 344쪽.

30 神田乃武 等編,《新訳英和辞典》, 東京: 三省堂, 1902, 56쪽. 337쪽. 1001쪽.

31 노유니아,〈근대 전환기 한국 '工藝(공예)' 용어의 쓰임과 의미 변화에 대한 고찰〉,
《문화재지》제54권 제3호, 국립문화재연구소, 2021, 192~203쪽.

32 飯田賢一,《科学と技術》, 東京: 岩波書店, 1989, 429쪽.

33 최공호,〈工藝 용어의 근대적 개념 전개〉,《美術史學》17호, 한국미술사교육학회,
2003, 135~136쪽.

34 俞吉濬 지음, 李漢燮 편저,《西遊見聞》, 박이정, 2000, 520쪽.

35 《독립신문》3, 중앙문화출판사, 1969, 375쪽.

36 張弘植,〈國家와 國民企業心의 關係〉, 韓國學文獻研究所 編,《太極學報》第6號, 韓國開
化期學術誌 13, 亞細亞文化社, 1978, 365쪽.

37 최공호,〈工藝 용어의 근대적 개념 전개〉,《美術史學》17호, 143쪽.

38 (和)林, (寅)徐寅式,〈모던 文藝辭典〉,《人文評論》3, 太學社, 1975, 91~92쪽.

07 과학기술 科學技術 / Science and Technology

1 Jennifer Karns Alexander, "Thinking again about science in technology," *Isis*,
Vol. 103, No. 3, The University of Chicago Press on behalf of The History of
Science Society, 2012, p. 522.

2 中島秀人,《社会の中の科学》, 東京: 放送大学教育振興会, 2008, 133쪽.

3 佐々木力,《科学論入門》, 東京: 岩波書店, 1996, 20쪽.

4 Melvin Kranzberg, "The Unity of Science-Technology," *American Scientist*, Vol.
55, No. 1 1967, Sigma Xi, The Scientific Research Honor Society, pp. 53~55.

5 大淀昇一,《技術官僚の政治参画: 日本の科学技術行政の幕開き》, 東京: 中央公論社,
1997, 223쪽.

6 平野天博,〈科学技術の語源と語感〉,《情報管理》Vol. 42, No. 42, 科学技術振興機構,
1999, 371~379쪽.

7 小川信雄,〈科学技術ということばにある政治性〉,《千葉大学大学院人文社会科学研
究科研究プロジェクト報告書》第217集, 2014, 23쪽에서 재인용.

8 金子務,〈日本における「科学技術」概念の成立〉, 鈴木貞美 編,《東アジアにおける知
的交流》, 国際日本文化研究センター, 2013, 294쪽.

9 장응진,〈教授와 教科에 대하여〉, 韓國學文獻研究所 編,《太極學報》第13號, 韓國開化
期學術誌 14, 1978, 362쪽.

10 李重夏, 〈祝辭七〉, 韓國學文獻硏究所 編, 《大東學會月報》 第1號, 亞細亞文化社, 1989, 14쪽.

11 김영식 편, 《삼천리 개제 대동아》 28, 청운, 2008, 110쪽.

12 元村有希子, 〈「科學技術」と「科學・技術」の違い〉, 《日本科學技術ジャーナリスト会議会報》 No. 54, 2010, 1쪽.

13 George Wise, "Science and Technology," *Osiris*, Vol. 1, 1985, The University of Chicago Press, p. 236.

08 원자 原子 / Atom ─────────────────────

1 오미야 오사무 지음, 김정환 옮김, 《세계사를 바꾼 화학이야기》, 사람과나무사이, 2022, 106쪽.

2 《羅葡日對譯辭書Dictionarium Latino-Lusitanicum ac Iaponicum》(Amacusa in Collegio Iaponico Societatis Iesu). 원문은 다음에서 볼 수 있다. https://books.google. co.kr/books?id=QlZKAAAAYAAJ&pg=RA1-PA8&hl=ko&source=gbs_toc_r&cad= 2#v=onepage&q&f=false.

3 《求力法論》은 《求力論》으로도 알려져 있다. 大槻如電의 《新撰 洋學年表》(1927)에서는 특히 《求力論》이라고 나와 있다(71쪽 참조). 이것에는 현재 여덟 종의 필사본이 보고되고 있지만, 내용적으로는 거의 동일하다. 본고에서는 広瀬秀雄 等編, 《洋学》 下, 東京: 岩波書店, 1972, 9~52쪽에 실린 '無窮會本(현 無窮會 소장)'을 이용했다.

4 "學者当以三基. 凡格物學全安有其上焉. 一眞空也. 二有大之者可分爲無量數也. 三萬物 求力也", 志筑忠雄, 《求力法論》, 広瀬秀雄 等編, 《洋学》 下, 東京: 岩波書店, 1972, 12쪽.

5 "宇宙ノ間常ニ眞空ト實素トノ二アリ. 錯綜シテ萬物ヲ生ズ", 志筑忠雄, 《求力法論》, 13쪽.

6 Togo Tsukahara, "Elimination of Qi by Chemical Specification: Shift of Understanding of Western Theory of Matter in Japan", *Historia Scientiarum*, Vol. 4, No. 1, The History of Science Society of Japan, 1994, p. 2.

7 "屬子トハ合積シテ此物ノナル所ノ者ヲ云", 志筑忠雄, 《求力法論》, 14쪽.

8 "一體之屬子, 極微極剛, 全無沖虛者, 名之最初合成之屬子. 多聚此等之微屬子, 爲微塊者, 名之第二合成之屬子. 複合此屬子, 爲微塊者, 名之第三合成之屬子. 斯合成來, 而所終爲本質者, 爲之最後合成之屬子", 같은 책, 16쪽.

9 김영식, 〈주희朱熹에서의 기氣 개념의 몇 가지 측면〉, 《中國 傳統文化와 科學》, 창작

과비평사, 1986, 170쪽.

10 "凡ソ物皆流物中ニアラザルハナシ. 金石中ノ微窺ノ如キ, 是ヲ冲虛ト名クト雖ドモ, 然ドモ其中ニ薄氣アリ. 又其內ニ至薄ノ気アルベシ", 志筑忠雄, 《求力法論》, 36쪽.

11 책의 제목에 있는 '기해氣海'란 보통은 대기를 의미하지만, 여기서는 광활하고 끝이 없으며 일월성진과 대기로 가득 찬 세계를 의미했다. 《気海観瀾》의 서지적 사항에 대해서는 다음을 참조. 矢島祐利, 〈本邦における窮理学の成立(1)〉, 日本科学史学会 編集, 《科学史研究》第7号, 東京: 岩波書店, 1943, 76~78쪽.

12 青地林宗, 《氣海觀瀾》, 《日本科学古典全書》第6卷, 東京: 朝日新聞社, 1978, 17쪽.

13 유카와 히데키 지음, 김성근 옮김, 《보이지 않는 것의 발견》, 김영사, 2012, 45쪽.

14 青地林宗, 《氣海觀瀾》, 《日本科学古典全書》第6卷, 19쪽.

15 岡本さえ, 〈気―中世思想交流の一争点〉, 《東洋文化》67, 東京: 東京大学出版会, 1987.

16 가와모토 고민의 생애와 활동에 대해서는 金子務, 《江戸人物科学史》, 東京: 中央公論新社, 2005, 277~284쪽; 司亮一, 《川本幸民》, 神戸: 神戸新聞総合出版センター, 2004; 北康利, 《川本幸民》, 東京: PHP研究所, 2008 등을 참조.

17 青地林宗, 《氣海觀瀾》, 《日本科学古典全書》第6卷, 92쪽.

18 이 책은 1834년 모리츠 메이어Moritz Meijer가 독일어로 쓴 《군사 화학의 기초Grundzüge der Militair-Chemie》를 네덜란드어로 번역한 Gronden der Krijgskundige Scheikunde(1840)을 일본어로 재차 중역한 것이다.

19 쩌우전환 지음·한성구 옮김, 《번역과 중국의 근대》, 궁리, 166쪽.

20 石黒少助教 譯述, 《化学訓蒙》前編一, 大學東校官板, 1870, 5~6쪽.

21 石黒忠惠 譯纂, 《增訂化學訓蒙》卷之一, 讀我書屋藏, 1873, 8쪽.

22 菅原国香 等, 〈atomの訳語の形成過程〉, 日本科学史学会編集, 《科学史研究》第25卷 157号, 東京: 岩波書店, 1986, 34~45쪽.

23 김철앙, 〈최한기 편수 《身機踐驗》의 편집방법과 그의 『氣』 사상〉, 《대동문화연구》 11권 45호, 2004, 성균관대학교 동아시아학술원, 101~117쪽.

24 大韓國民教育會刊行, 《新撰小物理學》, 1906, 2~3쪽.

25 같은 책, 26쪽.

26 學不厭生譯, 〈地球之過去及未來(續)〉, 韓國學文獻研究所 編, 《大韓留學生會報》第2號, 韓國開化期學術誌 19, 亞細亞文化社, 1978, 420쪽.

27 學海主人, 〈人造金〉, 韓國學文獻研究所 編, 《太極學報》第18號, 韓國開化期學術誌 15, 亞細亞文化社, 1978, 270쪽.

28 白雲齊, 〈化學答問〉, 韓國學文獻研究所 編, 《畿湖興學會月報》第11號, 韓國開化期學術誌 11, 亞細亞文化社, 1976, 306쪽.

29 李奎濚, 〈衛生談片〉, 韓國學文獻研究所 編, 《太極學報》第12號, 韓國開化期學術誌 14, 亞細亞文化社, 1978, 327쪽.

30 白岳山人, 〈化學〉, 韓國學文獻研究所 編, 《大東學會月報》第3號, 亞細亞文化社, 1989, 206쪽.

31 朴庸准, 〈宇宙開闢說의 古今〉, 《開闢》第1冊 第1號, 開闢社, 1969, 77~78쪽.

32 朴庸准, 〈各 專門學校 卒業生과 그 立論〉, 《開闢》第3冊 第10號, 開闢社, 1969, 95쪽.

09 중력 重力 / Gravity

1 아이작 뉴턴 지음, 차동우 옮김, 《아이작 뉴턴의 광학》, 한국문화사, 2018, 365쪽. 원문은 다음에서 볼 수 있다. https://archive.org/details/opticksoratreat00 newtgoog/page/n378/mode/2up.

2 Isaac Newton, *Mathematical Principles of Natural Philosophy*, translated by Andrew Motte and Revised by Florian Cajori, Berkeley: The Regents of The University of California, 1934 참조.

3 원문은 다음에서 볼 수 있다. https://books.google.co.kr/books?id=xmJFAQ AAMAAJ&printsec=frontcover&hl=ko&source=gbs_ge_summary_r&cad=0#v=on epage&q&f=false.

4 惣郷正明·飛田良文 編, 《明治のことば辞典》, 東京: 東京堂出版, 1986, 225쪽.

5 "所謂實素有求力. 微屬子各求他微屬子, 且被他微屬子求者, 衛索柔鈍, 因見象以發明之", 志筑忠雄, 《求力法論》, 広瀬秀雄 等編, 《洋学》下, 東京: 岩波書店, 1972, 16쪽.

6 "求力能保諸曜, 橇擔于其行輪로之外, 及又有一種力, 實素性中所有也. 依此用屬子各互求, 復互被求", 志筑忠雄, 《求力法論》, 18쪽.

7 "初ノ求力ハ重力ノコトナリ. 諸曜ニ在テハ「ミッテルピユント, スウケンデカラクテン」ト云是ナリ. 後ニ云処ノ者ハ則此書専ラ說ク所ノ求力ナリ. 是則實素性中ヨリ出ル者ニシテ諸力ノ根本タリ", 志筑忠雄, 《求力法論》, 19쪽.

8 "重力は大地の萬物を引に起るものなり, 大地能萬物を引のみあらず, 萬物亦能大地を引く, 其實は萬物の實氣と, 地の實氣と相引ものなり, 唯小者は引力微にして, 其動は著なり, 大者は引力盛にして, 其動は微なり, 是以て大地金木に落ずして, 金木大地に落つ, 其實は大地と金木と相落れども, 大地至微の動は, 覺知すること能ざるなり", 志筑忠雄, 《曆象新書》, 《文明源流叢書》第2卷, 東京: 國書刊行會, 1914, 150쪽.

9 志筑忠雄, 《曆象新書》, 151쪽.

10 "唯重力は實體に屬せり, 是故に形色萬殊なりと雖ども, 實氣疏密の異なるなり, 其質
　密屈なるものは, 實氣加倍すれば重量も加倍し, 實氣折牛すれば, 重量も折牛す, 是故
　に實氣の多少は, 本重を量りて知るべし", 志筑忠雄,《曆象新書》, 149쪽.

11 "譬ば今一分子ありて, 二分子の間にあれば, 中の分子と左右分子と相引き, 又左右各分
　子は, 中分子を隔て相引く, (引力は至近の際に於てす, 而も分子皆至小なり, 故に能こ
　れを隔て相引くことお得る, 是亦至近の際なり), 故に中分子是が爲に屈す, 是を氣の引
　力に屈せらると云, 左右分子去れば中分子伸ぶ, 是を質の彈力に伸と云, 中分子の伸ぶ
　は, 分子中の小分子の引力によれり, (是事常動常靜にある彈力の說を見て知べし), 分
　子旣に伸ぶの後に至ても, 小分子引力互に小分子を隔て, 相引き相屈するの引力は猶あ
　り, 小分子は卽分子の氣なり, 故に是又氣の引力を以て屈するものなり, 故に元來は一
　力なれども, 屈伸の二用あり", 志筑忠雄,《曆象新書》, 212쪽.

12 西周,《西周全集》卷4, 東京: 宗高書房, 1981, 264쪽.

13 같은 책, 268쪽.

14 김숙경, 〈최한기의 기륜설과 서양의 중력 이론〉,《동양철학연구》제71호, 동양철
　학연구회, 2012, 119~156쪽; 전용훈, 〈최한기의 중력이론에 나타난 동서의 자연철
　학〉,《혜강 최한기 연구》, 사람의무늬, 2016, 317~373쪽.

15 崔漢綺,《增補明南樓叢書》5, 大東文化硏究院, 2002, 179쪽.

16 俞吉濬 지음, 李漢燮 편저,《西遊見聞》, 박이정, 2000, 331쪽.

17 大韓國民敎育會刊行,《新撰小物理學》, 1906, 3~4쪽.

18 같은 책, 4쪽.

19 같은 책, 4쪽.

20 金台鎭, 〈月及銀河〉, 韓國學文獻硏究所 編,《太極學報》第3號, 韓國開化期學術誌 13,
　亞細亞文化社, 1978, 179쪽.

21 朴晶東, 〈地文略論〉, 韓國學文獻硏究所 編,《畿湖興學會月報》第2號, 韓國開化期學術
　誌 10, 亞細亞文化社, 1976, 116쪽.

22 竹圃生, 〈學問硏究의 要路〉, 韓國學文獻硏究所 編,《西北學會月報》第14號, 韓國開化期
　學術誌 9, 亞細亞文化社, 1976, 116쪽.

23 金洛泳, 〈童蒙物理學 講談(二)〉, 韓國學文獻硏究所 編,《太極學報》第12號, 韓國開化期
　學術誌 14, 亞細亞文化社, 1976, 313쪽.

24 崔南善, 〈彗星說〉, 韓國學文獻硏究所 編,《大韓留學生會報》第1號, 韓國開化期學術誌
　19, 亞細亞文化社, 1978, 296쪽.

25 姜荃, 〈物理學의 摘要〉, 韓國學文獻硏究所 編,《大韓學會月報》第2號, 韓國開化期學術
　誌 18, 亞細亞文化社, 1978, 100쪽.

1 오미야 오사무 지음, 김정환 옮김,《세계사를 바꾼 화학 이야기》, 사람과나무사이, 169쪽.

2 브루스 T. 모런 지음, 최애리 옮김,《지식의 증류》, 지호, 2006, 219쪽.

3 化学史学会 編,《化学史への招待》, 東京: オーム社, 2019, 232~234쪽.

4 沈国威,〈译名"化学"的诞生〉,《自然科学史研究》第19卷 第1期, 中国科学院自然科学史研究所, 2000, 61쪽에서 재인용.

5 임려,〈화학化學이란 용어의 한국어 유입과 수용〉,《한국사전학》제30호, 한국사전학회, 194~195쪽에서 재인용.

6 沈国威,〈译名"化学"的诞生〉,《自然科学史研究》第19卷 第1期, 55~71쪽.

7 中山茂,〈近代西洋科学用語の中日貸借対照表〉, 日本科学史学会編集,《科学史研究》第31巻 No. 181, 東京: 岩波書店, 1992, 4쪽.

8 化学史学会 編,《化学史への招待》, 東京: オーム社, 2019, 237쪽.

9 이것은 '사밀'이라는 한자어의 중국어 음독인 shemi에 근거한 것이다.

10 Moritz Meijer 著, 川本幸民 譯,《兵家須読舎密真源》, 化学史学会 編, 化学古典叢書5, 1998, 범례 참조.

11 이 책은 1875년에《화학독본化学読本》이라는 이름으로 출판되었다. 이에 대해서는 다음을 참조. 中原勝儼,〈黎明期の化学用語〉,《化学と教育》第37巻 第5号, 日本化学会, 1989, 37쪽.

12 東京大学百年史編集委員会,《東京大學百年史》通史1, 東京: 東京大学出版会, 1984, 452쪽.

13 福沢諭吉,《福沢諭吉全集》第1巻, 1969(再版), 東京: 岩波書店, 301쪽.

14 西周,《西周全集》巻4, 東京: 宗高書房, 1981, 259쪽.

15 오사카사밀국은 설립 이듬해인 1870년에 폐지되었고, 교토사밀국은 1881년에 폐지되었다.

16 이 번역어 개칭 사건에 대해서 자세한 것은 廣田鋼藏,《明治の化学者》, 東京: 東京化学同人, 1988, 38쪽 참조. 히로타는 당시 도쿄화학회의 내부의 알력 관계에 근거하여 이 문제를 다루고 있다.

17 菅原国香・板倉聖宣,〈東京化学会における元素名の統一過程: 元素の日本語名の成立過程の研究 (2)〉, 日本科学史学会編集,《科学史研究》第29巻 No. 175, 東京: 岩波書店, 1990, 136쪽.

18 廣田鋼藏,《明治の化学者》, 東京: 東京化学同人, 1988, 36~42쪽.

19 임려, 〈화학化學이란 용어의 한국어 유입과 수용〉, 《한국사전학》 제30호, 한국사전학회, 210쪽.

20 "理學化學之奇驗是爲器用成造之機云而令人眩眼甚可怪也", 許東賢 編, 《朝士視察團關係資料集》14, 國學資料院, 2000, 18쪽.

21 "化學本於中土之方士設爐焗煉點換各術", 《漢城旬報 1883-1884》, 寬勳클럽信永硏究基金, 1983, 300쪽.

22 "至乾隆時丹家祕術成爲儒者之學名之曰舍密卽化學也", 《漢城旬報 1883-1884》, 302쪽.

23 "化學之法, 專以水火二氣相藉神用, 變幻無端", 박대양 지음, 장진엽 옮김, 《동사만록》, 보고사, 2017, 162쪽.

24 俞吉濬 지음, 李漢燮 편저, 《西遊見聞》, 박이정, 2000, 350쪽.

25 "漢城師範學校 本科學員의 課할 學科目은 修身·敎育·國文·漢文·歷史·地理·數學·物理·化學·博物·習字·作文·體操로 한다", 《고종시대사》 3집, 고종 32년 7월 23일자. "學部에서 勅令 第79號 漢城師範學校官制에 依據하여" 참조.

26 〈大韓自强會細則〉, 韓國學文獻硏究所 編, 《大韓自强會月報》 第1號, 韓國開化期學術誌 1, 亞細亞文化社, 1976, 40쪽.

11 진화 進化 / Evolution

1 The Oxford English Dictionary 5(second edition), prepared by J. A. Simpson and E. S. C. Weiner, Oxford: Clarendon Press, 1989, p. 476.

2 Henry Gee, *The Accidental Species: Misunderstandings of Human Evolution*, The University of Chicago Press, 2013, pp. 28~29.

3 Mark Ridley, *Evolution*, Blackwell Publishing Company, 2004, p. 7.

4 Erasmus Darwin, *Zoonomia or the Laws of Organic Life,* Vol. 1, Boston: Thomas & Andrews, 1809, p. 401.

5 Charles Lyell, *Principles of Geology,* Vol. 2, Cambridge University Press, 2009, p. 11.

6 《종의 기원》은 초판이 1859년에 나온 이후, 제2판(1860), 제3판(1861), 제4판(1866), 제5판(1869), 제6판(1871) 등 총 다섯 차례 개정판이 출간되었다.

7 원래 이 'struggle for existence'는 1798년 맬서스의 《인구론An Essay on the Principle of Population》에 등장하는 어휘이다.

8 《종의 기원》의 원제는 《자연선택의 방법에 의한 종의 기원, 또는 생존 경쟁에서 유

리한 종족의 보존에 대하여On the Origin of Species by Means of Natural Selection, the Preservation of Favoured Races in the Struggle for Life》이다. 제목에 natural selection, 그리고 struggle이라는 다윈 진화론을 대표하는 어휘들이 포함되어 있음을 알 수 있다.

9 캐머런 스미스·찰스 설리번 지음, 이한음 옮김, 《진화에 관한 10가지 신화》, 도서출판 한승, 2011. 제1장 적자생존 참조.

10 Herbert Spencer, *First Principles*, London: Williams and Norgate, 1862, pp. 148~149.

11 葵川信近, 《北郷談》, 1874, 6쪽.

12 松永俊男, 《近代進化論の成り立ち ― ダーウィンから現代まで》, 東京: 創元社, 1988, 149쪽.

13 陳力衛, 〈優勝劣敗, 適者生存: 進化論の中国流布に寄与する日本漢語〉, 《成城大学経済研究》210, 成城大学経済学会, 2015, 255쪽.

14 鄭仁在, 〈康有爲의 大同思想 硏究〉, 《東亞硏究》第38集, 서강대학교 동아연구소, 2000, 125쪽.

15 李冬木, 〈「天演」から「進化」へ: 魯迅の進化論の受容とその展開を中心に〉, 《近代東アジアにおける翻訳概念の展開: 京都大学人文科学研究所附属現代中国研究センター研究報告》, 京都大学人文科学研究所附属現代中国研究センター, 2013, 83~118쪽.

16 嚴復 著, 王栻主 編, 《严复集》第2冊, 北京: 中华书局, 1986, 309~319쪽.

17 동아시아 3국의 사회진화론 수용을 비교한 연구는 다음 논문에 자세하다. 우남숙, 〈사회진화론의 동아시아 수용에 관한 연구: 역사적 경로와 이론적 원형을 중심으로〉, 《동양정치사상사》 제10권 2호, 동양정치사상사학회, 2011, 117~141쪽.

18 村上陽一郎, 《日本人と近代科学》, 東京: 新曜日, 1980, 158쪽.

19 加藤弘之, 《人権新説》, 谷山樓蔵版, 1882, 13쪽.

20 단, 루이스 멈포드는 'survival of the fittest'라는 어휘를 처음 만든 사람은 철학자 스피노자라고 했지만, 출처를 밝히지는 않았다. 루이스 멈포드 지음, 문종만 옮김, 《기술과 문명》, 책세상, 2013, 271쪽. 그러나 이 개념은 1797년 영국의 경제학자 토머스 맬서스가 《인구론》에서 이미 시사한 바가 있다고 보아야 한다. 맬서스는 인구는 기하급수적으로 증가하는 반면 식량 공급은 산술급수적으로 증가한다고 주장했고, 역사상 모든 종족은 그 한정된 자원을 놓고 경쟁했다고 말했다.

21 Herbert Spencer, *The Principles of Biology*, Vol. 1, Williams and Norgate, 1864, pp. 444~445.

22 Francis Darwin, ed., *The Life and Letters of Charles Darwin, including An Autobiographical Chapter*, 3 vols., London: John Murray 1888First reprinting

1969, New York: Johnson Reprint Corporation), II p,346.

23 당초 다윈의 '생존경쟁' 개념은 적어도 세 개의 범위, 즉 어떤 종과 환경 사이, 종과 종 사이, 동종 내 개체 사이를 포괄했다고 말해진다. 그러나 이 중에서 가장 중요한 것은 동종 내 개체 사이의 경쟁이었는데, 이 경쟁이야말로 가장 치열하며, 나아가 자연선택의 메커니즘을 효과적으로 작동시키기 때문이라고 보았다.

24 최재천,《다윈 지능》, 사이언스북스, 2022. 최재천은 다윈이 스펜서의 어휘를 받아들일 때 좀 더 그 어휘를 숙고했어야 한다고 지적하기도 했다. 사실 최적자라는 개념은 최강자와 유사한 어휘로 받아들여지기 쉬웠고, 중국 당시대의 문인 한유韓愈의 어휘 '약육강식'과 같은 말로도 이해되었다.

25 陳力衛,〈優勝劣敗, 適者生存: 進化論の中国流布に寄与する日本漢語〉,《成城大学経済研究》210, 成城大学経済学会, 2015.

26 許艶,〈加藤弘之における進化論の受容と展開:「能力主義」教育思想の生成〉,《東京大学教育学部紀要》第31卷, 1991, 87쪽.

27 鈴木修次,《日本漢語と中国: 漢字文化圏の近代化》, 東京: 中央公論新社, 1981.

28 陳力衛,〈優勝劣敗, 適者生存: 進化論の中国流布に寄与する日本漢語〉,《成城大学経済研究》210, 266쪽.

29 "咸豊久年達氏著書以明此理名曰物類推原意深詞達各國爭譯而廣傳之今學者多宗其說要以○丈乃所謂醇化說也",〈泰西의 文學源流考〉,《漢城旬報 1883-1884》, 寛勳클럽信永研究基金, 1983, 303쪽.

30 張膺震,〈人生의 義務〉, 韓國學文獻研究所 編,《太極學報》第2號(1906년 9월 24일), 韓國開化期學術誌 13, 亞細亞文化社, 1978, 90쪽.

31 薛泰熙,〈人族歷史의 淵源觀念〉, 韓國學文獻研究所 編,《大韓自强會月報》第4號(1906년 10월 25일), 韓國開化期學術誌 1, 亞細亞文化社, 1978, 276쪽.

32 張膺震,〈進化學上生存競爭의 法則〉, 韓國學文獻研究所 編,《太極學報》第4號(1906년 9월 24일), 韓國開化期學術誌 13, 亞細亞文化社, 1978, 223~226쪽.

33 李相洛 譯,〈衛生問答〉, 韓國學文獻研究所 編,《太極學報》第6號(1907년 1월 24일), 韓國開化期學術誌 13, 亞細亞文化社, 1978, 383쪽.

34 李相洛 譯,〈衛生問答〉, 韓國學文獻研究所 編,《太極學報》第8號(1907년 3월 24일), 韓國開化期學術誌 14, 亞細亞文化社, 1978, 38쪽.

35 金永基,〈適者生存〉, 韓國學文獻研究所 編,《大韓興學報》第1號(1909년 3월 20일), 韓國開化期學術誌 20, 亞細亞文化社, 1978, 32쪽.

1 야마모토 요시타카 지음, 이영기 옮김,《과학의 탄생》, 동아시아, 2005.

2 William Gilbert, *On the Loadstone and Mganetic Bodies*, Great Books of the Western World Vol. 28, Robert Maynard Hutchins, ed., Encyclopedia Britannica, INC., 1952, p. 30. 윌리엄 길버트 지음, 박경 옮김,《자석 이야기》, 서해문집, 1999, 86~87쪽.

3 八耳俊文,〈電気のはじまり〉,《学術の動向》, 日本学術協力財団, 2007, 90쪽.

4 松井利彦,〈近代日本漢語と漢訳書の漢語〉,《広島女子大学文学部紀要》第18卷, 1983, 35~51쪽.

5 위의 두 문헌은 斉藤静,《日本語に及ぼしたオランダ語の影響》, 東京: 篠崎書林, 1967, 그리고 杉本つとむ,《江戸の翻訳家たち》, 東京: 早稲田大学出版部, 1995 등에 의해 소개되었다.

6 八耳俊文,〈電気のはじまり〉,《学術の動向》, 日本学術協力財団, 2007, 92쪽.

7 桑木彧雄,〈エレキテル物語 ― 平賀源内と橋本曇斎〉,《東京朝日新聞》, 1935, 4쪽.

8 王力,《漢語史稿》, 中華書局, 1980(초판은 1957), 526쪽.

9 張厚泉,〈西周の翻訳と啓蒙思想 ― 朱子学から徂徠学へ, 百学連環に至るまで〉,《言語と交流》第19號, 2016, 53~68쪽.

10 張厚泉,〈「電気」の意味変遷と近代的な意義 ― A.コントの「三段階の法則」の視点を中心に〉,《언어사실과 관점》Vol. 36, 연세대학교 언어정보연구원, 2015, 69~95쪽.

11 야마모토 요시타카 지음, 서의동 옮김,《일본과학기술총력전》, AK커뮤니케이션즈, 2019, 26쪽.

12 西周,《西周全集》卷4, 東京: 宗高書房, 1981, 63쪽.

13 安孫子信,〈西周とオ ― ギュスト·コント ― 西周における哲学の像〉,《法政哲学》2, 2006, 42쪽.

14 実藤恵秀,《中國人日本留學史》, 東京: くろしお出版, 1970, 396쪽. 단, 이한섭은 telegraph를 번역한 電信이라는 어휘는 중국어에서 왔다고 주장한다. 이한섭,〈근대어 성립에서 번역어의 역할: 일본의 사례〉,《새국어생활》제22권 제1호, 2012년, 27쪽.

15 이규경 편저,《오주연문장전산고》상, 명문당, 1982, 375쪽.

16 《漢城旬報 1883-1884》, 寬勳클립信永研究基金, 1983, 68~69쪽.

17 같은 책, 141쪽.

18 俞吉濬 지음, 李漢燮 편저,《西遊見聞》, 박이정, 2000, 477쪽.

19 같은 책, 9쪽.

20 〈官報摘要〉, 韓國學文獻硏究所 編, 《大韓自强會月報》 第2號, 韓國開化期學術誌 1, 亞細亞文化社, 1976, 109쪽.

13 공룡 恐龍 / Dinosaur

1 James O. Farlow & M.K.Brett-Surman eds, *The Complete Dinosaur*, Indiana University Press, 1997, p. 5.

2 William Buckland, "Notice on the Megalosaurus or great Fossil Lizard of Stonesfield", *Transactions of the Geological Society of London*, Series 2, Volume 1, London: Geological Society of London, 1824, pp. 390~396.

3 Christopher McGowan, *The Dragon Seekers: How an Extraordinary Circle of Fossilists Discovered the Dinosaurs and Paved the Way for Darwin*, Persus Publishing, 2001, pp. 9~10.

4 퀴비에는 여러 생물들의 해부를 통해 비슷한 점과 다른 점을 밝히는 비교해부학의 창시자였다. 그는 이 비교해부학적 원리에 입각하여 화석의 부분만으로 동물의 전체 골격을 재구성할 수 있다고 주장했고, 그것은 19세기 이후 고생물학에 비약적 발전을 가져왔다.

5 VIII. Notice on the Iguanodon, a newly discovered fossil reptile, from the sandstone of Tilgate forest, in Sussex. By Gideon Mantell, F. L. S. and M. G. S. Fellow of the College of Surgeons, &c. In a letter to Davies Gilbert, Esq. M. P. V. P. R. S. &c. &c. &c. Communicated by D. Gilbert, Esq, *Philosophical Transactions of the Royal Society of London*, Volume 115, Issue 115, pp. 179~186; Darren Naish, *Dinopedia*, Princeton & Oxofrd: Princeton University Press, p. 78.

6 Richard Owen, "Report on British Fossil Reptiles", *Report of the Eleventh Meeting of the British Association for the Advancement of Science; Held at Plymouth in July 1841*, London: John Murray, Albemarle Street, 1842, p. 103. 원문은 다음에서 볼 수 있다. https://www.biodiversitylibrary.org/item/104191# page/8/mode/1up.

7 페트리샤 반스 스바니 · 토마스 E. 스바니 지음, 이아린 옮김, 《한 권으로 끝내는 공룡》, Gbrain, 2013, 298쪽.

8 垂水雄二, 《悩ましい翻訳語》, 東京: 八坂書房, 2009, 104~108쪽.

9 トーマス・ハックスレー 지음, 伊澤修二 옮김, 《生種原始論》, 1879, 38쪽.

10 笹沢教一, 〈サウルスを竜と訳した人〉, 《ジオルジュ》 2巻 1号, 日本地質学会, 2013, 15쪽.

11 이민정, 《코르셋과 고래뼈》, 푸른들녘, 2023, 224쪽.

12 横山又次郎 編, 《化石學教科書》(中巻), 富山房, 1895, 386쪽.

13 飯島魁, 《動物学提要》, 大日本図書, 1918, 865쪽.

14 石井重美, 《世界及生物の起源と終滅》, 白揚社, 1932, 158쪽.

15 원문은 동아디지털아카이브에서 검색 가능하다. https://www.donga.com/archive/newslibrary.

16 韓國學文獻研究所 編, 《東光》 1, 亞細亞文化社, 1977, 74쪽.

17 《別乾坤》(影印本) 제22호, 景仁文化社, 1977, 135쪽.

18 Kim Jeong Yul & Huh Min, *Dinosaurs, Birds, and Pterosaurs of Korea*, Springer, 2018, p. 1~2.

19 1970년대 이후 한국의 공룡 연구의 역사는 양승영, 〈한국의 공룡, 익룡, 조류 발자국 화석 연구사 및 연구윤리〉, 《지질학회지》 제51권 제2호, 2015, 127~140쪽 참조.

14 행성 行星 / Planet

1 Edward W. Thommes and Jack J. Lissauer, Planet migration, *Astrophysics of Life*, Cambridge University Press(online), 2009, p. 119.

2 휴 터스톤 지음, 전관수 옮김, 《동서양의 고전 천문학》, 연세대학교 출판부, 1994, 45~47쪽.

3 吉野政治, 〈「惑星」を意味する語の変遷〉, 《同志社女子大学　学術研究年報》 第63巻, 2012, 47~48쪽.

4 "頭惑星ト云亦ハ惑星トモ云又惑者トモ云此五星ト地球ハ此二在カト視レハ彼二在テ天学者推步測量スルニ纏度二迷ヒ惑ヘルニヨリテカク名付シセ水金火木土ノ五星二地球ヲ加ヘテ六ノ行環ヲ知ルヘキ也", 中村士 監修, 《江戸の天文学-渋川春海と江戸時代の科学者たち》, 東京: 角川学芸出版, 2012. 원문은 다음에서 볼 수 있다. https://kokusho.nijl.ac.jp/biblio/100319077 /5?ln=ja.

5 志筑忠雄, 《暦象新書》, 《文明源流叢書》 第2巻, 東京: 國書刊行會, 1914, 114쪽.

6 井本進, 〈遊星惑星源流考(2)〉, 《天界》 第22巻 第254号, 1942, 257쪽.

7 메이지 시대에 '유성'과 '혹성'의 어휘적 사용례는 다음을 참조. 橋本万平, 〈遊星と惑

星〉,《日本古書通信》62-11, 1997.

8 井本進, 〈遊星惑星源流考(1)〉,《天界》第22卷 第253号, 1942, 219쪽.

9 荒川清秀,《近代日中学術用語の形成と伝播 — 地理用語を中心に》, 白帝社, 1997,
   224쪽.

10 橫田順弥, 〈明治時代は謎だらけ!:「遊星」か「惑星」か〉,《日本古書通信》62-9, 1997.

11 斎藤国治, 〈20世紀の落日を浴びて〉,《天文月報》第93卷 第12号, 日本天文学会 2000,
   733쪽.

12 Peter Guthrie Tait 지음, 林董 역술,《訓蒙天文略論》, 島村利助 출판, 1875, 33쪽.

13 俞吉濬 지음, 李漢燮 편저,《西遊見聞》, 박이정, 2000, 2쪽.

14 朴晶東, 〈地文略論〉, 韓國學文獻硏究所 編,《畿湖興學會月報》第2號, 韓國開化期學術
   誌 10, 亞細亞文化社, 1976, 116쪽.

15 斎藤国治, 〈20世紀の落日を浴びて〉,《天文月報》第93卷 第12号, 日本天文学会 2000,
   733쪽.

16 《漢城旬報 1883-1884》, 寬動클럽信永硏究基金, 1983, 35~37쪽.

17 俞吉濬 지음, 李漢燮 편저,《西遊見聞》, 박이정, 2000, 1쪽.

18 張膺震, 〈科學論〉, 韓國學文獻硏究所 編,《太極學報》第5號, 韓國開化期學術誌 13, 亞
   細亞文化社, 1978, 293쪽.

19 金台鎭, 〈月及銀河〉, 韓國學文獻硏究所 編,《太極學報》第3號, 韓國開化期學術誌 13,
   亞細亞文化社, 1978, 180쪽.

20 《皇城新聞》第15卷, 景仁文化史, 1981, 401쪽.

21 朴庸准, 〈宇宙開闢說의 古今〉,《開闢》第1冊 第1號, 開闢社, 1969, 79쪽.

22 김영식 편,《삼천리》14, 청운, 2008, 180쪽.

23 荒川清秀,《近代日中学術用語の形成と伝播 — 地理用語を中心に》, 227쪽.

15 지동설 地動說 / Heliocentricism

1 中山茂,《日本の天文学: 西洋認識の先兵》, 東京: 岩波書店, 1972.

2 문교부 국어정화위원회,《우리말 도로찾기》, 문교부, 1947, 21쪽.

3 "太陽ハ常静不動ニシテ地球ハ五星ト共ニ太陽ノ周廓ヲ旋リ", 원문은 다음에서 볼 수 있
   다. https://www.ndl.go.jp/nichiran/data/R/094/094-002r.html.

4 조지 애덤스는 당시 영국 왕실에 고용되었던 천문 기계수리공으로, 1766년 천문,
   지구의 판매용 해설서인 *Treatise describing and explaining the construction and*

*use of new celestial and terrestrial globes*를 출간했다. 이 해설서는 1770년 J. 프로스J. Ploos에 의해 네덜란드어로 번역되었다. 모토키는 1791년에 이 네덜란드어 번역본의 일본어 번역을 시작하여 《성술본원태양궁리요해신제천지이구용법기》를 출간하게 되었다.

5 "古來天學家は, 皆天を動とし, 地を靜也として, 地を以て天の中心とす. 然るを是書は, 天を靜とし, 地を動とし, 且又地球の外に, 許多の世界あるの理を云", 志筑忠雄, 《曆象新書》, 《文明源流叢書》第2卷, 東京: 國書刊行會, 1914, 101쪽.

6 이와사키는 에도 일본에서 지동설을 최초로 설파한 인물은 시즈키보다 오히려 야마가타 한도山片蟠桃(1748~1821)였다고 지적한다. 야마가타는 자신의 저작 《夢の代》(1820)에서 시즈키의 《曆象新書》의 내용을 인용하고 있지만, 여전히 지동설과 천동설을 조화시키고자 했던 시즈키보다 훨씬 지동설에 다가섰기 때문이다. 이에 대해서는 岩崎允胤, 《日本近世思想史序説》下, 東京: 新日本出版社, 1997, 243쪽 참조.

7 "天は陽なり, 地は陰なり, 動は陽に屬し, 靜は陰に屬す", 志筑忠雄, 《曆象新書》, 141쪽.

8 "子が言上編に在ては必しも地動と云はず, 是編に至ては遂に西説に和し了るが如なるは如何ん. …是の書は形體を論ず, 形體を以て言へば, 地は圓にして動なり, 道德を以て言へば, 地は方にして靜なり", 志筑忠雄, 《曆象新書》, 206쪽.

9 이에 대해서는 吉野政治, 〈地動説という言葉〉, 《同志社女子大學學術研究年報》, 第61卷, 2010 11~21쪽 참조.

10 '地動説'이라는 어휘는 그의 책 《和蘭通舶》(1805)에 딱 한 차례 등장한다.

11 吉雄南皐, 《遠西觀象圖説》中, 洋学文庫本, 1823, 3쪽. 원문은 다음에서 볼 수 있다. https://archive.wul.waseda.ac.jp/kosho/bunko08/bunko08_c0318/bunko08_c0318_0001/bunko08_c0318_0001.pdf.

12 西周, 《西周全集》卷4, 東京: 宗高書房, 1981, 550쪽.

13 福澤諭吉, 《福澤諭吉全集》第4卷, 東京: 岩波書店, 1959, 15쪽.

14 加藤玄智, 《宗教之將來》, 京都: 法藏館, 1901, 22~23쪽.

15 이에 대해서는 다음 논문을 참조. 舒志田, 〈「自転」という語の起源をめぐって〉, 《或問》67. No. 6, 近代東西言語文化接觸研究会, 2003, 47~84쪽.

16 南懷仁撰, 《坤輿圖説》卷上, 欽定四庫全書本, 1781, 11쪽. 원문은 다음에서 볼 수 있다. https://www.kanripo.org/edition/WYG/KR2k0150/001.

17 "歌白尼論諸曜, 以太陽靜地球動爲主." 蔣友仁 譯, 《地球圖説》, 北京大學圖書館本, 9쪽. 원문은 다음에서 볼 수 있다. https://archive.org/details/02093947.cn/page/n23/

mode/2up.

18 "地球之轉動有二, 一是自轉, 一是圜日. 自轉成晝夜, 圜日成四季."《天文略論》,〈地球亦行星論〉1849 [舒志田,〈「自転」という語の起源をめぐって〉,《或問》67. No. 6, 74쪽에서 재인용].

19 舒志田,〈「自転」という語の起源をめぐって〉,《或問》67. No. 6, 77쪽.

20 전상운,《한국과학기술사》, 정음사(제3판), 1994, 36쪽.

21 홍대용,《의산문답》, 파라북스, 개정판 2013, 해설 100쪽. 원문 184쪽을 참조.

22 튀코는 다섯 행성이 태양 둘레를 돌고 있고, 태양과 달, 외곽 천구는 다시 지구 둘레를 돈다는 일종의 수정된 지구 중심설Geoheliocentrism을 주장했다.

23 신동원,《한국과학문명사 강의》, 책과함께, 2020, 170~172쪽.

24 최한기 지음, 손병욱 역주,《기학》, 통나무, 2004, 141쪽.

25 박성래,〈韓國近世의 西歐科學 受容〉,《동방학지》제20권, 연세대학교 국학연구원, 1978, 257~292쪽; 이현구,《최한기의 기철학과 서양과학》, 성균관대학교 대동문화연구원, 2000, 71쪽.

26 《漢城旬報 1883-1884》, 寬勳클럽信永研究基金, 1983, 35쪽

27 《漢城周報 1886-1888》, 寬勳클럽信永研究基金, 1983, 415쪽.

28 柳瑾 譯述,〈教育學原理〉, 韓國學文獻研究所 編,《大韓自强會月報》第10號, 韓國開化期學術誌 2, 亞細亞文化社, 1976, 187쪽.

29 研究生,〈地文學講談(二)〉, 韓國學文獻研究所 編,《太極學報》第14號, 韓國開化期學術誌 14, 亞細亞文化社, 1978, 469쪽.

30 韓國學文獻研究所 編,《東光》2, 亞細亞文化社, 1977, 261쪽.

16 속도 速度 / Velocity

1 아리스토텔레스 지음, 임두원 역주,《아리스토텔레스의 자연학 읽기》, 부크크, 2015, 413쪽.

2 움베르토 에코·리카르도 페드리가 지음, 윤병언 옮김,《경이로운 철학의 역사 2 근대편》, arte, 2019, 18쪽.

3 伊東俊太郎,《近代科学の源流》, 東京: 中央公論社, 1978, 260~269쪽.

4 James Clerk Maxwell, *Matter and Motion*, Cambridge University Press, 1888, p. 26.

5 이 글이 실린 Mechanics 부분은 에딘버러 대학교 자연철학 교수 P. G. Tait가 쓴 것으로 표기되어 있다. *The Encyclopedia Britannica*, Vol. 9 (Nine Edition), edited

by Thomas Spencer, Philadelphia: J. M. Stoddart & Co, 1883, p. 688.

6 Peter Quthrie Tait & William John Steele, *A Treatise on Dynamics of a Particle, With Numerous Examples*(Fifth Edition), London: Macmillan And Co., 1882, pp. 3~4. Kinematics의 n.8 참조.

7 Alexander Macfarlane, *Physical Arithmetic*, London: Macmillan and Co., 1885, p. 108.

8 James MccGregor, *An Elementary Treatise on Kinematics and Dynamics*, 1887, Prfeace vi 참조.

9 上西一郎·秋吉博之, 〈辭書記載の「速さ」と「速度」の語義調査〉, 《兵庫教育大学教科教育学会紀要》, 1993, 10~14쪽.

10 中村邦光, 〈日本における近代物理学の受容と訳語選定〉, 《学術の動向》第11巻 第11号, 公益財団法人日本学術協力財団, 2006, 80~85쪽.

11 西周, 《西周全集》卷4, 東京: 宗高書房, 1981, 268쪽, 515쪽.

12 西周, 《西周全集》卷1, 東京: 宗高書房, 1960,, 281쪽.

13 西周, 《西周全集》卷4, 107쪽.

14 中村邦光·板倉聖宣, 《日本における近代科学の形成過程》, 東京: 多賀出版, 2001, 143쪽.

15 Velocity의 번역어는 《동양학예잡지》 제23호(1883년 8월호)에 실렸다.

16 《漢城旬報 1883~1884》, 寬勳클럽信永研究基金, 1983년, 37쪽.

17 俞吉濬 지음, 李漢燮 편저, 《西遊見聞》, 박이정, 2000, 3쪽.

18 《독립신문》 6, 중앙문화출판사, 1969, 948쪽.

19 《대한제국관보》 제158호, 1895년 9월 11일자 外報. 원문은 다음에서 볼 수 있다. https://kyudb.snu.ac.kr/pf01/rendererImg.do?item_cd=MGO&book_cd=GK 17289_00&vol_no=0004&page_no=021a.

20 이한섭, 《일본어에서 온 우리말 사전》, 고려대학교 출판부, 2014, 476쪽에서 재인용.

17 신경 神經 / Nerve

1 Friedrich Solmsen, "Greek Philosophy and the Discovery of Nerves," *Museum Helveticum* 18, 1961, p. 180.

2 이상건, 〈뇌 연구의 역사 1: 기원전 고대 뇌 연구의 역사〉, *Epilia: Epilepsy Commun* 2019; 1(1): 9쪽.

3 Catherine E. Storey, "Then there were 12: The illustrated cranial nerves from

Vesalius to Soemmerring", *Journal of the History of the neurosciences,* 2022, Vol. 31, nos. 2–3, pp. 262~278.

4 小川鼎三,《解体新書の神経学》,《順天堂医学》15卷 1号, 順天堂医学會, 1969, 31쪽.

5 Charles Symonds, "Thomas Willis, F. R. S(1621-1675)", *Notes and Records of the Royal Society of London*, 1960, p. 92.

6 John M. S. Pearce, "Samuel Thomas Soemmerring(1755-1830): The Naming of Cranial Nerves", *European Neurology*(2017) 77, pp. 303~306.

7 이원택, 〈신경 탐구의 역사: 신경해부학을 중심으로〉,《생화학 뉴스》Vol. 21, No. 1. 2001년 3월호.

8 여인석, 〈『주제군징主制群徵』에 나타난 서양의학 이론과 중국과 조선에서의 수용 양상〉,《의사학》제21권 제2호(통권 제41호) 2012년 8월, 264쪽.

9 신규환, 〈청말 해부학 혁명과 해부학적 인식의 전환〉,《의사학》제21권 제1호, 2012년 4월, 90쪽.

10 松村紀明, 〈解体新書以前の「神経」概念の受容について〉,《日本医史学雑誌》44(3), 日本医史学会, 1998, 385~398쪽.

11 杉田玄白 지음, 酒井シヅ 옮김,《解體新書》, 東京: 講談社, 1998, 55쪽.

12 小川鼎三,《解体新書の神経学》, 29쪽에서 재인용.

13 杉田玄白 지음, 酒井シヅ 옮김,《解體新書》, 93쪽.

14 沈国威,《漢字文化圏諸言語の近代語彙の形成》, 吹田: 関西大学出版部, 2008, 375쪽.

15 長尾栄一,《医学史》, 東京: 医歯薬出版株式会社, 1984, 98쪽.

16 조정은, 〈中國醫療傳導協會의 역할〉,《明清史研究》第37集, 明清史學會, 197~243쪽.

17 松本秀士, 〈中国における西洋解剖学の受容について ― 解剖学用語の変遷から〉,《或問》No.15, 近代東西言語文化接触研究会, 2008, 32쪽.

18 注榮寶,《新尔雅》, 上海: 上海文明書局, 1903, 149쪽.

19 松本秀士, 〈中国における西洋解剖学の受容について ― 解剖学用語の変遷から〉, 29~44쪽 참조.

20 李瀷,《星湖僿説類選》, 명문당, 1982, 446쪽.

21 박상표, 〈우리는 언제부터 신경을 끄고 살았을까〉,《월간 참여사회》통권 122호, 참여연대, 2007, 32~33쪽.

22 《漢城旬報 1883-1884》, 寬勳클럽信永研究基金, 1983, 565쪽.

23 《독립신문》1, 중앙문화출판사, 1969, 409쪽.

24 金永爵, 〈學術上 관찰노 商業經濟의 恐慌狀態를 論흠〉, 韓國學文獻研究所 編,《太極學報》第4號(1906년 11월 24일), 韓國開化期學術誌 13, 亞細亞文化社, 1978, 234쪽.

25 金壽哲,〈家庭敎育法〉, 韓國學文獻硏究所 編,《太極學報》第19號, 韓國開化期學術誌 15, 亞細亞文化社, 1978, 330쪽.

26 이한섭,《일본어에서 온 우리말 사전》, 고려대학교 출판부, 2014, 511쪽에서 재 인용.

27 지제근,〈의학 용어 순화의 실태와 문제점〉,《새국어생활》제21권 제2호, 국립국어 원, 2011, 105~121쪽.

과학 용어의 탄생

초판 1쇄 찍은날 2025년 2월 10일
초판 1쇄 펴낸날 2025년 2월 14일

지은이 김성근
펴낸이 한성봉
편집 최창문·이종석·오시경·이동현·김선형
콘텐츠제작 인상준
디자인 최세정
마케팅 박신용·오주형·박민지·이예지
경영지원 국지연·송인경
펴낸곳 도서출판 동아시아
등록 1998년 3월 5일 제1998-000243호
주소 서울시 중구 필동로8길 73 [예장동 1-42] 동아시아빌딩
페이스북 www.facebook.com/dongasiabooks
전자우편 dongasiabook@naver.com
블로그 blog.naver.com/dongasiabook
인스타그램 www.instargram.com/dongasiabook
전화 02) 757-9724, 5
팩스 02) 757-9726
ISBN 978-89-6262-643-8 03400

※ 잘못된 책은 구입하신 서점에서 바꿔드립니다.

만든 사람들

편집 최창문·김경아
표지디자인 최세정